Flutter 入门与实践

[美] 亚历山德罗·比萨克 著

李 强 译

清华大学出版社

北 京

内 容 简 介

本书详细阐述了与 Flutter 框架相关的基本解决方案，主要包括 Dart 语言概述，Dart 中级编程，Flutter 简介，微件——在 Flutter 构建布局，处理用户手势和输入，主题和样式，路由机制——屏幕间的导航，Firebase 插件，构建自己的 Flutter 插件，从 Flutter 应用程序访问设备功能、平台视图和地图集成，测试、调试和开发，改进用户体验，微件图形控制，插件的动画效果等内容。此外，本书还提供了相应的示例、代码，以帮助读者进一步理解相关方案的实现过程。

本书适合作为高等院校计算机及相关专业的教材和教学参考书，也可作为相关开发人员的自学教材和参考手册。

北京市版权局著作权合同登记号 图字：01-2019-7507

本书封面贴有清华大学出版社防伪标签，无标签者不得销售。
版权所有，侵权必究。侵权举报电话：010-62782989 13701121933

图书在版编目（CIP）数据

Flutter 入门与实践 /（美）亚历山德罗·比萨克（Alessandro Biessek）著；李强译. —北京：清华大学出版社，2020.7
书名原文：Flutter for Beginners
ISBN 978-7-302-55705-0

Ⅰ．①F… Ⅱ．①亚… ②李… Ⅲ．①移动终端—应用程序—程序设计 Ⅳ．①TN929.53

中国版本图书馆 CIP 数据核字（2020）第 105020 号

责任编辑：贾小红
封面设计：刘 超
版式设计：文森时代
责任校对：马军令
责任印制：沈 露

出版发行：清华大学出版社
　　　网　　址：http://www.tup.com.cn，http://www.wqbook.com
　　　地　　址：北京清华大学学研大厦 A 座　　　邮　　编：100084
　　　社 总 机：010-62770175　　　邮　　购：010-62786544
　　　投稿与读者服务：010-62776969，c-service@tup.tsinghua.edu.cn
　　　质量反馈：010-62772015，zhiliang@tup.tsinghua.edu.cn
印 装 者：大厂回族自治县彩虹印刷有限公司
经　　销：全国新华书店
开　　本：185mm×230mm　　　印　　张：26　　　字　　数：520 千字
版　　次：2020 年 6 月第 1 版　　　印　　次：2020 年 6 月第 1 次印刷
定　　价：129.00 元

产品编号：086610-01

译 者 序

Flutter 是 Google 提供的新一代跨平台方案，标志着 Flutter 已经全面支持所有平台。Flutter 提供了非常友好的文档来帮助读者迅速地进入到 Flutter 世界中。同时它的完全开源性也让其有了更快的迭代速度，以及更好的生态环境。

Flutter 是 Google 开源的 UI 工具包，帮助开发者通过一套代码库高效地构建多平台应用，并支持移动、Web、桌面和嵌入式平台。Flutter 开源、免费，拥有宽松的开源协议，因而更适用于商业项目。

本书将引领读者探讨 Flutter 框架并构建精彩的移动应用程序，其中涉及 Dart 语言的详细内容，以及编写高级应用程序所需的全部 Flutter 块，进而实现一个功能齐全的应用程序。除此之外，读者还将学习如何使用高级特性、地图集成，与包含本地编程语言的特定平台代码协同工作，并利用个性化的动画效果生成精美的 UI。

在本书的翻译过程中，除李强之外，王辉、刘晓雪、张博、张华臻、刘璋、刘祎等人也参与了部分翻译工作，在此一并表示感谢。

译 者

前　　言

本书将引领读者探讨 Flutter 框架并构建精彩的移动应用程序，其中涉及 Dart 语言的详细内容，以及编写高级应用程序所需的全部 Flutter 块，从而构建一个功能齐全的应用程序。通过清晰的代码示例，我们将学习如何开始一个小型的 Flutter 项目、添加微件（widget）、应用样式和主题、与远程服务（如 Firebase）连接、获取用户输入内容、添加动画效果以提升用户体验，等等。除此之外，读者还将学习如何应用高级特性、地图集成，与包含本地编程语言的特定平台代码协同工作，并利用个性化的动画效果生成精美的 UI。简而言之，本书将通过 Flutter 框架向读者展示移动开发的未来趋势。

适用读者

本书是针对打算学习谷歌革命性框架 Flutter 的开发人员而编写的，读者不需要具备 Flutter 和 Dart 语言方面的背景知识，但应理解编程语言的基本知识。

本书内容

第 1 章介绍 Dart 语言的基本知识。

第 2 章考查 Dart 语言中的面向对象编程特性和高级概念、库、包和异步编程。

第 3 章主要介绍 Flutter。

第 4 章讨论如何在 Flutter 中构建布局。

第 5 章利用微件向读者展示如何处理用户输入内容。

第 6 章学习如何向 Flutter 微件应用不同风格的样式。

第 7 章考查如何向应用程序屏幕中加入导航。

第 8 章讲解如何在 Flutter 应用程序中使用 Firebase 插件。

第 9 章解释如何创建自己的插件。

第 10 章深入讨论如何与设备特性进行交互，如相机和联系人列表。

第 11 章向读者展示如何将地图视图添加至 Flutter 应用程序中。

第 12 章深入讨论 Flutter 工具，以提升开发人员的生产力。

第 13 章探讨如何利用相关特性改善用户体验，如 Dart 后台执行和国际化。

第 14 章考查如何利用图形操控创建独特的视觉效果。

第 15 章涉及如何向 Flutter 微件中添加动画效果。

环境需求

具体的需求条件将在每章的学习过程中予以介绍。首先，读者需要安装一个浏览器，以便访问 DartPad 站点并尝试运行 Dart 代码。

当开发和发布 iOS 应用程序时，读者应持有开发者证书（需缴纳年费）、一台 Mac 机，或者至少一台用于测试应用程序的设备。但对于学习 Flutter 来说，这些都不是必需条件。

读者可访问 Flutter 的官方网站（https://flutter.dev/docs/get-started/install）查看 Flutter 环境的安装过程和具体需求。不必担心，我们将从最简单的任务开始，并在必要时安装附加功能。

下载示例代码文件

读者可访问 www.packt.com，使用账号登录后即可下载本书的示例代码文件。如果读者购买了本书，还可访问 www.packtpub.com/support，注册后，我们将通过邮件方式将文件发送与读者。

下载过程包括以下步骤。

（1）访问 www.packt.com，登录并注册。

（2）选择 Support 选项卡。

（3）单击 Code Downloads。

（4）在 Search 搜索框中输入本书书名，并遵循后续各项指令。

在文件下载完毕后，可利用下列软件的最新版本解压或析取相关文件夹。

❑ 对于 Windows 平台，WinRAR/7-Zip。

❑ 对于 Mac 平台，Zipeg/iZip/UnRarX。

❑ 对于 Linux 平台，7-Zip/PeaZip。

除此之外，本书代码包还发布于 GitHub 中，对应网址为 https://github.com/PacktPublishing/Flutter-for-Beginners。如果代码有更新，将在现有的 GitHub 存储库中更新。

不仅如此，读者还可访问 https://github.com/ PacktPublishing/以查看其他代码包和视频内容。

下载彩色图像

我们还进一步提供了本书中的截图/图表的彩色图像，读者可访问 https://static.packt-cdn.com/downloads/9781788996082_ColorImages. pdf 进行查看。

本书约定

本书在文本内容方面包含以下约定。

代码块如下所示。

```
main() {
  var yeahDartIsGreat = "Obviously!";
  var dartIsGreat = yeahDartIsGreat ?? "I don't know";
  print(dartIsGreat); // prints Obviously!
}
```

对于希望引起读者足够重视的特定代码块，相关代码行采用了粗体显示，如下所示。

```
main() {
  var someInt = 1;
  print(reflect(someInt).type.reflectedType.toString()); // prints: //int
}
```

命令行输入或输出如下所示。

```
dart code.dart
```

ℹ图标表示较为重要的说明事项。

💡图标则表示提示信息和操作技巧。

读者反馈和客户支持

欢迎读者对本书提出建议或意见。对此，读者可向 feedback@packtpub.com 发送邮件，并以书名作为邮件标题。

若读者针对某项技术具有专家级的见解，抑或计划撰写书籍或完善某部著作的出版工作，则可访问 www.packtpub.com/authors。

勘误表

尽管我们全力做到尽善尽美，但错误依然在所难免。如果读者发现谬误之处，无论是文字错误还是代码错误，都望不吝赐教。对此，读者可访问 http://www.packtpub.com/submit-errata，选取对应书籍，单击 Errata Submission Form 超链接，并输入相关问题的详细内容。

版权须知

一直以来，互联网上的版权问题从未间断，Packt 出版社对此类问题异常重视。若读者在互联网上发现本书任意形式的副本，请告知网络地址或网站名称，我们将对此予以处理。关于盗版问题，读者可发送邮件至 copyright@packtpub.com。

问题解答

若读者对本书有任何疑问，均可发送邮件至 questions@packtpub.com，我们将竭诚为您服务。

目　　录

第 1 部分　Dart 语言简介

第 2 部分 Flutter 界面——一切均为微件

第 3 部分　开发全功能的应用程序

第 4 部分　复杂应用程序的高级资源

第 1 部分

Dart 语言简介

第 1 部分主要讨论 Flutter 框架的核心内容、Dart 语言的基础知识、如何配置开发环境，以及如何开始使用 Dart 语言。

本部分内容主要包括以下章节：

- ❑ 第 1 章　Dart 语言概述
- ❑ 第 2 章　Dart 中级编程
- ❑ 第 3 章　Flutter 简介

第 1 章 Dart 语言概述

Dart 语言是 Flutter 框架的核心内容。现代框架（如 Flutter）需要使用一种高级的现代语言，以向开发人员提供最佳的编程体验，进而创建优秀的移动应用程序。理解 Dart 语言是与 Flutter 协同工作的基本内容之一，开发人员需要了解 Dart 语言的起源、社区发展状况、语言功能，以及为何选择该语言并借助于 Flutter 进行开发。本章将讨论 Dart 语言的基础知识，同时还提供了相关的链接资源，以帮助读者开启 Flutter 之旅。读者将学习 Dart 语言中的内建类型和操作符，以及 Dart 如何与面向对象编程（OOP）协同工作。在理解了 Dart 语言的基础知识后，读者即可亲自尝试 Dart 环境，并对已有知识进行扩展。

本章主要涉及以下主题：

❑ 了解 Dart 语言的原理和工具。
❑ 了解为何 Flutter 使用 Dart 语言。
❑ 学习 Dart 语言结构的基本知识。
❑ 介绍基于 Dart 语言的 OOP。

1.1 Dart 语言

Dart 语言由谷歌开发，是一种用于 Web、桌面、服务器端和移动应用程序开发的编程语言，并可用于对 Flutter 应用程序进行编码。对于创建高级移动应用程序来说，这向开发人员提供了最佳体验。因此，本节将讨论 Dart 语言的功能及其工作方式。稍后，我们还将在 Flutter 中使用 Dart 语言。

Dart 语言汇集了大多数高级语言的优点，这些语言均包含成熟语言应有的特性。具体内容如下所示。

❑ 生产工具：包括分析代码的工具、集成开发环境（IDE）插件和包生态系统。
❑ 垃圾回收机制：管理或处理内存销毁行为（不再使用的对象所占用的内存空间）。
❑ 类型注解（可选项）：通过安全性和一致性处理应用程序中的所有数据。
❑ 静态类型：虽然类型注解是可选的，但是 Dart 是类型安全的，并且在运行时使用类型推断分析类型。这一特性对于在编译期间发现 bug（漏洞）非常重要。
❑ 可移植性：不仅适用于 Web（转换为 JavaScript），还可本地编译为 ARM 和 x86 代码。

1.1.1 Dart 语言的发展史

Dart 语言于 2011 年面世，此后一直在不断发展。2013 年，Dart 发布了其稳定版本；而主要变化则体现于 2018 年年底发布的 Dart 2.0 中，其中包括：

❑ 在 Dart 概念描述中，该语言专注于 Web 开发，其主要目标是取代 JavaScript。当前，Dart 不仅专注于 Flutter，而且还涉及移动开发领域。

❑ 尝试解决 JavaScript 中的问题。JavaScript 仍缺少许多成熟语言应有的健壮性特征，因此 Dart 希望成为 JavaScript 语言的成熟的继承者。

❑ 对于大型项目提供了较好的性能和工具。Dart 包含 IDE 插件提供的现代的、稳定的工具机制，旨在获取最佳性能，同时兼顾动态语言风格。

❑ 塑造为兼顾健壮性和灵活性的结合体。通过保留可选的类型注解，同时加入 OOP 特性，Dart 语言在灵活性和健壮性间实现了较好的平衡。

Dart 是一种优秀的现代跨平台通用语言，它不断改进其特性，使其更具成熟度和灵活性。这就是 Flutter 框架团队选择使用 Dart 语言的原因。

1.1.2 Dart 语言的工作方式

当了解语言灵活性的来源时，需要知道 Dart 代码的运行方式，这可通过以下两种方式实现。

❑ Dart 虚拟机（VM）。

❑ JavaScript 编译。

Dart 语言的工作方式如图 1.1 所示。

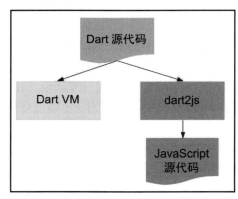

图 1.1

Dart 代码可以在支持 Dart 语言的环境中运行。Dart 环境向应用程序提供了必要的特性，如下所示。

- ❏　运行期系统。
- ❏　Dart 核心库。
- ❏　垃圾回收器。

Dart 代码的执行包含两种模式：即时（JIT）编译和预（AOT）编译。

- ❏　JIT 编译是由 Dart VM 动态加载源代码并将其编译为本机机器码的地方。JIT 编译用于在命令行界面中运行代码，或者在开发移动应用程序时使用调试和热重载等功能。
- ❏　AOT 编译是 Dart VM 和代码预编译的地方，VM 的工作方式更像是一个 Dart 运行期系统，同时向应用程序提供了垃圾收集器，以及 Dart 软件开发包（SDK）。

🛈 注意：

Dart 促成了 Flutter 最有名的特性——热重载，热重载基于 Dart JIT 编译器并支持与实时代码交换进行快速交互。具体内容可参考 1.2 节。

1.1.3　Dart 语言的基本语法和工具

Flutter 的设计方式很大程度上受到了 Dart 语言的影响。因此，了解该语言对于有效地使用 Flutter 框架十分重要。本节将从编码开始，逐步了解 Dart 开发的基本语法和可用工具。

1．DartPad

在开始编码时，使用 DartPad 工具是最为方便的方式（https://dartpad.dartlang.org/）。DartPad 是一个在线工具，读者可以此学习并尝试 Dart 语言的各种特性。除了 VM 库（如 dart:io）之外，DatPad 支持 Dart 语言的核心库。

DartPad 工具如图 1.2 所示。

2．Dart 开发工具

DartPad 是尝试 Dart 语言的一种完美的工具。但对于某些高级内容，如在文件中编码或者使用自定义库，则需要配置一个开发环境。

🛈 注意：

Flutter 基于 Dart 语言，因此，读者可通过 Flutter 开发环境开发 Dart 代码。关于如何配置 Flutter 开发环境，读者可参考官方网站的安装教程，对应网址为 https://dart.dev/tools/sdk#install。

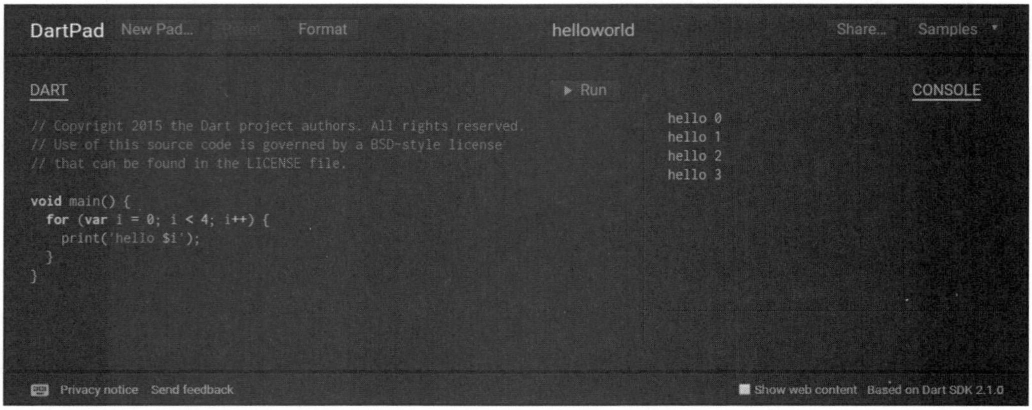

图 1.2

Visual Studio Code、VS Code（用于 Web 和 Flutter）、Android Studio、JetBrains IDE（如 WebStorm，主要用于 Web 开发）均是 Dart 和 Flutter 开发过程中常见的 IDE。此类 IDE 的全部 Dart 功能均基于官方工具，因而无论最终选取哪一种工具，其核心内容基本大同小异。针对各种开发生态圈（如 Web 和服务器端编程），Dart SDK 提供了相应的专用工具。

独立的 Dart SDK 附带以下工具。

❑ dart（https://dart.dev/tools/dart-vm）：这是一个独立的 Dart VM 并可执行 Dart 代码。当执行 Dart 脚本时，可执行下列命令。

```
dart code.dart
```

❑ dart2js（https://dart.dev/tools/dart2js）：最初的 Drt-JavaScript 编译器。
❑ dartanalyzer（https://github.com/dart-lang/sdk/tree/master/pkg/analyzer_cli#dartanalyzer）：静态分析代码（作为典型的 linter），并有助于早期捕捉错误。

💡 提示：

Lint 或 linter 是一个源代码分析工具，并可对错误、bug、格式错误和可疑的构造行为进行标记。

❑ dartdoc（https://github.com/dart-lang/dartdoc#dartdoc）：生成 API 参考文档。
❑ pub（https://dart.dev/tools/pub/cmd）：包管理器，该工具可用于库和包的管理。
❑ dartfmt（https://github.com/dart-lang/dart_ style#readme）：向 Dart 代码提供格式提示。

对于 Web 开发，Dart 添加了下列工具（关于安装步骤，可参考 https://dart.dev/tools）。

❑ webdev（https://dart.dev/tools/webdev）和 build_runner（https://dart.dev/tools/webdev）。二者均可用于构建和服务 Web 应用程序。其中，build_runner 用于测试，与 webdev 相比，它提供了更为丰富的配置内容。

❑ dartdevc（https://dart.dev/tools/dartdevc）：支持 dev Dartto-JavaScript 编译器与 Chrome 间的集成。

ℹ️ 注意：
dart2js 也是一个面向 Web 开发的工具，尽管它附带了标准的 SDK。对于服务器端开发，我们只需要使用标准的 SDK 工具即可。

所有的 IDE 插件均于后台使用了此类工具，因而读者也可利用这些工具集进行 Dart 开发。

3. Hello World 应用程序

下列代码表示为基本的 Dart 脚本。

```
main() { // the entrypoint of an Dart app
    var a = 'world'; // declaring and initializing variable
    print('hello $a'); // call function to print to display output
}
```

代码中包含了一些基本的语言特性，如下所示。

❑ 每个 Dart 应用程序需包含一个入口点顶级函数（关于顶级函数的更多信息，可参考第 2 章），即 main()函数。

💡 提示：
如果在包含 Dart SDK 的预配置机器上运行上述代码，可将当前内容保存至 Dart 文件中，并于随后在 Terminal 中通过 Dart 工具对其加以运行，如 dart hello_world.dart，这将执行 main()函数中的 Dart 脚本。

❑ 如前所述，虽然 Dart 是类型安全的，但是类型注解也是一种可选方案。这里声明了一个无类型的变量，并将一个 String 字面值赋予该变量。
❑ String 字面值可利用单引号或双引号包围，如'hello world'或"hello world"。
❑ 当在控制台上显示输出结果时，可使用 print()函数（这也是一个顶级函数）。
❑ 通过字符串插入技术，String 字面值中的$a 语句将解析$a 变量的值。此时，Dart 将调用对象的 toString()方法。

ℹ️ 注意：
在 1.3.2 节介绍字符串类型时，还将讨论更多与字符串插入相关的内容。

❑ 可使用//comment 语法编写单行注释。除此之外，Dart 还可利用/* comment */语法实现多行注释，如下所示。

```
// this is a single line comment

/*
    This is a long multiline comment
*/
```

这里应留意 main()函数的返回类型。当前示例对此予以忽略，所以它采用特殊的 dynamic 类型，稍后将对此进行讨论。

1.2　Flutter 与 Dart

Flutter 框架的目标是成为移动应用开发领域的游戏改变者，为开发者提供所有必要的工具，让他们能够开发出出色的应用程序，同时兼顾性能和可扩展性。Flutter 在其核心结构中涵盖了多个与性能和用户界面相关的概念。与官方提供的本地 SDK 相比，为了体现较高性能的开发环境，Flutter 通过 Dart 在开发阶段提升开发人员的生产力，并构建针对发布而优化的应用程序。

在 1.1 节曾有所介绍，Dart 是一类成熟、健壮的开发语言，其许多工具对 Flutter 的成功起到了积极的作用。下面讨论为什么 Dart 是 Flutter 的最佳选择方案。

1.2.1　提升生产力

Dart 并不仅是一门语言，至少在概念上不是。Dart SDK 提供了一组工具（参见 1.1.3 节），Flutter 以此可在开发阶段实现某些常见任务，其中包括：

❑ Dart JIT 和 AOT 编译器。
❑ 使用 Dart DevTools 和 Observatory 进行分析、调试和记录（参见第 12 章）。
❑ 基于内建分析器的静态代码分析（参见 https://dart.dev/guides/language/analysis-options）。

当编写或调试代码时，可使用基于 JIT 的 Dart VM、分析工具和热重载（参见第 3 章）。

当构建应用程序以供发布时，代码将在 AOT 中进行编译。应用程序将附带一个 Dart VM 的微型版本（类似于运行期库），其中包含诸如核心库和垃圾回收器等 Dart SDK 功能。

首先，从开发人员的角度来看，这种差异似乎并不重要，因为我们只想编写和运行应用程序。然而，当涉及生产效率时，Flutter 即会发挥这种 Dart 功效。

Flutter 的热重载是其最著名的特点之一，并有效地提升了生成效率。热重载依赖于 JIT 编译，并在运行应用程序时实现实时的 Dart 代码交换，因而可在修改程序代码后实时地查看到结果。在使用 IDE 插件时，其速度将得到进一步的提升。因为在保存更改内容后，插件会分发重载，因而可迅速地查看到最终的结果。

ℹ️ **注意：**
第 3 章将详细地介绍热重载和其他特性。

这一潜在的特性难以通过画面进行描述。因此，在阅读完第 3 章后，建议读者运行 Flutter 启动程序项目，进而感受这一令人难以置信的特性。

另一种非常有用的工具是 Dart 分析器，如图 1.3 所示。

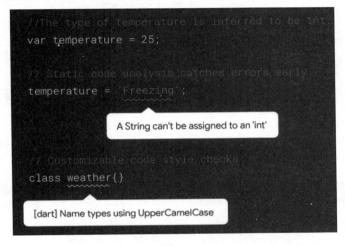

图 1.3

该工具可在运行代码之前利用类型和建议的语法指出潜在的错误。

ℹ️ **注意：**
在 Flutter 框架所提供的生产效率方面，DevTools 也对其增加了一项重要的价值，第 12 章将对此加以讨论。

1.2.2　易于学习

对许多开发人员来说，Dart 是一种新的语言，而同时学习一种新的框架和一种新的语言可能是具有挑战性的。然而，Dart 并未发明新的概念，而是对相关概念进行了微调，以使其对指定的任务有效。

Dart 的灵感来自于多种现代和成熟的语言，如 Java、JavaScript、C#、Swift 和 Kotlin，如图 1.4 所示。

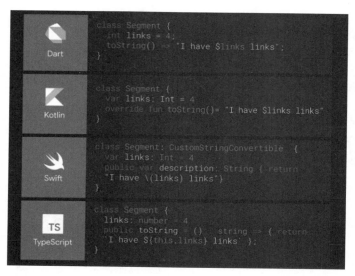

图 1.4

　　因此，即使不深入了解这门语言，也可阅读 Dart 代码。图 1.5 显示了官方文档的开始页面。

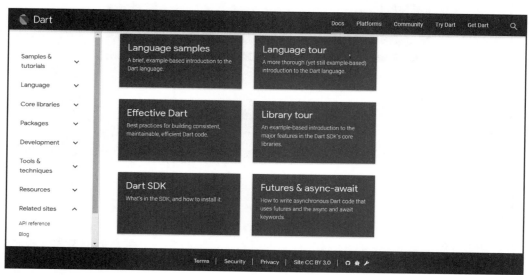

图 1.5

　　其中，文档和操作指南具有清晰的格式并涵盖了丰富的信息。此外，开发人员还可借助于强大的社区实现轻松的学习。

ℹ️ **注意：**
　　读者可访问 https://dart.dev/guides 查看官方提供的 Dart 指南。

1.2.3　成熟度

　　尽管 Dart 是一门相对较新的语言，但却涵盖了丰富的资源。在 Dart 2.0 中，已经包含了各种现代语言资源，以帮助开发人员编写有效的高级代码。

　　这里，一个较好的例子是 async-await 功能，如图 1.6 所示。

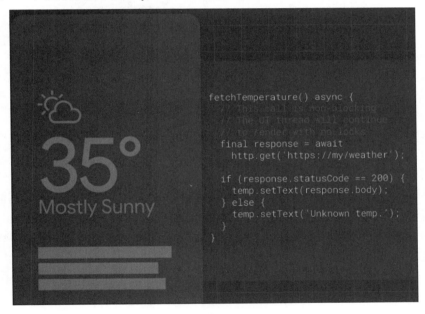

图 1.6

　　这使开发人员能够使用非常简单的语法编写非阻塞调用，并允许应用程序继续正常地显示。

　　由于 Dart 主要关注于开发人员，对于移动和 Web 开发人员来说，另一项重要任务是构建用户界面（UI）。当查看 UI 内容时，读者将会发现 Dart 语法理解起来十分简单，如图 1.7 所示。

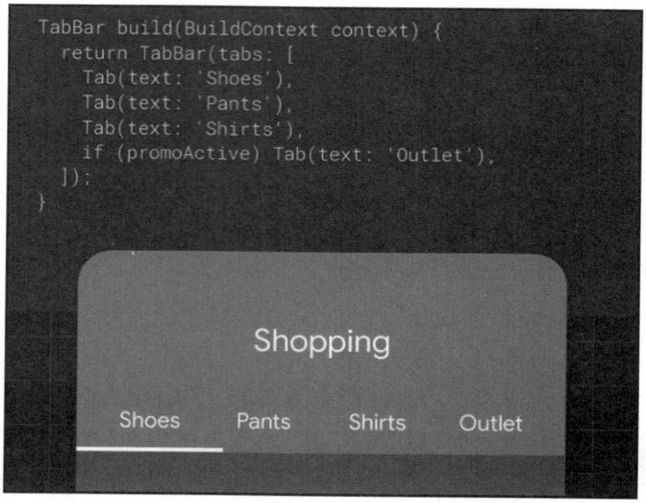

```
TabBar build(BuildContext context) {
  return TabBar(tabs: [
    Tab(text: 'Shoes'),
    Tab(text: 'Pants'),
    Tab(text: 'Shirts'),
    if (promoActive) Tab(text: 'Outlet'),
  ]);
}
```

Shopping

Shoes   Pants   Shirts   Outlet

图 1.7

ℹ **注意:**

图 1.7 来自 Dart 官方网站 dart.dev。

collection if 是 Dart 语言中的一个新特性且易于理解,即使对于 Dart 新手来说也是如此。

Dart 伴随着 Flutter 一起发展,同时为该框架提供了一些重要的特性。当意识到这一点时,那么学习一门新语言和一个新的框架就会变得相对容易,甚至令人感到愉快。

本章将深入讨论 Dart 语法的详细内容,关于语法示例,读者可查看 GitHub 上的相关源代码,并可将其作为学习指导或该语言的学习路径。稍后,当介绍 Flutter 框架时,还将进一步探讨特定的语法内容和特性。

1.3 Dart 语言的结构

如果读者了解一些受 C 语言启发的编程语言,或者具备 JavaScript 编程经验,那么 Dart 语法的大部分内容理解起来将十分简单。Dart 提供了一些典型的变量运算符,其内置类型是高级编程语言中最为常见的类型,但也包含了某些特殊之处。另外,控制流和函数也与一般的编程语言类似。在深入讨论 Flutter 之前,下面首先介绍一下 Dart 编程语言中的一些结构。

如果读者已对 Dart 有所了解,那么本节将带领您对相关内容加以回顾;否则,读者

需要认真阅读本节内容，或者参考 Dart 语言的快速学习指南，对应网址为 https://dart.dev/
guides/language/languagetour。

1.3.1　Dart 运算符

在 Dart 中，运算符可视为通过特定语法在类中定义的方法。因此，当使用 x == y 这
一类运算符时，其过程等同于调用 x.==(y)方法进行比较操作。

ℹ 注意：

读者可能已经注意到，我们正在 x 上调用某个方法，这意味着 x 表示为一个包含方
法的类实例。在 Dart 语言中，所有事物都是一个 Object 实例，所定义的任意类型同样也
是一个 Object 实例。读者可参考 1.4 节以了解详细内容。

这一概念表明，运算符可被重载，以便对其编写自己的逻辑内容。再次强调，如果
读者具有 Java、C#、JavaScript 或类似语言的编程经验，则可忽略这里所介绍的大部分运
算符，它们具有一定的相似性。

ℹ 注意：

本节讨论 Dart 语言中的语法内容，关于 Dart 语法示例，读者可参考 GitHub 上的源
代码。

Dart 语言包含以下运算符。
- ❑　算术运算符。
- ❑　递增和递减运算符。
- ❑　相等和关系运算符。
- ❑　类型检查和类型转换运算符。
- ❑　逻辑运算符。
- ❑　位操作运算符。
- ❑　空值安全和空值敏感（null-aware）运算符（现代编程语言提供了该运算符，并
　　对空值进行适当处理）。

下面将对此逐一进行讨论。

1．算术运算符

Dart 语言中包含多种典型的运算符，其应用方式与其他语言十分类似，如下所示。
- ❑　+：数字的加法运算。
- ❑　−：数字的减法运算。

❑　*：数字的乘法运算。

❑　/：数字的除法运算。

❑　~/:：整数除法。在 Dart 语言中，任何基于除法运算符（/）的除法都会生成一个 double 值。在其他编程语言中，对于整数部分，需要执行某种类型的转换操作（即类型转换）；但在 Dart 语言中，整数除法运算符将执行该项任务。

❑　%：模运算（即整数除法的余数）。

❑　-expression：逻辑非运算（用于反转 expression 符号）。

取决于左操作数的类型，一些运算符包含了不同的行为。例如，+运算符可对 num 类型的变量进行求和计算，但也可连接字符串，其原因在于，对应的类中将采用不同的方式对此予以实现。

ⓘ 注意：

此外，Dart 还提供了快捷方式的运算符，并在另一个操作后执行变量的赋值操作。例如，算术和赋值运算符的快捷方式表示为+=、-=、*=、/=和~/=。

2．递增和递减运算符

递增和递减运算符也是一类常见的运算符，并用于数字类型中，如下所示。

❑　++var 或 var++：将 var 递增 1。

❑　--var 或 var--：将 var 递减 1。

Dart 语言中的递增和递减运算符与其他语言相比并无变化。对此，一个加号的例子是循环中的计数操作。

3．相等和关系运算符

Dart 语言中的相等运算符如下所示。

❑　--：检查操作数是否相等。

❑　!=：检查操作数是否不同。

对于关系测试，对应的运算符如下所示。

❑　>：检查左操作数是否大于右操作数。

❑　<：检查左操作数是否小于右操作数。

❑　>=：检查左操作数是否大于或等于右操作数。

❑　<=：检查左操作数是否小于或等于右操作数。

ⓘ 注意：

在 Dart 语言中，与 Java 或其他语言不通，==运算符不比较内存引用，而是比较变量的内容。

4．类型检查和类型转换运算符

正如你所知，Dart 语言中包含了可选的类型机制。因此，类型检查运算符对于运行期内的类型检查来说十分方便。

- ❏　is：检查操作数是否包含测试类型。
- ❏　is!：检查操作数是否不包含测试类型。

取决于运行的上下文，代码的输出结果也有所不同。在 DartPad 中，对于 double 类型的检查，输出结果为 true，这取决于 JavaScript 处理数字的方式。Web 中的 Dart 被预编译成 JavaScript，以便在 Web 浏览器上执行。

此外，Dart 中还定义了 as 关键字，用于执行超类型至子类型间的类型转换。例如，将 num 转换为 int。

🛈 注意：

as 关键字还可通过 import 指定库的前缀（参见第 2 章）。

5．逻辑运算符

Dart 语言中的逻辑运算符是一类应用于布尔操作数上的常见运算符，它们可以是变量、表达式或条件。除此之外，还可以通过组合表达式结果来与复杂的表达式结合使用。逻辑运算符如下所示。

- ❏　!expression：逆置表达式的结果，即 true 变为 false；false 变为 true。
- ❏　||：在两个表达式间使用逻辑 OR。
- ❏　&&：在两个表达式间使用逻辑 AND。

6．位操作运算符

Dart 语言提供了位和移位运算符，进而对数字的数位进行操控（通常是 num 类型），如下所示。

- ❏　&：针对操作数执行逻辑 AND 操作，并检查对应位是否皆为 1。
- ❏　|：针对操作数执行逻辑 OR 操作，并检查对应位中是否至少一位为 1。
- ❏　^：针对操作数执行逻辑 XOR 操作，并检查对应位中是否某一位（而非两位）为 1。
- ❏　~operand：逆置操作数的数位。例如，1 变为 0；0 变为 1。
- ❏　<<：将 x 位的左操作数向左移动（从右移动 0）。
- ❏　>>：将 x 位的左操作数向右移动（同时丢弃左侧的数位）。

与算术运算符类似，位运算符也包含快捷方式的赋值运算符，且工作方式也保持不变，如<<=、>>=、&=、^=和|=。

7. 空值安全和空值敏感运算符

遵循现代编程语言的发展趋势，Dart 语言也提供了空值安全的语法，进而根据空值/非空值评估并返回表达式。

评估工作通过下列方式进行：如果 expression1 非空，则返回其值；否则，评估并返回 expression2: expression1 ??expression2 的值。

除了常见的、基于快捷方式的赋值运算符之外，Dart 语言还提供了赋值和空值敏感表达式之间的组合运算符（??=）。该运算符仅在当前值为空的情况下才将值赋予变量。

除此之外，Dart 语言还提供了空值敏感访问运算符（?.），并禁止对 null 对象成员进行访问。

1.3.2　数据类型和变量

读者可能已经了解如何声明一个简单的变量，即 var 关键字，随后是变量名。但需要注意的一点是，当我们没有指定变量的初始值时，不管它的类型是什么，都假定为 null。

1. final 和 const

如果一个变量在赋值后无法再被修改，那么可使用 final 和 const 方式声明该变量，如下所示。

```
final value = 1;
```

其中，value 变量在初始化后将无法进行修改。

```
const value = 1;
```

与关键字 final 类似，value 变量在初始化后也无法被修改，其初始化过程必须与声明操作同时进行。

除此之外，const 关键字定义了一个编译期常量。作为编译期常量，const 值在编译期处于已知状态。另外，它还可用于使对象实例或列表处于不可变状态，如下所示。

```
const list = const [1, 2, 3]
// and
const point = const Point(1,2)
```

这将在编译期内设置两个变量，并将其完全转换为不可变变量。

2. 内建类型

Dart 是一种类型安全的编程语言，因此类型对于变量来说是强制性的。虽然类型是强制性的，但类型注解可视为一种选择方案，这意味着，无须在声明时指定变量的类型。

Dart 将执行类型推断，稍后将对此予以解释。

Dart 语言中包含下列内建数据类型。

❑　数字（如 num、int 和 double）。

❑　布尔值（如 bool）。

❑　集合（如列表、数组和映射）。

❑　字符串和符文（rune，表示字符串中的 Unicode 字符）。

（1）数字

Dart 语言通过以下两种方式表达数字。

❑　int：64 位有符号非小数整数值，如-2^{63}～$2^{63}-1$。

❑　double：Dart 语言利用 64 位双精度浮点值表示小数值。

注意，上述两种类型扩展了 num 类型。另外，dart:math 库中还定义了许多方便的函数，以执行计算任务。

🛈 注意：

　　在 JavaScript 中，数字被编译为 JavaScript Numbers，并支持-253～$253-1$的数值。另外还需要注意的是，num、double 和 int 类型无法被扩展和实现。

（2）BigInt

对于表达任意精确度的整数，Dart 语言还定义了 BigInt 类型，这意味着大小限制表示为机器的 RAM。取决于具体的上下文环境，该类型将十分有用。然而，其性能与 num 相比则稍逊一筹，因而对其使用方式应予以谨慎处理。

JavaScript 中包含了"安全整数"这一概念，Dart 语言同样支持这一概念。然而，由于 JavaScript 使用双精度表示偶数，因而执行(maxInt * 2)计算时不会出现溢出现象。

现在，可以考虑将 BigInt 置于任何整数计算中，并可避免溢出现象。但是，BigInt 的性能与 int 类型有所不同，因而并不适合所有的上下文环境。

💡 提示：

　　除此之外，读者可能还想了解 Dart VM 对于数字的内部处理方式，对此，读者可参考 1.5 节。

（3）布尔值

针对 bool 类型，Dart 语言提供了两种众所周知的字面值，即 true 和 false。

布尔类型表示为简单的真值，并可用于任何逻辑中。但此处将要强调的则是表达式。

如前所述，运算符（如>或==）表示为类中定义了特定语法的方法。当然，此类方法同样包含了可在条件中计算的返回值。因此，所有这些表达式的返回类型是 bool，布尔表达式在任何编程语言中都很重要。

（4）集合

在 Dart 语言中，列表可视为其他编程语言中的数组，并定义了一些方便的方法对元素进行处理。

列表包含[index]运算符并在给定的索引处访问元素。另外，通过返回一个包含左、右操作数的新列表，+运算符可用于连接两个列表。

另一个与 Dart 列表相关的注意事项是 length 限制条件。这也是之前定义列表的方式，add 方法可使列表处于增长状态并附加相应的元素。

另一种定义列表的方式是在创建时设置其长度。相应地，包含固定长度的列表无法被扩展。因此，开发人员负责解决何时、何处使用固定长度的列表。当尝试添加或访问无效元素时，将会抛出一个异常。

Dart 语言中的 Map 则是一类动态集合，并通过键存储值。据此，值的检索和修改均通过关联键执行。这里，键和值可包含任意类型。如果未指定键-值类型，Dart 会将其推断为 Map<dynamic,dynamic>，其中包含动态类型的键和值。稍后在讨论动态类型时将对此予以解释。

（5）字符串

在 Dart 语言中，字符串表示为一个字符序列（UTF-16 编码），主要用于表示文本内容。另外，Dart 字符串可包含单行或多行内容。针对单行内容，一般可使用单引号或双引号；而对于多行字符串，则可使用三重引号。

我们可使用+号连接字符串。除了+号之外，字符串类型还实现了*运算符，其间，字符串将重复特定的次数；而[index]运算符则在指定的索引位置处检索字符。

（6）字符串插入

Dart 语言中，一种较为有用的语法是可在字符串中插入 Dart 表达式的值，即${}，其工作方式如下所示。

```
main() {
  String someString = "This is a String";
  print("The string value is: $someString ");
   // prints The string value is: This is a String

  print("The length of the string is: ${someString.length} ");
   // prints The length of the string is: 16
}
```

读者可能已注意到，在向字符串插入某个变量而非表达式时，可忽略花大括号，并直接添加$identifier。

i 注意：
　　Dart 语言中还包含符文（rune）这一概念，并以此表示 UTF-32 位数据。关于 Dart 语言的更多信息，读者可访问 https://dart.dev/guides/language/language-tour。

　　（7）字面值
　　我们可使用[]和{}语法初始化变量，如列表或映射。针对所提供的内建类型的对象创建行为，Dart 语言提供了一些字面值示例，如表 1.1 所示。

表 1.1

类　　型	字面值示例
int	10，-1，5，0
double	10.1，1.2，3.123，-1.2
bool	true 和 false
String	"Dart"，'Dash'，"""multiline String"""
List	[1,2,3]和["one", "two", "three"]
Map	{"key1": "val1", "b": 2}

i 注意：
　　在编程语言中，字面值表示为一个显示固定值的符号。前述内容已对此有所使用。

1.3.3　类型推断——动态机制

　　前述内容展示了两种声明变量的方式：使用变量类型，如 int 和 String；或者使用 var 关键字。
　　这里的问题是，如果未在声明中指定类型，Dart 如何知晓变量的类型？
　　Dart 文档中给出了下列解释（https://dart.dev/guides/language/effectivedart/documentation）：

　　"分析器可分析字段、方法、局部变量以及大多数通用类型参数的类型。如果分析器未包含足够的信息推断特定的类型，即会使用通用类型。"

　　这意味着，当声明一个变量时，Dart 分析器将根据字面值或对象构造方法推断具体类型。相关示例如下所示。

```
import 'dart:mirrors';

main() {
  var someInt = 1;
  print(reflect(someInt).type.reflectedType.toString()); // prints: int
}
```

可以看出，上述示例中仅包含了 var 关键字，且未指定任何类型。当使用 int 字面值 1 时，分析器工具可成功地推断相应的类型。

考查下列代码：

```
main() {
  var a; // here we didn't initialized var so its
         // type is the special dynamic
  a = 1; // now a is a int
  a = "a"; // and now a String

  print(a is int); // prints false
  print(a is String); // prints true
  print(a is dynamic); // prints true
  print(a.runtimeType); // prints String
}
```

读者可能已经注意到，a 表示为一个 String 类型和一个 dynamic 类型。其中，dynamic 类型是一种特殊的类型，并可在运行期内假定为任意类型，任何值均可转为 dynamic 类型。

Dart 语言可针对字段、方法返回结果和泛型参数推断其类型。稍后将对此加以逐一讨论。

ⓘ 注意：

Dart 分析器也适用于集合和泛型。对于本章中的映射和列表示例，我们针对二者使用了字面值初始化，因而其类型可被推断。

1.3.4　控制流和循环

前述内容介绍了如何使用变量和运算符创建条件表达式。当与变量和运算符协同工作时，一般需要实现某种控制流，以使 Dart 代码实现相应的逻辑方向。

Dart 语言提供了一些与其他编程语言相似的控制流语法，如下所示。

❑　if-else。
❑　使用 for、while 和 do-while 的循环机制。
❑　break 和 continue。
❑　asserts。
❑　使用 try/catch 和 throw 的异常机制。

对于上述控制流，Dart 语言并无特别之处，因而此处不予赘述。关于控制流的详细信息，读者可参考官方语言教程，对应网址为 https://dart.dev/guides/language/language-tour#control-flow-statements。

1.3.5　函数

在 Dart 语言中，函数与 String 或 num 一样也是一种类型，这意味着，同样也可赋予字段、局部变量或作为参数传递至其他函数中。考查下列示例：

```
String sayHello() {
  return "Hello world!";
}

void main() {
  var sayHelloFunction = sayHello; // assigning the function
                                   // to the variable
  print(sayHelloFunction()); // prints Hello world!
}
```

在上述示例中，sayHelloFunction 变量存储了 sayHello 函数自身且未对其予以调用。稍后，可像函数那样向变量名添加小括号对其进行调用。

ⓘ 注意：

尝试调用非函数变量将会导致编译器错误。

这里，函数的返回类型也可被忽略，因此，Dart 分析器将从 return 语句中推断相关类型。如果未提供 return 语句，则假定返回 null。如果希望通知未包含 return 语句，则可将函数标记为 void。

```
sayHello() { // The return type stills String
  return "Hello world!";
}
```

另一种函数编写方式是，使用快捷式语法 "() => expression;"，这也称作 Arrow 函数或 Lambda 函数，如下所示。

```
sayHello() => "Hello world!";
```

此处不可编写语句替代表达式，但可以使用已知的条件表达式（即?:或??）。

ⓘ 注意：

在当前示例中，sayHello 函数定义为一个顶级函数。换而言之，无须使用一个类。尽管 Dart 是一种面向对象的语言，但某些时候并没有必要编写类来封装函数。

函数包含两种类型的参数，即可选参数和必需参数。除此之外，和大多数现代编程语言类似，这一类参数需要在调用时进行命名，以使代码更具可读性。

参数类型无须指定，对应参数假设为 dynamic 类型。

❑ 必需参数：包含参数的函数定义可采用与其他语言相同的方式完成，在下列函数中，name 和 additionalMessage 均表示为必需参数，因而调用者在调用函数时必须传递参数，如下所示。

```
sayHello(String name, String additionalMessage) => "Hello $name.
$additionalMessage";
```

❑ 可选位置参数：某些时候，并不是所有参数都是强制性的，因而可定义一类可选参数。可选位置参数定义可通过[ ]语法完成。另外，可选位置参数需位于所有的必需参数之后，如下所示。

```
sayHello(String name, [String additionalMessage]) => "Hello $name.
$additionalMessage";
```

在运行上述函数时，如果未向 additionalMessage 传递值，返回字符串结尾处将包含 null。如果未指定可选参数，对应的返回值为 null。

```
void main() {
  print(sayHello('my friend')); // Hello my friend. null
  print(sayHello('my friend', "How are you?"));
  // prints Hello my friend. How are you?
}
```

当对参数定义默认值时，可将其添加至=之后，如下所示。

```
sayHello(String name, [String additionalMessage = "Welcome to Dart
Functions!" ]) => "Hello $name. $additionalMessage";
```

未指定参数将输出默认的消息内容，如下所示。

```
void main() {
  var hello = sayHello('my friend');
  print(hello);
}
```

❑ 可选的命名参数：可选的命名参数定义通过{ }语法加以实现，此类参数需位于所有的必需参数之后，如下所示。

```
sayHello(String name, {String additionalMessage}) => "Hello $name.
$additionalMessage";
```

调用者需指定可选的命名参数的名称，如下所示。

```
void main() {
  print(sayHello('my friend'));
  // it stills optional, prints: Hello my friend. null

  print(sayHello('my friend', additionalMessage: "How are you?"));
  // prints: Hello my friend. How are you?
}
```

注意，命名参数并不排斥可选参数。要使命名参数成为必需参数，可使用 @required
对其进行标记，如下所示。

```
sayHello(String name, {@required String additionalMessage}) =>
"Hello $name. $additionalMessage";
```

再次强调，调用者需指定所需的命名参数的名称，如下所示。

```
void main() {
  var hello = sayHello('my friend', additionalMessage:"How are
    you?");
  // not specifying the parameter name will result in a hint on
  // the editor, or by running dartanalyzer manually on console

  print(hello); // prints "Hello my friend. How are you?"
}
```

❑　匿名函数：Dart 函数表示为对象，并可作为参数传递至其他函数中。当使用迭
代的 forEach()函数时，我们已经看到了这一点。
匿名函数不包含其名称，也称作 Lambda 或闭包，forEach()函数即是一个较好的例
子。对此，我们需要向其传递一个函数，并与每个 list 集合元素一起执行，如下
所示。

```
void main() {
  var list = [1, 2, 3, 4];
  list.forEach((number) => print('hello $number'));
}
```

这里，匿名函数接收一个数据项，但并未指定类型，随后仅输出参数接收的值。
❑　词法作用域：与许多编程语言类似，Dart 作用域通过基于花括号的代码布局结
构加以决定。内部函数可以访问变量，直至全局级别。

```
globalFunction() {
  print("global/top-level function");
}
```

```
simpleFunction() {
  print("simple function");
  globalFunction() {
    print("Not really global");
  }

  globalFunction();
}

main() {
  simpleFunction();

  globalFunction();
}
```

查看上述代码将会发现，这里使用了来自 simpleFunction 的 globalFunction 函数，而非全局版本，因而该函数在其作用域内定义为局部函数。

相比之下，在 main()函数中，将使用 globalFunction 函数的全局版本，因为在该作用域内，未定义来自 simpleFunction 的内部 globalFunction 函数。

1.3.6　数据结构、集合和泛型

Dart 语言提供了多种结构可对数值进行操控，如广泛使用的列表。泛型可描述为，当与绑定至特定类型的数据集合（如 List 或 Map）协同工作时，通过指定可加载的数据类型，可确保集合包含相同的类型的值。

1.3.7　泛型

<..>语法可用于指定集合支持的类型。当查看前述列表和映射示例时，可以看到我们并未指定任何类型，其原因在于，根据集合初始化时的元素，Dart 可推断相应的类型。

ℹ 注意：

关于集合和泛型，读者可访问 GitHub 并参考本章的源代码。需要注意的是，如果 Dart 分析器无法推断对应的类型，则假定其为 dynamic 类型。

1.3.8　泛型的使用原因和时机

泛型可使开发人员对集合进行维护，并使其处于可控状态。如果使用了未指定所支

持元素类型的集合，我们有责任正确地插入元素。在更广泛的上下文环境中，这可能会引发开销较大的操作——需要执行验证工作以防止错误的插入行为，同时还需要实现相应的团队文档内容。

考查下列代码示例，由于我们已将变量命名为 avengerNames，因此我们希望它是一个名称列表，而不是其他内容。然而，在编码形式中，也可能在列表中插入一个数字，从而导致混乱的局面。

```
main() {
  List avengerNames = ["Hulk", "Captain America"];
  avengerNames.add(1);
  print("Avenger names: $avengerNames");
  // prints Avenger names: [Hulk, Captain America, 1]
}
```

但是，如果我们为列表指定了字符串类型，那么这段代码将无法编译，从而避免了这种混淆，如下所示。

```
main() {
  List<String> avengerNames = ["Hulk", "Captain America"];
  avengerNames.add(1);
  // Now, add() function expects an 'int' so this doesn't compile
  print("Avenger names: $avengerNames");
}
```

1.3.9　泛型和 Dart 字面值

当查看本章的 List 和 Map 示例时，将会看到我们使用了[]和{}对其进行初始化。对于泛型，可在初始化阶段指定某种类型。对于 List 来说，可添加<elementType>[]前缀；而对于 Map，则可添加<keyType, elementType>{}。

考查下列代码示例：

```
main() {
  var avengerNames = <String>["Hulk", "Captain America"];
  var avengerQuotes = <String, String>{
    "Captain America": "I can do this all day!",
    "Spider Man": "Am I an Avenger?",
    "Hulk": "Smaaaaaash!"
  };
}
```

在上述示例中，指定列表类型似乎是一种重复的行为，因而 Dart 分析器将根据提供的字面值推断字符串类型。在某些时候，这一点十分重要。例如，初始化下列空集合：

```
var emptyStringArray = <String>[];
```

如果未指定空集合类型，那么该集合可能会定义为任意类型——分析器并不会推断出将要采用泛型。

当学习泛型概念的行为方式，以及 Dart 语言提供的附加数据结构时，读者可查看官方语言教程以了解更多内容，对应网址为 https://dart.dev/guides/language/language-tour #generics。

1.4　Dart 中的面向对象编程

在 Dart 语言中，一切事物均为对象，包括其内建类型。当定义一个新类时，即使并不打算扩展任何内容，该类也会是一个对象的继承者——Dart 隐式地完成了这项工作。

Dart 被称作是一种真正的面向对象语言，甚至函数也是一个对象。这意味着可实现下列任务：

❑　将函数作为变量值赋予一个函数。

❑　将函数作为参数传递至另一个函数中。

❑　将函数作为函数的结果返回，就像处理其他类型一样（如 String 和 int）。

这称作一级函数，并与其他类型被同等对待。

另一个要点是，Dart 语言支持类的单继承，这与 Java 以及其他语言十分类似。这意味着，某个类一次只能直接继承一个类。

ℹ️ 注意：

一个类可实现多个接口，并使用混入（mixin）扩展多个类，本章稍后将对此进行介绍。

Dart 语言中主要包含以下 OOP 内容，稍后将对此予以逐一介绍。

❑　类：表示为一个创建对象的蓝图。

❑　接口：包含对象上的一组方法的合约定义。虽然 Dart 中不存在显式的接口类型，但我们仍可利用抽象类实现接口功能。

❑　枚举类：定义了一组公共常量值的特殊类。

❑　混入：可在多个类层次结构中复用类代码。

1.4.1　Dart 面向对象特性

每一种编程语言都可通过自己的方式提供范例，并提供部分或全部的支持，相关原则如图 1.8 所示。

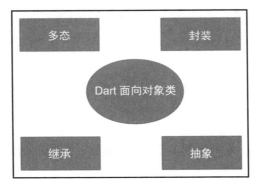

图 1.8

Dart 语言实现了图 1.8 中的大多数原则并包含自身的特性。下面将进一步强化现有的 OOP 技术和结构，进而在 Dart 语言中使用这一范例。

🛈 注意：

这里讨论的主题对于某些读者来说可能是全新的，稍后将更深入地介绍这些主题。在后续学习中，读者还可随时对此予以回顾。

OOP 的起始点——对象——表示为所定义类的实例。如前所述，在 Dart 语言中，一切事物均表示为对象，每个可存储于变量中的值表示为类的实例。除此之外，所有对象还直接或间接扩展了 Object 类。

❑ Dart 类可包含实例成员（方法和字段）和类成员（静态方法和字段）。

❑ Dart 类不支持构造方法重载，但仍可通过该语言中灵活的函数参数规范（可选参数、位置参数和命名参数）提供不同的方式实例化一个类。另外，还可使用命名构造方法定义相应的替代方法。

1.4.2　封装

Dart 语言中并未显式地设置访问限制。对此，读者可参考 Java 语言中的 protected、private 和 public。在 Dart 语言中，封装出现于库级别，而不是类级别（稍后将对此加以讨论）。

❑ Dart 针对类中所有字段创建隐式的 get 和 set 方法，因此，可以定义使用者如何访问数据以及数据的更改方式。

❑ 在 Dart 语言中，如果一个标识符（类、类成员、顶级函数或变量）以下画线（_）开始，那么该标识符对于其库来说是私有的。

ⓘ 注意:

第 2 章将讨论库的定义,此外还将详细地介绍在 Dart 中如何保护隐私内容。

1.4.3　继承

继承机制允许我们将某个对象扩展为某个抽象类型的特定版本。在 Dart 语言中,简单地声明一个类,即可实现隐式的 Object 类型的扩展。

❑　Dart 语言支持单继承。

❑　Dart 语言包含对混入的特殊支持,进而可扩展类的功能,且无须直接继承、模拟多个接口、复用代码。

❑　与其他语言不同,Dart 语言不包含 final class 指示符。也就是说,类总是可以被扩展(包含子类)。

1.4.4　抽象

抽象机制是定义类型及其基本特性的过程。也就是说,从父类型转至特定类型。

❑　Dart 语言中包含了一些抽象类,这些抽象类允许定义某事物执行/提供的内容,而不关心这些内容是如何实现的。

❑　Dart 语言中包含了功能强大的隐式接口这一概念,这也使得每个类都可成为一个接口。其他人可实现该接口且无须对其进行扩展。

1.4.5　多态

多态性是通过继承来实现的,并可以被看作是一个对象模仿另一个对象行为的能力。例如,int 类型也是 num 类型。

❑　Dart 语言允许重载父类中的方法,进而修改其最初的行为。

❑　Dart 语言并不支持其他语言中的重载方式。例如,不可使用不同的参数定义同一方法两次。使用灵活的参数定义(如可选参数和位置参数)可模拟重载机制,或者根本不使用重载行为。

1.5　本 章 小 结

本章对 Dart 语言进行了基本的介绍,其中涉及 Dart 语言的可用工具,基本的 Dart

应用程序，并学习了基本的 Dart 代码结构。

　　本章讨论了 Dart SDK 及其工具的工作方式，以实现 Flutter 应用程序开发，并使 Flutter 框架成功实现各项功能。

　　除此之外，本章还介绍了 Dart 语言中的一些重要概念，并提供了官方语言指南和链接资源。而且，我们还讲述了函数和参数规范，如命名参数、位置参数、可选参数和必需参数，同时还引入了 Dart 语言中的面向对象编程。

　　第 2 章将进一步讨论 Dart 语言中的 OOP 概念及其特性，并介绍开发过程中一些重要的高级特性，特别是 Flutter 开发，如基于 Flutter 的异步编程、单元测试以及包和库的概念，这可能是 Flutter 应用程序开发基础中最重要的概念。

1.6　进一步阅读

除本章之外，下列内容还列出了其他素材以供读者参考。

❑　Dart 语言中整数的表达方式：https://www.dartlang.org/articles/dart-vm/numeric-computation。

❑　通用语法：https://github.com/dartlang/sdk/blob/master/pkg/dev_compiler/doc/GENERIC_METHODS.md。

第 2 章　Dart 中级编程

本章将学习 Dart 语言中对象的核心内容。例如，如何利用接口、隐式接口、抽象类和混入在 Dart 语言中创建面向对象的代码，进而向类中添加某一具体行为。

如果读者是一名经验丰富的程序员，或者已对 Java 或类似的语言有所了解，那么可忽略本章中的部分内容，典型 OOP 语言概念中包含了某些相似性，如继承和封装。值得注意的是，某些概念仍需实施进一步的验证（即使读者已经了解了 OOP 特性中的主要概念），如隐式接口和混入，这些都是 Dart 语言中新引入的内容。

此外，本章还将学习第三方库，并加速项目的开发进程，进而理解 Dart 语言中的某些高级特性。随后，本章将通过回调和 Future 开发多线程应用程序，并学习如何对 Dart 代码进行单元测试。

本章主要涉及以下主题：

❑　Dart 语言中类定义的语法知识。
❑　抽象类、接口和混入。
❑　理解 Dart 库和包。
❑　利用 pubspec.yaml 添加依赖关系。
❑　利用 Future 和 Isolate 进行异步编程。
❑　单元测试。

2.1　Dart 类和构造方法

Dart 类通过关键字 class 进行声明，然后分别是类名、祖先类和实现的接口。随后，类主体通过一对花括号包围，并可于其中添加类成员，具体内容如下所示。

❑　字段：表示为变量，用于定义对象可加载的数据。
❑　访问器：get 和 set 方法。顾名思义，这一类方法可用于访问类的字段。其中，get 用于检索某个值，而 set 访问器则用于修改对应的值。
❑　构造方法：定义为类的创建方法，并于其中初始化对象实例字段。
❑　方法：对象的行为通过具体操作加以定义，一般表示为对象的函数。

考查下列示例代码：

```
class Person {
    String firstName;
    String lastName;

    String getFullName() => "$firstName $lastName";
}

main() {
  Person somePerson = new Person();
  somePerson.firstName = "Clark";
  somePerson.lastName = "Kent";
  print(somePerson.getFullName()); // prints Clark Kent
}
```

上述代码中声明的 Person 类涵盖了以下内容。

❑   当实例化一个类时，可使用 new 关键字（可选），随后是构造方法调用。在后续学习过程中将会发现，new 关键字较少使用。

❑   Person 类并未包含一个显式声明的祖先类。然而，如前所述，该类继承自 Object 类，这一继承过程在 Dart 语言中以隐式方式实现。

❑   Person 类包含 firstName 和 lastName 两个字段，以及一个 getFullName()方法。这两个字段通过字符串插入进行连接，并于随后予以返回。

❑   Person 类未声明任何 get 或 set 方法，那么，如何访问 firstName 和 lastName 并对其进行修改？对此，针对类中的每个字段，Dart 定义了默认的 get 或 set 访问器。

❑   class.member 中的 "." 符号用于访问类成员，无论是方法还是字段（get/set）。

❑   Person 类并未定义构造方法，但 Dart 对此提供了默认的空构造方法（不包含任何参数）。

2.1.1   枚举类型

enum 类型是大多数语言中常用的类型，表示一组有限的常量值。在 Dart 语言中，这一点完全相同。通过使用 enum 关键字，随后是常量值，即可定义一个 enum 类型，如下所示。

```
enum PersonType {
  student, employee
}
```

注意，这里仅定义了值的名称。enum 类型是包含了一组有限值的特殊类型，其中包含一个 index 属性可表示对应值，下面查看其工作方式。

首先，向之前定义的 Person 类中添加一个字段并存储对应的类型，如下所示。

```
class Person {
  ...
  PersonType type;
  ...
}
```

随后，可像其他字段那样对其加以使用，如下所示。

```
main() {
  print(PersonType.values); // prints [PersonType.student,
                            //PersonType.employee]
  Person somePerson = new Person();
  somePerson.type = PersonType.employee;
  print(somePerson.type); // prints PersonType.employee
  print(somePerson.type.index); // prints 1
}
```

可以看到，根据值的声明位置，index 属性为 0。

除此之外，此处还直接调用了 PersonType 枚举上的 values 的 get 方法。这是 enum 类型的一个静态成员，简单地返回包含全部值的列表。稍后将对此加以讨论。

2.1.2 级联符号

如前所述，Dart 语言提供了 "." 符号访问类成员。除此之外，还可使用 ".." 级联符号在同一对象上链接操作序列，如下所示。

```
main() {
  Person somePerson = new Person()
    ..firstName = "Clark"
    ..lastName = "Kent";

  print(somePerson.getFullName()); // prints Clark Kent
}
```

对应结果与使用大型方法时相同，但这是一种编写简洁、易读代码的较好方法。

ℹ️ 注意：

级联语法的工作方式是获取第一个表达式的返回值（在当前示例中是 new Person()），并且总是在这个值中操作，同时忽略下一个表达式的返回值。

接下来将深入研究前面提到的每个类组件，并以此扩展类来满足我们的所有需求。

2.1.3 构造方法

当实例化一个类时，可使用 new 关键字，随后是包含参数的构造方法。下面修改 Person
类，并定义包含参数的构造方法，如下所示。

```
class Person {
    String firstName;
    String lastName;

    Person(String firstName, String lastName) {
      this.firstName = firstName;
      this.lastName = lastName;
    }
    String getFullName() => "$firstName $lastName";
}

main() {
  // Person somePerson = new Person(); this would not compile as we
  //defined mandatory parameters on constructor
  Person somePerson = new Person("Clark", "Kent");
  print(somePerson.getFullName());
}
```

构造方法也是 Dart 语言中的函数，其扮演的角色是初始化类实例。作为一个函数，
构造方法包含了 Dart 一般函数中的诸多特性，如参数（必需参数、可选参数、命名参数
和位置参数）。在上述示例代码中，构造方法包含了两个强制型参数。

当查看构造方法主体内容时，使用了 this 关键字。进一步讲，该构造方法参数名与
一般的字段名并无两样。为了实现准确的定义，可在赋值步骤中在对象实例字段前添加
this 关键字。

通过快捷语法方式，Dart 语言提供了另一种方式编写构造方法，如下所示。

```
// ... class fields definition

// shortcut initialization syntax
Person(this.firstName, this.lastName);
```

这里仅设置了类字段值，因而可忽略构造方法体。

1．命名构造方法

与 Java 和其他语言不同，Dart 语言并未提供基于重定义方式的重载机制。因此，当针对类定义另一个构造方法时，需要使用命名构造方法，如下所示。

```
// ... class fields definition
// other constructors

Person.anonymous() {}
```

命名构造方法展示了如何针对类定义一个替代构造方法。在上述示例代码中，我们针对 Person 类定义了一个可选的构造方法且不包含相应的名称。

注意：

命名构造方法与一般方法相比，唯一的差别在于，构造方法不包含 return 语句，其唯一任务是初始化对象实例。

在讨论与 Flutter 相关的章节中，还将再次考查命名构造方法，该框架将以此初始化微件定义。

2．工厂构造方法

在 Dart 语言中，另一个较为有用的语法是工厂构造方法，这有助于实现工厂模式。工厂模式是一种构建技术，可在不指定确切的结果对象类型的情况下实例化类。考查下列 Person 类的子类：

```
class Student extends Person {
  Student(firstName, lastName): super(firstName, lastName);
}

class Employee extends Person {
  Employee(firstName, lastName): super(firstName, lastName);
}
```

可以看到，子类与 Person 类基本相同，但仍未添加任何特定的功能。

相应地，可在 Person 类上定义一个工厂构造方法，并根据所需的 type 参数实例化对应的类，如下所示。

```
class Person {
  String firstName;
  String lastName;

  Person([this.firstName, this.lastName]);
```

```
factory Person.fromType([PersonType type]) {
  switch (type) {
    case PersonType.employee:
      return new Employee();
    case PersonType.student:
      return new Student();
  }
  return Person();
}
  String getFullName() => "$firstName $lastName";
}

enum PersonType { student, employee }
```

通过添加 factory 关键字，指定了工厂构造方法，随后是构造方法定义（一般位于基类或抽象类中）。在当前示例中，Person 类根据参数中指定的 PersonType 定义了一个命名的工厂构造方法。如果未传递类型，则通过默认的构造方法创建一个简单的 Person 类。

另一点需要注意的是，工厂构造方法并未替代默认的类构造方法。因此，当前类及其子类仍可通过调用者直接实例化。

2.1.4　字段访问器——get 和 set

如前所述，get 和 set 方法可访问类中的字段，即使未对其进行定义，每个字段也将包含这一类访问器。在上述 Person 示例中，当执行 somePerson.firstName = "Peter"时，即调用了 firstName 字段的 set 访问器，并将"Peter"作为参数发送于其中。另外，在该示例中，当调用 Person 上的 getFullName()方法时，即使用了 get 访问器。

相应地，可修改 Person 类，替换原有的 getFullName()方法，并作为 get 方法添加至当前类中，如下所示。

```
class Person {
  String firstName;
  String lastName;

  Person(this.firstName, this.lastName);

  Person.anonymous() {}

  String get fullName => "$firstName $lastName";
  String get initials => "${firstName[0]}. ${lastName[0]}.";
```

```
}

main() {
  Person somePerson = new Person("clark", "kent");

  print(somePerson.fullName); // prints clark kent
  print(somePerson.initials); // prints c. k.
  somePerson.fullName = "peter parker";
  // we have not defined a setter fullName so it doesn't compile
}
```

这里需要注意以下事项。

- ❑　此处不能定义具有相同字段名的 getter 或 setter：firstName 和 lastName，这将导致编译错误——类成员名称重复。
- ❑　对于通过 anonymous 命名构造方法实例化的 Person 对象，initials getter 将抛出一个错误——当前尚未包含 firstName 和 lastName 值（皆等于 null）。
- ❑　无须定义 get 和 set 对。可以看到，当前示例仅定义了 fullName getter，且不包含 setter，因此暂无法修改 fullName（如前所述，这将导致编译器错误）。

除此之外，还可针对 fullName 编写一个 setter，定义其后的逻辑并以此设置 fullName 和 lastName，如下所示。

```
class Person {
  // ... class fields definition
  set fullName(String fullName) {
    var parts = fullName.split(" ");
    this.firstName = parts.first;
    this.lastName = parts.last;
  }
}
```

通过这种方式，设置 fullName 后即可实例化某人的名字，并可实现相同的结果（当然，这里并未执行任何检查，进而判断所传递的 fullName 值是否有效，如空值、包含多个值，等等）。

2.1.5　静态字段和方法

读者已经了解到，字段可视为加载对象值的变量；而方法则是体现对象操作的简单函数。在某些时候，可能需要在类的所有对象实例间共享某个值或方法。对此，可向类中添加 static 方法，如下所示。

```
class Person {
  // ... class fields definition

  static String personLabel = "Person name:";
  String get fullName => "$personLabel $firstName $lastName";
  // modified to print the new static field "personLabel"
}
```

据此，可直接在该类上修改静态字段值，如下所示。

```
main() {
  Person somePerson = Person("clark", "kent");
  Person anotherPerson = Person("peter", "parker");

  print(somePerson.fullName); // prints Person name: clark kent
  print(anotherPerson.fullName); // prints Person name: peter park

  Person.personLabel = "name:";

  print(somePerson.fullName); // prints name: clark kent
  print(anotherPerson.fullName); // prints name: peter parker
}
```

注意，静态字段与当前类关联，而不是任何对象实例；对于 static 方法来说同样如此。
例如，可添加 static 方法并封装命名输出操作，如下所示。

```
class Person {
  // ... class fields definition
  static String personLabel = "Person name:";

  static void printsPerson(Person person) {
    print("$personLabel ${person.firstName} ${person.lastName}");
  }
}
```

随后，可使用该方法输出一个 Person 实例，如下所示。

```
main() {
  Person somePerson = Person("clark", "kent");
  Person anotherPerson = Person("peter", "parker");

  Person.personLabel = "name:";

  Person.printsPerson(somePerson); // prints name: clark kent
```

```
    Person.printsPerson(anotherPerson); // prints name: peter park
}
```

我们可以修改 Person 类的 fullName getter，使其不使用 personLabel 静态字段。这样更有意义，并根据我们的需求获得不同的结果，如下所示。

```
class Person {
  // ... class fields definition

  String get fullName => "$firstName $lastName";
}

main() {
  Person somePerson = Person("clark", "kent");
  Person anotherPerson = Person("peter", "parker");

  print(somePerson.fullName); // prints clark kent
  print(anotherPerson.fullName); // prints peter parker

  Person.printsPerson(somePerson); // prints Person name: clark kent
  Person.printsPerson(anotherPerson); // prints Person name: peter park
}
```

可以看到，静态字段和方法允许我们添加特定的操作行为。

2.1.6　类继承机制

除了隐式地继承 Object 类型之外，Dart 语言还可通过 extends 关键字扩展已定义的类。其中，除了构造方法以外，父类的全部成员均被继承。

考查下列示例代码，并针对已有的 Person 类创建一个子类：

```
class Student extends Person {
  String nickName;

  Student(String firstName, String lastName, this.nickName)
      : super(firstName, lastName);

  @override
  String toString() => "$fullName, also known as $nickName";
}

main() {
```

```
Student student = new Student("Clark", "Kent", "Kal-El");
print(student); // same as calling student.toString()
// prints Clark Kent, also known as Kal-El
}
```

关于上述示例代码，需要注意以下事项。

❑ Student：Student 类定义了自己的构造方法。然而，该类调用了 Person 类的构造方法，同时传递所需的参数。该过程通过 super 关键字完成。

❑ @override：存在一个 Student 类上的 toString()重载方法。这也是继承机制的意义所在——可在子类上修改父类（在当前示例中为 Object）的行为。

❑ print(student)：在 print(student)语句中，未调用任何方法。此时将隐式地调用 toString()方法。

重载父类行为的常见示例是 toString()方法，旨在返回一个当前对象的 String 表达结果，如下所示。

```
class Student extends Person {
  // ... fullName(from Person class) and other fields
  @override
  String toString() => "$fullName, also known as $nickName";
}

main() {
  Student student = new Student("Clark", "Kent", "Kal-El");

  print("This is a student: $student");
  // prints: This is a student: Clark Kent, also known as Kal-El
  // will also call the toString() of student implicitly
}
```

不难发现，这使得代码更加清晰。此外，这里还提供了详细的注释内容，以帮助读者进一步理解其中的记录、文本格式等内容。

2.2　抽象类、接口和混入

在 Dart 语言中，抽象类和接口关系紧密，其原因在于，与其他常见语言相比，Dart 语言采用了一种稍显不同的方式实现接口。

下面首先讨论抽象类。

2.2.1　抽象类

在 OOP 中，抽象类无法被实例化，这一点十分有意义，具体操作还将取决于程序中对应的上下文和抽象级别。

例如，如果确保仅存在于当前程序的上下文中，并且表示为一个 Student 实例或另一个子类型，则可对 Person 类进行抽象化。

```
abstract class Person {
  // ... the body was hidden for brevity
}
```

此处唯一需要修改的地方是类定义的开始部分，即 abstract。

```
main() {
  Person student = new Student("Clark", "Kent", "Kal-El"); // works as
        //we are instantiating the subtype
  // Person p = new Person();
  // abstract classes cannot be instantiated

  print(student);
}
```

可以看出，这里不再实例化 Person 类，而是实例化其子类型 Student。

抽象类可定义未包含具体实现的抽象成员，这可通过子类型予以实现。

```
abstract class Person {
  String firstName;
  String lastName;

  Person(this.firstName, this.lastName);

  String get fullName;
}
```

Person 类中的 fullName 当前表示为抽象的 getter 且未包含实现。相应地，子类型负责实现该成员。

```
class Student extends Person {
  //... other class members

  @override
```

```
    String get fullName => "$firstName $lastName";
}
```

其中，Student 类实现了 fullName getter，否则将无法编译代码。

2.2.2　接口

Dart 语言并未定义 interface 关键字，同时采用了稍显不同的方式使用接口：所有类声明本身都是接口。这意味着，当在 Dart 语言中定义一个类时，该类不仅可通过其他类进行扩展，同时还定义了一个可实现的接口。在 Dart 语言中，这称作隐式接口。

在此基础上，Person 类也可表示为 Person 接口，并可被 Student 类予以实现（而非扩展）。

```
class Student implements Person {
  String nickName;

  @override
  String firstName;

  @override
  String lastName;

  Student(this.firstName, this.lastName, this.nickName);

  @override
  String get fullName => "$firstName $lastName";

  @override
  String toString() => "$fullName, also known as $nickName";
}
```

总体而言，除了成员定义于 Student 类中之外，代码并未出现太大变化。这里，Person 类只是 Studen 类所采用的一种必须执行的合约。

🔵 提示：

如果需要声明一个显式接口，可定义一个未包含任何实现的抽象类。其中仅设置了成员定义，这将是一个后续操作需实现的纯接口。

2.2.3　混入——向类中添加行为

在 OOP 中，混入是一种在类中包含功能的方法，而不需要在各部分之间建立关联，如继承。

混入较为常见的应用场合是多继承，这是类使用公共功能的一种简单方法。

在 Dart 语言中，存在多种方式可声明混入。

- ❏　声明一个类并将其用作混入；同时，该类也可用作一个对象。
- ❏　声明一个抽象类，该抽象类可用作混入或被继承，但不可被实现。
- ❏　声明一个混入，且仅可用作混入。

❶ 注意：

无论如何声明混入，它都可用作一个接口。作为一类前提条件，混入公开了相应的成员。

下面将向 Person 类中声明一个功能项。

对于员工的专业背景，某名员工可能包含通用技能和特殊技能，该示例可用于说明混入概念。我们可将相关技能添加至某个专业中，且无须扩展一个较为普通的通用类，或在每个类中实现一个接口。由于实现过程可能基本相同，因而往往会导致代码重复。

```
// Person class definition

class ProgrammingSkills {
  coding() {
    print("writing code...");
  }
}

class ManagementSkills {
  manage() {
    print("managing project...");
  }
}
```

在上述示例代码中创建了两个职业技能类，即 ProgrammingSkills 和 ManagementSkills。接下来，将向当前类定义中添加 with 关键字并对其加以使用，如下所示。

```
class SeniorDeveloper extends Person with ProgrammingSkills,
ManagementSkills {
```

```
   SeniorDeveloper(String firstName, String lastName) : super(firstName,
lastName);
}

class JuniorDeveloper extends Person with ProgrammingSkills {
   JuniorDeveloper(String firstName, String lastName) :
super(firstName,lastName);
}
```

上述两个类均包含 coding()，且无须在每个类中予以实现，该方法已在 ProgrammingSkills 混入中予以实现。

如前所述，存在多种方式可声明一个混入。前述示例使用了一个简单的类定义，通过这一方式，ProgrammingSkills 可像一般类那样进行扩展，甚至可实现为一个接口（但丧失了混入属性）。

```
class AdvancedProgrammingSkills extends ProgrammingSkills {
 makingCoffee() {
    print("making coffee...");
  }
}
```

注意：

通过这种方式编写 AdvancedProgrammingSkills 并不会创建一个混入。混入类需扩展 Object 类，且不声明构造方法。

另一种编写混入的方式是使用 mixin 关键字，如下所示。

```
mixin ProgrammingSkills {
  coding() {
    print("writing code...");
  }
}

mixin ManagementSkills {
  manage() {
    print("managing project...");
  }
}
```

通过这种方式编写 mixin 可防止出现不必要的行为。此处 mixin 无法被扩展，并应予以正确地使用。此时，使用混入的"专业"类将保持不变。

此外，还可限制使用特定混入的类。对此，可通过 on 关键字指定所需的超类，如下所示。

```
mixin ProgrammingSkills on Developer {
  coding() {
    print("writing code...");
  }
}
```

🛈 注意：
　　受 on 关键字限制的混入要求目标类包含无参数构造方法。

2.2.4　可调用的类、顶级函数和变量

　　Dart 语言使得开发人员可方便地控制各部分代码内容，这一点与其他语言有所不同。

　　Dart 建议将现代 OOP 概念的优点与传统概念结合起来，因此用户总是可以选择何时何地应用不同的方法。

1．可调用的类

　　与 Dart 函数定义为类一样，Dart 类可表现得像函数一样。也就是说，Dart 类可以被调用、接收参数并返回结果。类中的模拟函数的语法如下所示。

```
class ShouldWriteAProgram { // this is simple class
  String language;
  String platform;

  ShouldWriteAProgram(this.language, this.platform);

  // this special method named 'call' makes the class behave as a //function
  bool call(String category) {
    if(language == "Dart" && platform == "Flutter") {
      return category != "to-do";
    }
    return false;
  }
}

main() {
  var shouldWrite = ShouldWriteAProgram("Dart", "Flutter");

  print(shouldWrite("todo")); // prints false.
  // this function is invoking the ShouldWriteAProgram callable class
```

```
  // resulting in a implicit call to its "call" method
}
```

可以看到，shouldWrite 表示为一个对象，即 ShouldWriteAProgram 类的一个实例；但也可作为常规函数被调用，同时传递一个参数并使用其返回值。这是可能的，因为类中定义了 call()方法。

call()方法是 Dart 语言中的一个特殊方法，定义了该方法的每个类其行为更像是一个常规的 Dart 函数。

💡 提示：

如果将某个可调用的类赋予一个函数类型的变量，这将会隐式地转换为一个函数类型，其行为像是一个常规的函数。

2．顶级函数和变量

在前述内容中，我们已经看到 Dart 中的函数和变量可以作为成员类字段和方法绑定到类上。

第 1 章曾讨论了顶级函数的编写方式，即应用程序的入口点 main()函数。对于变量，声明方式也是相同的，进而可在应用程序或包上实现全局访问。

```
var globalNumber = 100;
final globalFinalNumber = 1000;

void printHello() {
  print("""Dart from global scope.
    This is a top-level number: $globalNumber
    This is a top-level final number: $globalFinalNumber
    """);
}

main() {
  // the most famous Dart top level function
  printHello(); // prints the default value

  globalNumber = 0;
  // globalFinalNumber = 0; // does not compile as this is a final //variable

  printHello(); // prints the new value
}
```

可以看到，变量和函数不需要绑定到类中即可存在。这体现了 Dart 语言的灵活性，从而使开发人员能够编写简单和一致的代码，同时不会忘记现代语言的模式和特性。

2.3　理解 Dart 库和包

库是一种基于模块化构建项目的方法，允许开发人员将代码分隔至多个文件中，并与其他开发人员共享一些代码或模块。

许多编程语言都使用库为开发人员提供这种模块化方式，Dart 也不例外。在 Dart 中，除了代码结构之外，这些库还有另一个重要的作用，即确定库间的可见性。

在讨论 Dart 包之前，需要理解库包含的最小单元。下面首先查看如何在包中使用库，随后是如何在 Dart 中定义一个库。

2.3.1　导入机制和库的使用

第 1 章曾导入了 meta 库并在某些参数上使用@required。本节将详细介绍 import 语句。

当定义一个库时，可简单地生成一个 Dart 文件并于其中添加某些代码。

提示：

读者可查看 example_1_importing，以便清晰地观察库和导入语句。另外，读者还可访问 GitHub 获取本章的源代码。

在当前示例中，我们定义了一个简单的库，其中包含 Person、Student、Employee 类和 PersonType 枚举类型。

```
// person_lib library - the Classes contents were truncated for brevity

class Person {
  String firstName;
  String lastName;
  PersonType type;

  Person([this.firstName, this.lastName]);

  String get fullName => "$firstName $lastName";
}

enum PersonType { student, employee }
```

```
class Student extends Person {
  Student([firstName, lastName]): super(firstName, lastName) {
    type = PersonType.student;
  }
}

class Employee extends Person {
  Employee([firstName, lastName]): super(firstName, lastName) {
    type = PersonType.employee;
  }
}
```

当对此进行导入时，仅在文件开始处和代码前添加"import library_path;"语句即可，如下所示。

```
import 'person_lib.dart';

void main() {

  Person person = Person("Clark", "Kent");
  // omitted the optional 'new' keyword

  Person student = Student("Clark", "Kent");

  print("Person: ${person.fullName}, type: ${person.type}");
  print("Student: ${student.fullName}, type: ${student.type}");
}
```

由于这一类文件均位于同一目录下，因而导入路径仅表示为文件名。在添加了 import 语句后，即可使用其中的代码，其应用方式与 Person 和 Student 类的处理方式相同。

1. 导入显示和隐藏

在上述示例中可以看到，我们并未使用 person_lib 库中的全部类。为了使代码更加简洁，同时避免出现错误和命名冲突，可以使用 show 关键字，进而仅导入代码中有效使用的标识符。

```
// import 'person_lib.dart' show Person, Student;
```

另外，还可使用 hide 关键字指定不打算导入的标识符。在这种情况下，除了 hide 之后的标识符，将导入库中的全部标识符。

```
// import 'person_lib.dart' hide Employee;
```

2．导入库前缀

在 Dart 语言中，不存在命名空间定义，且无法在所用上下文环境中唯一标识库。因此，在生成标识符名称时，可能会产生冲突。也就是说，库可能定义一个具有相同名称的顶级函数，甚至是类。虽然可使用 show 和 hide 标识符显式地设置希望从库中导入的成员，但这对于处理当前问题来说是不够的。某些时候，可能会使用到不同库中具有相同名称的类或顶级函数，如图 2.1 所示。

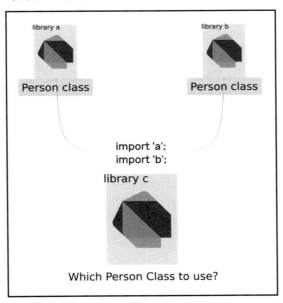

图 2.1

Dart 语言提供了一种方法可解决这一类问题。对此，可在 import 语句之后添加 as 关键字，进而为导入库中的所有标识符设置一个前缀，如下所示。

```
import 'a.dart' as libraryA;
import 'b.dart' as libraryB;

void main() {

  libraryA.Person personA = libraryA.Person("Clark", "Kent");

  print("Person A: ${personA.fullName}");
  libraryB.Person personB = libraryB.Person(); // 'b' Person does not
                                               // have any field
```

```
print("Person B: ${personB}");
}
```

不难发现，如果缺少前缀，将无法辨识所用的 Person 类。对于其他公共库来说也同样如此，如函数或变量。在指定了前缀后，需要将其添加至该库成员的每个调用中，而不仅仅是产生冲突的调用。

💡 提示：
　　读者可访问 GitHub 查看本章的源代码。

ⓘ 注意：
　　回忆一下，在第 1 章中曾有所讨论，as 关键字也可用于超类型和子类型间的类型转换。

3．导入路径的变化

前述示例曾导入了一个本地文件库，并与该库的使用者位于同一个目录，因此我们仅指定了对应的文件名。

然而，当使用第三方 Dart 包时，情况将有所不同。在这种情况下，文件将不再处于相同的目录中。下面将查看如何导入外部包 Dart 库。

相应地，存在多种方式可指定 import 语句中的库路径，之前已经使用了其中的两种，即相对文件导入和从包中进行导入。接下来将对此进行详细的讨论。

假设存在一个 foo 包的包目录，其中包含 a.dart 和 b.dart 两个文件。当对其进行导入时，可采用多种方法，如下所示。

❏　相对文件路径：这与之前所采用的方法相同，即当前库位于同一文件夹中。对此，仅需将相对路径置于希望导入的库文件中即可，如下所示。

```
import 'foo/a.dart';
import 'foo/b.dart';
```

❏　绝对文件路径：通过向导入路径中添加 file:// URL 前缀，可将计算机的绝对路径加入某个库文件中，如下所示。

```
import "file:///c:/dart_package/foo/a.dart";
import "file:///c:/dart_package/foo/b.dart";
```

ⓘ 注意：
　　尽管可以实现，但不建议采用这种绝对导入机制，而且这也是一种较差的导入库的方式。在分布式开发环境中，这将会导致文件定位问题。

❏　Web 上的 URL：与绝对文件路径相同，可以直接在 http://协议上添加包含库源代码的网站的 URL。

```
import "http://dartpackage.com/dart_package/foo/a.dart";
```

❑　包：这也是最常见的库导入方式。这里，我们指定了来自 package 根目录的库路径。本章稍后将对包定义予以解释。当导入本地库时，其路线可描述为包的根目录、源代码树、库文件，如下所示。

```
import 'package:my_package/foo/a.dart';
import 'package:my_package/foo/b.dart';
```

package 方法是一种导入库的推荐方式，并可与本地库实现良好的协同工作（也就是说，项目的本地文件和库）；此外，这也是使用第三方包中的相关库的推荐方式。

🛈 注意：

在学习了包在 Dart 上下文中的含义后，读者可随时重新查看包示例。另外，读者可访问 GitHub 查看本章的源代码。

2.3.2　创建 Dart 库

Dart 库可由单一文件或多个文件构成。一种较为常见的推荐方式是，在创建文件时，生成一个较小的库。然而，也可将某个库定义划分为多个文件。虽然较少使用，但是根据上下文环境，特别是处理关系紧密的类时，这种方法将十分有用。

这里，划分的决策十分重要，不仅对于封装行为，对于库使用者的导入和使用方式来说，相关决策同样十分重要。例如，假设存在两个紧密耦合的类，二者需要共存方可工作。将其划分为不同的库将迫使使用者导入两个库。这并不是一种较为实用的方法，因此在创建开源库时，应注意库的划分方式。

在深入讨论库定义的其他方法之前，下面首先考查库的隐私性，这对于封装操作来说十分有帮助，进而理解如何将库划分为多个文件。

1．库成员的私密性

在大多数语言中，最常见的隐私控制方法（代码封装）一般出现在类级别，这是通过添加一些标识成员访问级别的特殊关键字来实现的，如 Java 语言中的 protected 和 private，如图 2.2 所示。

在 Dart 中，如果未采用下画线（_）字符作为前缀，默认情况下，每个标识符都可以从库内外的任何位置访问。当使用下画线前缀时，则意味着其将成为库的私有对象，从而阻止从外部对其进行访问。

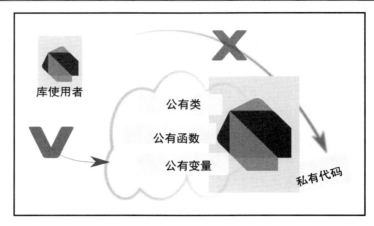

图 2.2

ℹ **注意：**

Dart 语言中的 meta 包提供了 @protected 注解。当添加到类成员时，它指示该成员应该仅在类或其子类型中使用。

需要注意的是，在 Dart 的后续版本中，这一部分内容很可能会发生变化，其原因在于，部分内容受到 Java 和其他面向对象语言的影响，导致隐私控制发生在类级别。

2．库定义

Dart 语言中包含一个 library 定义库。虽然是一个可选项，但当创建多个文件库时，或者在将其发布为 API 之前，该关键字将非常有用。

ℹ **注意：**

Dart 语言中设置了 dartdoc 工具，可针对 Dart 包生成 HTML 文档。当使用该工具时，需要以一种特定的方式编写注释。稍后将对此加以讨论。

接下来考查如何利用 library 关键字定义一个库。当创建库并正确地进行封装以实现库应用的一致性时，将存在多种解决方案。

（1）单一文件库

定义库的最简单方式是向单一文件中添加所有的关联代码，即类、顶级函数和变量。例如，对于之前的 Person 库，可执行下列操作：

```
class Person {
  String firstName;
  String lastName;
```

```
  PersonType _type;

  Person({this.firstName, this.lastName});

  String toString() => "($_type): $firstName $lastName";
}

enum PersonType { student, employee }

class Student extends Person {
  Student({firstName, lastName})
      : super(firstName: firstName, lastName: lastName) {
    _type = PersonType.student;
  }
}

class Programmer extends Person {
  Programmer({firstName, lastName})
      : super(firstName: firstName, lastName: lastName) {
    _type = PersonType.employee;
  }
}
```

上述文件定义并无太多特别之处，但需要注意以下两点。

❏　文件自身是一个库，因而无须显式声明任何内容。

❏　_type 对于库来说是私有的。也就是说，仅可在同一库中被访问。

假设从另一个库中尝试使用上述类，如下所示。

```
main() {
  Programmer programmer = Programmer(firstName: "Dean", lastName: "Pugh");

  // we cannot access the _type property as it is private to the
  // single_file library programmer._type = PersonType.employee;

  print(programmer);
}
```

可以看到，这里访问了之前定义的库中的所有公共标识符，但无法访问_type 属性并设置值，虽然在 Person 类的 toString()方法中对应值是公开的。

虽然可在一个文件中定义所有的相关代码，但随着代码及其复杂度的不断增加，这将变得难以维护。因此，当前方式仅适用于不随时间变化的简单定义类型。

（2）将库划分为多个文件

前述内容讨论了定义库的单一文件方案，下面介绍如何将库划分为多个文件，进而以较小的可复用片段方式组织项目（这也是库应用的真正目的）。

当定义基于多个文件的库时，可使用 part、part of 和 library 语句。

❏　part：库由多个小型库组成。

❏　part of：小型库，指定组合哪一个库。

❏　library：这是为了使用前面的 part 语句，因为需要将 part 文件与库的 main 部分关联起来。

当使用 part 语句时，前述示例如下所示。

```
// the 'main' part of the library, person_library.dart
// defined using the library keyword and listing parts below

library person;

part 'person_types.dart';
part 'student.dart';
part 'programmer.dart';

class Person {
  String firstName;
  String lastName;
  PersonType _type;

  Person({this.firstName, this.lastName});

  String toString() => "($_type): $firstName $lastName";
}
```

在上述代码中，需要注意以下问题。

❏　在当前示例中，library 关键字后面是 library 标识符 person。仅使用小写字符和下画线字符作为分隔符命名标识符是一种较好的做法。当前示例可以被命名为任何名称，如 person_lib 或 person_library。

❏　库定义之下列出了各个库。

❏　代码自身并不会改变任何内容。

part 语法定义如下所示。

❏　PersonType 部分定义于 person_types.dart 文件中：

```
part of person;

enum PersonType { student, employee }
```

❑　Student 部分定义于 student.dart 文件中：

```
part of person;

class Student extends Person {
  Student({firstName, lastName})
      : super(firstName: firstName, lastName: lastName) {
    _type = PersonType.student;
  }
}
```

❑　Programmer 部分定义于 programmer.dart 文件中：

```
part of person;

class Programmer extends Person {
  Programmer({firstName, lastName})
      : super(firstName: firstName, lastName: lastName) {
    _type = PersonType.employee;
  }
}
```

提示：
　　自身实现并不会改变任何内容，唯一不同之处在于文件开始处的 part of 语句。

　　此外，还可以看到，_type 在 part 文件中是可访问的。对于 person 库它是私有的，且全部文件均位于同一个库中。

注意：
　　如果 part 文件包含某些字段、类、顶级函数或以下画线开始的变量，由于均位于同一个库中，它们可以被 main 库和其他部分访问。

　　考查下列代码，其中使用了 person 库：

```
import 'person_lib/person_library.dart';

main() {
  // access the Programmer class is allowed, part of the person_library
  Programmer programmer = Programmer(firstName: "Dean", lastName: "Pugh");
```

```
  // cannot access the _type property, it is private to person library
  // programmer._type = PersonType.employee;

  print(programmer);
}
```

在上述示例代码中，person 库的使用者并不需要修改任何内容，所需调整将在该库的内部结构中进行。

注意：

part 语法正处于修正中，且有可能在下一个 Dart 版本中停止使用。如果出现这种情况，很有可能会创建一类新的语法以替代 part 语法。

（3）多文件库——export 语句

上述方法并非划分 Dart 库的理想方式，其原因在于，part 语法很可能在未来版本中发生变化。此外，如果仅控制库成员的可见性，将会发现此类方案稍显复杂且难以使用。

针对于此，可简单地选择不创建库，而是将库划分为较小的独立库。对于前述示例，这将在实现过程中出现一些重要变化。

前述内容包含了 3 个独立的库，即 person_library、programmer 和 student。虽然库之间彼此相关，但其行为更像是独立的库，除了彼此的公共成员之外，库之间并不相互了解。

```
// person library defined in person_library.dart
class Person {
  String firstName;
  String lastName;
  final PersonType type;

  Person({this.firstName, this.lastName, this.type});

  String toString() => "($type): $firstName $lastName";
}

enum PersonType { student, employee }
```

在当前示例中，person 库并不需要使用库标识符。

programmer 导入了 person 库，并访问其 Person 类。

```
// programmer library defined in programmer.dart

import 'person_library.dart';
```

```
class Programmer extends Person {
 Programmer({firstName, lastName})
 : super(firstName: firstName, lastName: lastName, type:
PersonType.employee);
}
```

同样，student 库导入了 person 库。

```
// student library defined in student.dart

import 'person_library.dart';

class Student extends Person {
  Student({firstName, lastName})
    : super(
        firstName: firstName,
        lastName: lastName,
        type: PersonType.student,
      );
}
```

在上述代码中，可以看到：

❑ programmer 和 student 库需要导入 person 库并对其进行扩展。

❑ 通过移除下画线前缀，Person 类中的 type 属性变为公有属性。这意味着，该属性可被其他库访问。在当前示例中，由于并不打算对 type 属性进行修改，且在构造方法中进行初始化，因而可将其定义为 final。

下面考查库的使用者：

```
import 'person_lib/programmer.dart';
import 'person_lib/student.dart';
main() {
  // we can access the Programmer class as it is part of the person_library
  Programmer programmer = Programmer(firstName: "Dean", lastName: "Pugh");
  Student student = Student(firstName: "Dilo", lastName: "Pugh");

  print(programmer);
  print(student);
}
```

由于库被划分为多个部分，因而库的使用者也需要稍作调整。对此，需要导入每一个希望单独使用的库。

对于小型库来说，这并不会产生问题；但对于更复杂的库结构，单独导入所有的相关库将会增加使用的难度。

这也是 export 语句的用武之地。这里，可选择 main 库文件，并于随后导入与其相关的所有小型库。通过这种方式，使用者仅需导入单一库即可，所有的小型库也将随之可用。

在前述示例中，可使用该方法的较好例子是 person 库。

```
export 'programmer.dart';
export 'student.dart';

class Person { ... }

enum PersonType { ... }
```

据此，库使用者可通过下列方式进行操作：

```
import 'person_lib/person_library.dart';

main() {
  // we can access the Programmer and Student class as they are exported
  // from the person_library
  Programmer programmer = Programmer(firstName: "Dean", lastName: "Pugh");
  Student student = Student(firstName: "Dilo", lastName: "Pugh");

  print(programmer);
  print(student);
}
```

注意，这里仅 import 语句发生了变化。我们仍可正常地使用来自小型库中的类，因为它们是从 person_library 导出的。

在理解了 Dart 库的概念后，接下来介绍如何将代码片段整合至共享、可复用的 Dart 包中。

2.3.3　Dart 包

Dart 包可视为 Dart 项目的起始点，如图 2.3 所示。在前述示例中，由于仅介绍了单一文件语法示例，因而未涉及包的使用方法。在实际操作过程中，我们将更多地与包协同工作。

创建并使用包的主要优点在于，可复用和共享代码。在 Dart 生态系统中，这可通过 pub 工具加以实现，进而提取并将依赖项发送至 pub.dartlang.org 网站和存储库中。

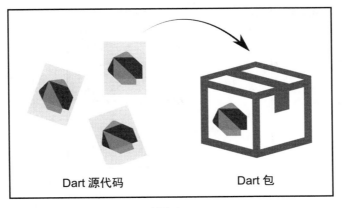

图 2.3

在项目中使用库包可使其成为即时（immediate）依赖项，而所用的库可能包含自己的依赖项，称作传递依赖项。

ℹ️ **注意：**
当使用 DartPad 时，需要进行一些调整，并配置相应的 Dart 开发环境，因为我们将与包协同工作。

一般来讲，存在两种 Dart 包，即应用程序包和库包。

注意，并不是所有的包均可共享。另外，应用程序自身也是一个包。这些包通常可依赖于库包，但并不打算在其他项目中用作依赖项。

另外一方面，库包是包含了一些在许多项目中有用的代码的包，这些包类型可用作依赖项；同时，其中也包含了基于其他包类型的依赖项。

简而言之，Dart 包的推荐结构在应用程序和库包之间并没有太大的区别，但其各自的用途和使用方式则有所不同。

2.3.4 包结构

关于 Dart 包结构，首先需要指出的是，其有效性是由 pubspec.yaml 文件决定的。如果结构中存在一个 pubspec.yaml 文件，那么将存在一个包，并可于其中进行适当描述；否则，包也将不复存在。图 2.4 显示了一个典型的包结构。

ℹ️ **注意：**
图 2.4 所示包通过 Stagehand 工具生成，稍后将对此予以介绍。

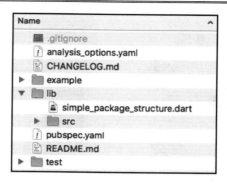

图 2.4

对于应用程序包，无须采用项目布局（并不打算将其发布至 pub 库中）。但随着不断发展，我们可遵循一些推荐方法和使用惯例。下面介绍 Dart 包的常见结构，其中，大多数结构均采用了传统方式，这取决于项目的复杂性，以及是否希望以某种方式共享代码。

❑ pubspec.yaml：如前所述，这是一个基础的包文件，并描述了 pub 库中的包。稍后将具体解释该文件中的全部结构。

❑ lib/和 lib/src 目录：存放包库的源代码。正如读者所了解的那样，一个简单的.dart 文件即是一个小型库，因此，置于 lib 库中的一切事物对于其他包来说都是公有的，这也称作包公有 API。

🛈 注意：

虽然可导入 src 子目录中的库，但这不是一种推荐的做法，因为它是内部库实现，而不是库的公共 API 的一部分，并可能会更改和破坏客户代码。

❑ lib/simple_package_structure.dart：较为常见的做法是添加一个或多个顶级文件，并导出（export 语句）本地 src/库。该文件的名称与对应的包名称相同。如果存在多个库，那么文件名称应尽量简单，进而标识导出库的一般用途。

❑ test/：单元测试和基准测试分析通常分别置于 test 和 benchmark 目录中。另外，test 文件夹中的源代码一般使用_test 标识符后缀。

🛈 注意：

关于如何编写单元测试，读者可参考 2.5 节。

❑ README.md、CHANGELOG.md 和 LICENSE：这些标记文件一般用于某些公共存储库发布的包中，如 Dart pub。另外，这些文件也常见于某些开源项目中。例如，LICENSE 文件用于指定源代码的版权信息。

❑ example/：该目录在发布的包中十分重要，其中描述了包的使用方式。

❑　analysis_options.yaml：对于自定义 lint、样式分析和其他预编译检查来说，这是
一个较为有用的文件。

ℹ 注意：
读者可访问 https://www.dartlang.org/guides/language/analysis-options，以查看 Dart
网站上的分析自定义教程。

某些附加文件将依赖于项目的实际用途，其中包括以下内容。
❑　tools/：该目录包含开发阶段所用的脚本，包括操控图像、原始文件和其他脚本
（在当前包中处于私有状态以供开发人员使用）的工具。
❑　doc/和 doc/api：此处可添加与项目相关的有用信息。在 api/subdirectory 中，dartdoc
工具（参见第 1 章）将根据代码注释内容生成 API 文档。
Web 包中还包含一些新文件和目录，如下所示。
❑　lib/：该文件夹中一般包含静态 Web 资源文件，如图像或.css 文件。
❑　web/：表示为 Web 应用程序项目中的目录。与 lib/文件夹（通常意味着库代码）
不同，web/中的代码表示 Web 应用程序源代码和入口点（即 main()函数）。
❑　在命令行包中，bin/目录中包含可直接在命令行中运行的脚本。作为示例，稍后
将介绍 Stagehand 命令行库工具。

ℹ 注意：
Flutter 项目结构与 Dart 之间具有一些相似性，第 3 章将对此加以讨论。

2.3.5　Stagehand——Dart 项目生成器

启动一个新的 Dart 项目涉及多个步骤，如创建空文件夹、向其中添加 pubspec.yaml
文件，并利用名称、版本等对包进行描述。随后，还需要逐步地添加所需文件。

一般来说，大多数文件及其结构并不会在包之间发生变化，因此，每次生成全部 Dart
包结构将会是十分枯燥的。对此，可使用 Stagehand 工具生成 Dart 支架项目。

当运行 Stagehand 时，首先需要在系统中对其进行安装。在相应的 Dart 配置环境中，
可在 Terminal 中运行下列 pub 命令安装 Stagehand 工具：

```
pub global activate stagehand
```

ℹ 注意：
Dart SDK 中包含了 pub 工具。如果 Dart 或 Flutter 环境已配置完毕，即可使用该工
具；否则，可参考第 1 章查看相关内容。

pub 命令将从 pub 库中下载一个包（在当前示例中为 Stagehand），并将其安装在系统的 Dart 包缓存目录中。当然，取决于具体的操作系统，实际操作将有所变化。例如，在基于 Linux 的操作系统中为$HOME/.pub-cache/bin；而在 Windows 操作系统中则表示为 AppData\Roaming\Pub\Cache\bin。

当从命令行中运行 Stagehand 和其他全局活动包工具时，可采用以下两种方式之一。

❑　第一种方式如下所示。

```
pub run global
```

❑　第二种方式是将 Dart 全局包缓存添加至操作系统路径中。

在正确地安装和配置了 Stagehand 工具后，即可开始上传 Dart 项目，具体做法如下。

（1）创建一个包含相应包名的空文件夹。

🛈 注意：

读者可参考 2.3.6 节中 name 字段的描述，进而了解正确的包命名方式。

（2）在生成的文件夹中，利用下列命令生成包结构：

```
pub run global stagehand <template>
```

另外，如果正确地配置了路径，还可使用 stagehand <template>。其中，<template> 表示期望使用的 Stagehand 模板。

💡 提示：

读者可访问 https://pub.dartlang.org/packages/stagehand，并在 Dart 网站的项目页面上查看项目模板。

2.3.6　pubspec 文件

pubspec 文件是 Dart 包的核心内容。当理解包的正确描述方式时，首先需要理解该文件的结构方式。该文件基于 yaml 语法，这是配置文件所采用的一种常见格式，且易于阅读和理解。pubspec 文件如下所示。

```
name: simple_package_structure
description: A simple package example
version: 1.0.0
homepage: https://www.example.com
author: Alessandro Biessek <alessandrobiessek@gmail.com>

environment:
```

```
   sdk: '>     # check the dependencies section
              # below to understand deps versioning

dependencies:
  json_serializable: ^2.0.1

dev_dependencies:
  test: ^1.0.0
```

ℹ️ **注意:**

Flutter 项目中也包含一个 pubspec 文件，其中设置了一些特定字段。对此，读者可参考第 3 章以了解更多信息。

pubspec 文件指定了包元数据信息，这对于发布包来说十分有用。除此之外，该文件还定义了包的第三方依赖关系和 **Dart SDK** 版本。下面将逐一查看 pubspec 中的各个字段。

❑ name：为包的标识符。该字段不可或缺，且只可包含小写字母、数字和下画线。另外，该字段应是一个有效的 **Dart** 标识符（也就是说，不可以数字开始；同时不能包含关键字内容）。如果打算发布 pub 库中的包，那么这将是一个非常重要的属性。同时，还应对已有的包名进行检查，以避免出现重复名称。

❑ description：虽然这是一个可选项，但如果打算发布包，则该字段仍然不可或缺。其中，可采用简单的内容描述包功能。

❑ version：对于个人包来说，该字段是一个可选项；但对于 pub 库的发布行为来说，该字段不可或缺。需要注意的是，应保持版本控制的一致性，以供社区正确使用。

❑ homepage：对于 pub 包，这将链接至 pub 站点上的包页面。当执行发布任务时，该字段较为重要。

❑ author：虽然并非强制内容，但应提供库创作者的联系信息。另外，某个库还可能包含多位创作者。对此，则可通过设置 authors 字段使用 YAML 列表语法（联系信息仍为可选项）。

```
authors:
- Alessandro Biessek <alessandrobiessek@gmail.com>
- Alessandro Biessek
```

❑ dependencies 和 dev_dependencies：表示 pubspec 文件的实际功能。针对库的使用和开发，需要设置第三方包的列表信息。

❑ environment：除了第三方依赖关系外，还存在一些其他内容，如包的 main 依赖项，即 Dart SDK 自身。在该字段中，需要指定目标和所支持的 Dart SDK 版本。

ⓘ 注意：

environment 字段表示为 SDK 依赖关系，考虑到语义范围可能与旧版本（如低于 1.8.3 的版本）不兼容，因而建议通过 range 语法指定 Dart SDK 的目标版本。

典型的 pubspec 结构涵盖了上述指定的字段。关于 pubspec 的完整解释和其他特定功能字段，读者可访问 https://www.dartlang.org/tools/pub/pubspec 以了解详细信息。

ⓣ 提示：

可使用"#"字符在 yaml 中启用一条注释。

2.3.7　包依赖关系——pub

当开发应用程序时，前述内容介绍了 pubspec 文件在包中扮演的重要角色，我们可向项目中添加第三方包依赖关系。当添加或更新项目中的包依赖关系时，可使用 pub 这一较为重要的命令。除此之外，还需要进一步指定所需使用的依赖项版本。

在启动了新的 Dart 项目后（采用手动方式或使用 Stagehand 这一类生成器工具），首先需要执行下列命令：

```
pub get
```

例如，图 2.5 所示的包中仅包含 pubspec 文件。

图 2.5

此外，文件中还包含下列 pubspec 内容：

```
name: adding_dependencies
```

这也是最低限度的包描述性信息，且不包含任何指定的依赖关系，甚至未涉及目标 Dart SDK 版本。然而，当在 package 中执行 pub get 命令时，仍会以相同的方式执行：

```
pub get
```

随后将可看到表示成功的输出结果，如下所示。

```
Resolving dependencies...
Got dependencies!
```

此时，将得到如图 2.6 所示的文件结构。

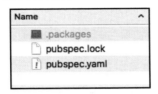

图 2.6

此处应留意.packages 文件夹内当前命令所生成的新文件，此类文件对于 pub 工具处理依赖包非常重要。

❑ .packages：这将映射系统 pub 缓存中的依赖关系（参见 2.3.5 节）。此处未生成全部包中的副本，pub 工具简单地存储了包及其系统位置间的映射。这里，在包映射完毕后，即可在 Dart 代码中执行导入操作。另外，该文件不应包含在源代码管理系统中，其原因在于，pub 工具负责生成和管理这一文件。

❑ pubspec.lock：这是一个 pub 工具的辅助文件，其中包含了包的所有依赖关系图。也就是说，该文件列出了全部即时依赖关系和传递依赖关系。除此之外，该文件还包含了与所有依赖关系相关的实际版本和其他元数据信息。另外，建议仅当作为应用程序包时将该文件置于源代码管理系统中，这将有助于 dev 团队与相同的依赖关系配置协同工作。当使用库包时，一般不会将该文件纳入其中，此时希望与更大范围的依赖关系协同工作。换而言之，该文件不应被锁定至特定的版本中。

🛈 注意：
此类文件由 pub 工具生成，因而用户不应对其进行操作。

1．指定依赖关系

相信读者已经了解了 pub 工具在项目中的包处理方式，接下来考查如何向其中添加依赖关系。

依赖关系在 pubspec 文件中的 dependencies 字段中指定，并表示为一个 YAML 列表字段。因此，可以在字段中指定所需的多项内容。假设项目中需要使用 json_serializable，对此，可简单地添加至列表中予以指定，如下所示。

```
name: adding_dependencies

dependencies:
  json_serializable:
  # another packages below
```

指定某个依赖关系的语法如下所示。

```
<package>:
  <constraints>
```

这里添加了名称（<package>）以及<constraints>字段，即版本和源。在当前示例中，我们并未指定任何限制条件。对于版本限制条件和默认源（pub.dartlang.org）来说，这里假定为任意的有效版本。

ⓘ 注意：

　　包名称后的冒号并非可选项，依赖关系列表希望每个依赖关系均为一个 YAML 映射值。对此，读者可查看 YAML 文档以了解更多信息，对应网址为 https://docs.ansible.com/ansible/latest/reference_appendices/YAMLSyntax.html。

2．版本限制条件

版本限制可以是具体的版本号、范围、最小或最大限制，具体内容如下所示。

❑　Any/empty：不包含任何版本限制，如 json_serializable:或 json_serializable: any。

❑　Concrete version：可添加希望协同工作的特定版本号，如 json_serializable: 2.0.1。

❑　Minimal bound：可采用两种方式添加可接受的包的最小版本号，第一种方式为 json_serializable: '>1.0.0'。其中，我们可接受指定版本之后的任意版本（不包括指定的版本）。第二种方式为 json_serializable: '>=1.0.0'。其中，我们可接受任何高于或等于指定版本的版本。

❑　Maximal bound：这与上述 Minimal bound 示例相似，但可在上限处添加一个可接受的最大版本。该操作包含两种方式，第一种为 json_serializable: '<2.0.1'。其中，我们可接受指定版本之下的任何版本。第二种为 json_serializable: '<=2.0.1'。其中，我们可接受指定版本之下或相等的任何版本。

❑　Range：通过整合最小和最大界限，可指定一个可接受的版本区间，如 json_serializable: '>1.0.0<=2.0.1'、json_serializable: '>1.0.0 <2.0.1'、json_serializable:'>=1.0.0 <2.0.1'或 json_serializable: '>=1.0.0 <=2.0.1'。

❑　Semantic range：这与 Range 示例相似，但使用了"^"字符。其中，可指定一个范围，包含最小可接受的版本至下一次包含重大变化的版本。例如，json_serializable:

^1.0.0 等同于 json_serializable: '>=1.0.0 <2.0.0', json_serializable: ^0.1.0 等同于
json_serializable: '>=0.1.0 <0.2.0'。

ⓘ 注意：

语义版本控制有助于社区使用这些库，并被广泛地采用。读者可访问 pub 工具页面
以了解更多信息，对应网址为 https://www.dartlang.org/tools/pub/versioning。

3．源限制条件

pub 工具不仅在 pub 库中查找包。如果读者使用了另一个包管理系统，那么应该知道，
有时候将包托管在公共存储库之外的其他地方是非常有用的，如公司私有包或个人使用
的包。

对于包规范的源部分，存在 4 种可选方案可调整 pub 工具寻找包的位置。

- ❑　托管源：这是默认的 pub 存储库，实现了 pub API 的备选 http 服务器。例如，
  考查下列代码块：

```
dependencies:
 json_serializable:
   hosted:
     name: json_serializable
     url: http://pub-packages-private-server.com # changing server
```

可以看到，如果未使用 pub 存储库，那么这里仅需指定托管字段，即默认源。

- ❑　路径源：此处，可向自己系统中的包添加一项依赖关系，如下所示。

```
dependencies:
 json_serializable:
   path: /Users/biessek/json_serializable
```

虽然不允许共享具有这种依赖关系的包，但是在开发阶段它可能很有用。

- ❑　Git 源：此处，可指定 git 库中的包，如下所示。

```
dependencies:
 json_serializable:
   git:
     url: git://github.com/dart-lang/json_serializable.git
     path: path/to/json_serializable   # if the root of package is
                                        # not the root of the
                                        # repository
     ref: master # to depend on specific commit, tag, branch
```

在开发阶段，或者发布的包源代码尚未出现于 pub 库时，这一方式将十分有用。

❑　SDK 源：SDK 可能包含自己的包，可以作为依赖项使用，如下所示。

```
dependencies:
 flutter_localizations: # a dependency available in the flutter sdk
    sdk: flutter
```

截至目前，这一指定源限制条件的操作方式仅用于 Flutter SDK 依赖关系中。

包依赖关系是 Dart 开发过程中的基本主题，据此，可向项目中添加第三方依赖关系，进而提升生产力。

2.4　基于 Future 和 Isolate 的异步编程

Dart 是一类单线程编程语言，也就是说，所有应用程序代码运行于同一个线程中。简而言之，这意味着，当执行较长时间的运行操作时，如 I/O 操作或 http 请求，代码将阻塞线程的执行。

尽管如此，我们仍可通过 Future 实现异步编程。此外，当显示此类异步操作结果时，Dart 将 Future 对象与 async 和 await 关键字结合使用。接下来将介绍这些重要的概念，进而开发响应式应用程序。

2.4.1　Dart Future

Dart 中的 Future<T>对象表示未来某一时刻提供的值，并可用于标记某个方法，如使用某个未来的结果。也就是说，返回 Future<T> 对象的方法将不会即刻包含相应结果，而是计算执行完毕后的某个时间点。

考查下列代码，其中，main()函数调用了一项长时间运行的操作：

```
import 'dart:io';

void longRunningOperation() {
  for (int i = 0; i < 5; i++) {
    sleep(Duration(seconds: 1));
    print("index: $i");
  }
}

main() {
  print("start of long running operation");
```

```
  longRunningOperation();

  print("continuing main body");

  for (int i = 10; i < 15; i++) {
    sleep(Duration(seconds: 1));
    print("index from main: $i");
  }

  print("end of main");
}
```

当执行上述代码时，可以看到 main()函数将停止执行，而 longRunningOperation()处于运行状态。这里，代码的同步执行可能并不适用于所有用例。

假设 longRunningOperation()函数是一个异步函数，main()可以继续执行且无须等待。

```
import 'dart:async';

Future longRunningOperation() async {
  for (int i = 0; i < 5; i++) {
    await Future.delayed(Duration(seconds: 1));
    print("index: $i");
  }
}

main() { ... } // main function is the same
```

此处仅需做某些调整，以展示 Future 的正确工作方式。

❏　当前，longRunningOperation()包含了一个 async 标识符，表明这将返回一个 Future 函数，该 Future 函数将在函数执行完毕后结束。注意，对应的返回类型也是一个 Future。

❏　利用 Future.delayed 调用替换 sleep()，这展示了 await 关键字的使用方式。await 关键字与 async 函数协同工作。当调用 Future 函数时，可能需要 Future 函数的结果持续执行过程。在当前示例中，我们希望仅在指定的延迟后继续输出。

当执行上述代码时，可能会看到某些奇怪的结果。对应的输出结果如下所示。

```
start of long running operation
continuing main body
index from main: 10
index from main: 11
index from main: 12
```

```
index from main: 13
index from main: 14
end of main
index: 0
index: 1
index: 2
index: 3
index: 4
```

这并非并发代码（其中，代码逐一执行）。此处，执行顺序发生了改变。在上述代码示例中，变化出现在当 longRunningOperation()函数在另一个异步函数中调用 await()时。这里，函数被挂起，仅在延迟 1 秒后即被恢复。在延迟后，main()函数再次处于运行状态，且不再等待较为耗时的操作结束。因此，longRunningOperation()代码将在 main()函数结束后执行。

我们可以将 main()函数转换为一个 async 函数，并等待 longRunningOperation()函数的执行。通过这种方式，main()函数将在调用 await longRunningOperation()时正确地挂起，并在执行完毕后予以恢复。这一行为类似于一般的同步函数，如下所示。

```
main() async {
  print("start of long running operation");

  await longRunningOperation();

  print("continuing main body");

  for (int i = 10; i < 15; i++) {
    sleep(Duration(seconds: 1));
    print("index from main: $i");
  }

  print("end of main");
}
```

读者可能已经注意到，上述函数从未以异步方式运行，其原因在于，此处等待 longRunningOperation()方法的执行，并于随后执行代码的其余部分。当以异步方式运行时，应忽略 await 关键字，如下所示。

```
main() async {
  print("start of long running operation");

  longRunningOperation();
```

```
  print("continuing main body");

  for (int i = 10; i < 15; i++) {
    sleep(Duration(seconds: 1));
    print("index from main: $i");
  }
  print("end of main");
}
```

这将使 main()方法简单地继续其执行过程，并得到下列输出结果。

```
start of long running operation
continuing main body
index: 0
index from main: 10
index: 1
index from main: 11
index: 2
index from main: 12
index: 3
index from main: 13
index: 4
index from main: 14
end of main
```

Dart 在同一线程中执行两个 async 方法，此时两个函数以异步方式执行，但这并不意味着它们以并行方式执行。

注意：

Dart 一次执行一项操作，只要某项操作仍处于执行状态，即无法被其他 Dart 代码中断。

这一执行方式被 Dart Event 循环所控制，对于 Dart Future 和异步代码来说，其功能类似于一个管理器。

提示：

关于 Event 循环的工作方式，读者可参考 Dart 官方文档，对应网址为 https://dart.dev/articles/archive/event-loop。

当以并行方式（同时）执行 Dart 代码时，可使用 Dart Isolate。

2.4.2　Dart Isolate

　　如何才能执行真正的并行代码并提高性能和响应能力？针对于此，可尝试使用 Dart Isolate。每个 Dart 应用程序由至少一个 Isolate 实例构成，即 main Isolate 实例，并于其中运行所有的应用程序代码。因此，当生成并行执行代码时，需要生成一个可与 main Isolate 并行运行的新 Isolate 实例，如图 2.7 所示。

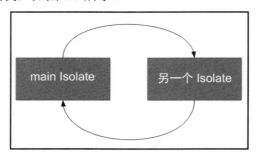

图 2.7

　　Isolate 可视为一种线程，但彼此间并不共享任何事物。这意味着，它们不会共享内存，因而无须使用锁以及其他线程异步技术。

　　当实现 Isolate 间的通信时，即发送和接收数据，往往需要交换消息。对此，Dart 提供了一种处理方式。

　　下面对前述实现稍作修改，并使用 Isolate 实例，如下所示。

```dart
import 'dart:io';
import 'dart:isolate';

Future<void> longRunningOperation(String message) async {
  for (int i = 0; i < 5; i++) {
    await Future.delayed(Duration(seconds: 1));
    print("index: $i");
  }
}

main() {
  print("start of long running operation");

  Isolate.spawn(longRunningOperation, "Hello");

  print("continuing main body");
```

```
for (int i = 10; i < 15; i++) {
  sleep(Duration(seconds: 1));
  print("index from main: $i");
}

print("end of main");
}
```

可以看到，代码出现了以下变化。

❑ longRunningOperation()函数变为一个 Isolate 实例，也就是说，它仍然是一个简单的函数。

❑ 在将 Isolate 进程分发至当前执行时，我们使用了 Isolate 类中的 spawn()方法。该方法接收两个参数，即生成的函数和传递至该函数的参数。

运行上述代码，此时将会看到不同的输出结果，如下所示。

```
start of long running operation
continuing main body
Hello from isolate
index from main: 10
index: 0
index from main: 11
index: 1
index from main: 12
index: 2
index from main: 13
index: 3
index from main: 14
end of main
```

当前，这两个函数的代码在生成 Isolate 后将以独立方式运行。

ⓘ **注意:**

当编译为 JavaScript 后，Isolate 将转换为 Web worker。关于 Web worker，读者可访问 https://www.w3schools.com/html/html5_webworkers.asp 以了解更多信息。

2.5　基于 Dart 的单元测试

在任何一种语言中，我们都可以编写实现某种目的的代码。然而，为了编写高性能和无 bug（漏洞）的代码，需要尽可能使用所有可用的资源。

单元测试可以帮助我们编写模块化、高效、无 bug 的代码。单元测试并非测试代码的唯一方法，但却是测试部分软件的关键因素之一，并以一种隔离的方式关注特定的事物。

当采用单元测试时，覆盖所有的应用程序代码并不能保证百分之百无 bug，但仍可帮助我们逐步实现成熟的代码；同时，这也是保证开发周期顺利完成的重要步骤之一，其间，我们可以发布产品稳定的版本。

Dart 语言提供了一些有用的工具处理测试问题。下面将考查 Dart 代码单元测试的起始点，即 Dart test 包。

2.5.1　Dart test 包

Dart test 包并不是 SDK 自身中的一部分内容，因而需要作为一般的第三方依赖项进行安装。

ℹ️ **注意：**

读者可查看 GitHub 中的示例源代码 4_unit_tests。对应的测试代码位于 test/文件夹中。

在当前示例（利用 Stagehand 工具生成）中，存在一项开发依赖关系，且仅用于开发阶段，而非运行期。

```
dev_dependencies:
  test: ^1.0.0
```

这使我们可使用 test 包中的库编写单元测试。

2.5.2　单元测试

下面创建一个对两个数字求和的函数，如下所示。

```
class Calculator {
  num sumTwoNumbers(num a, num b) {
    // TODO
  }
}
```

我们可编写一个单元测试，并通过 test 包评估该方法实现，如下所示。

```
import 'package:test/test.dart';
import 'package:unit_tests/calculator.dart';
```

```
void main() {
  Calculator calculator;

  setUp(() {
    calculator = Calculator();
  });

  test('calculator sumTwoNumbers() sum the both numbers', () {
    expect(calculator.sumTwoNumbers(1, 2), 3);
  });
}
```

在上述代码中，首先导入了 test 包的主库，并公开了 setUp()、test()和 expect()等函数。其中，每个函数都扮演了特定的角色。

❑　setUp()将在测试套件中的每个测试之前执行传递给它的回调。

❑　test()表示测试自身，并接收包含测试实现的描述和回调。

❑　expect()实现了测试的断言。当前示例仅断言 1+2 的和，对应结果应该是数字 3。

当执行测试时，可使用下列命令：

```
pub run test <test_file>
```

在上述示例代码中，具体命令（基于项目的根目录）如下所示。

pub run test test/calculator_tests.dart

测试结果如下所示。

```
00:01 +0 -1: calculator sumTwoNumbers() sum the both numbers [E]
  Expected: <3>
    Actual: <null>

  package:test_api expect
  test\calculator_tests.dart 12:7 main.<fn>

00:01 +0 -1: Some tests failed.
```

除此之外，在正确地实现了 sumTwoNumbers()方法后，还将看到下列内容：

```
00:01 +1: All tests passed!
```

读者可能会考虑，一个测试用例可能无法满足高效地测试代码单元，对此，可尝试创建一个测试组。具体来说，可修改测试套件并包含一组 sum tests，如下所示。

```
void main() {
  Calculator calculator;
```

```
setUp(() {
  calculator = Calculator();
});
group("sum tests", () {
  test('calculator sumTwoNumbers() sum the both numbers', () {
    expect(calculator.sumTwoNumbers(1, 2), 3);
  });
  test('calculator sumTwoNumbers() sum null as it was 0', () {
    expect(calculator.sumTwoNumbers(1, null), 1);
  });
});
}
```

上述测试的输出结果如下所示。

```
00:01 +1 -1: sum tests calculator sumTwoNumbers() sum null as it was 0 [E]
NoSuchMethodError: The method '_addFromInteger' was called on null.
Receiver: null
Tried calling: _addFromInteger(1)
dart:core int.+
package:unit_tests/src/calculator_base.dart 3:14
Calculator.sumTwoNumbers
test\calculator_tests.dart 15:25 main.<fn>.<fn>

00:01 +1 -1: Some tests failed.
```

其中存在一项成功的测试（+1）和一项失败的测试（–1）——此处显示了"失败测试描述"下方的异常。据此，可调整 sumTwoNumbers()实现并接收一个 null 值，并再次运行该测试，对应的输出结果如下所示。

```
00:01 +2: All tests passed!
```

可以看到，测试有助于防止生产过程中出现的逻辑错误。当然，错误仍有可能存在，但测试机制可将此降至较低点。

本节仅简要地介绍了 Dart 中的单元测试，关于更多内容，读者可访问 pub 网站中的 test 包页面，对应网址为 https://pub.dartlang.org/packages/test。

2.6　本 章 小 结

本章讨论了 Dart 语言基于 OOP 范例的构建方式，并在使用 OOP 范例时向开发人员介绍多个特性。此外，本章还描述了一些特殊功能，如基于多重继承的混入机制、允许其他类实现任何类的隐式接口、向简单对象添加函数行为的可调用类，以及无须绑定至任何类的顶级函数和变量。这些对于不依赖上下文的工具函数来说十分有用。

　　在本章中，我们还学习了 Dart 包的构建方式、如何使用 pub 工具向项目中添加依赖关系，以及如何使用第三方包。其间考查了构建库的多种方式，以及如何创建一个 Dart 包。另外，我们还学习了如何正确地在 pubspec 文件中描述一个包，进而生成可共享的包。最后，本章通过 Future 和 Isolate 讨论了异步编程机制以及单元测试机制，进而帮助开发人员编写优良的代码。

　　第 3 章开始介绍 Flutter 框架，其间我们还将不断地巩固所学到的 Dart 知识。

第 3 章　Flutter 简介

本章将介绍 Flutter 框架出现的原因及其发展史、社区发展状况以及 Flutter 框架快速增长的原因。同时，我们还将学习 Flutter 框架的主要特性，并与其他框架进行简单的比较。另外，本章还将讨论如何创建一个基本的 Flutter 项目。对此，需要搭建适当的 Flutter 配置环境，并设置各种配置条件。

ⓘ 注意：

读者可访问 https://flutter.dev/docs/get-started/install 以了解 Flutter 框架环境的设置步骤。

本章主要涉及以下主题：
- ❏ 移动应用程序开发框架间的比较。
- ❏ Flutter 编译。
- ❏ Flutter 渲染机制。
- ❏ 微件（widget）简介。
- ❏ 基本的 Flutter 项目结构。

3.1　移动应用程序开发框架间的比较

虽然 Flutter 相对较新，但实际上它已经历了多年的尝试和演变。Flutter 最初被命名为 Sky，并在 2015 年 Dart 开发者峰会上由 Eric Seidel 首次推出。Flutter 是在谷歌不断试验的基础上发展而来的，旨在针对开发和用户体验方面有所改善，其主要目标是高性能的渲染机制。Flutter 这一名称首次出现于 2016 年，并于 2017 年 5 月发布首个 alpha 版本，且已经投入 iOS 和 Android 系统的开发中。随后，Flutter 逐步成熟，其社区应用也开始增长。根据社区的反馈，2018 年年底，Flutter 发布了第一个稳定的版本。

目前有许多移动开发框架都在寻求一个共同的目标：使用单一的代码库为 Android 和 iOS 构建本地移动应用程序。其中的一些框架被社区广泛采用，并针对某些问题提供了类似的解决方案。在了解了上述背景知识后，也引出了以下问题：
- ❏ 为何要打造 Flutter 框架？
- ❏ 是否真正地需要 Flutter 框架？

❑　与其他框架相比，Flutter 的优势是什么？

接下来将讨论 Flutter 的工作方式，并尝试回答上述问题。

3.1.1　Flutter 解决的问题

自从 Flutter 框架出现以来，其目标是通过高性能的自行方式向用户提供更好的体验。当然，这并非 Flutter 框架的唯一目标，Flutter 还关注于解决多平台移动开发的一些问题，其中包括以下方面。

❑　耗时/高昂的开发周期：为了能够满足市场需求，需针对单一平台进行开发，或者创建多个团队。这将在成本、交付日期和本地框架不同的功能方面出现各种各样的问题。

❑　需要学习多种开发语言：如果开发人员想要针对多个平台进行开发，他们必须学习如何使用一种操作系统和编程语言进行开发，然后再使用另一种操作系统和编程语言进行开发。这肯定会影响开发人员的工作时间。

❑　较长的构建/编译时间：一些开发人员可能已体验过构建时间对生产力所带来的影响。例如，在 Android 中，在编码后会经历多次耗时的构建过程（当然，这一问题当前已有所改观）。

❑　现有的跨平台解决方案带来的负面影响：用户可采用现有的跨平台框架（即 Xamarin、React Native、Ionic、Cordova）解决上述问题，但会引发一些负面作用，如性能影响、设计影响或用户体验方面的影响。接下来考查 Flutter 如何处理这一类问题。

3.1.2　现有框架间的差异

当前，市场上存在一些高质量和广泛使用的框架，包括 Xamarin、React Native、Ionic 和 Cordova 等。因此，读者可能认为一个新框架很难在一个相对完整的领域中找到自己的位置，但事实并非如此。Flutter 框架具有自己的特色，并不打算凌驾于其他框架之上，但至少已经达到了与本地框架相同的水平，包括：

❑　高性能。

❑　用户界面（UI）的整体控制。

❑　Dart 语言。

❑　来自谷歌的支持。

❑　开源框架。

❑　开发资源和工具。

下面将对此进行逐一讨论。

1. 高性能

目前，很难说 Flutter 的表现总是优于其他框架，但可以肯定的是，这是 Flutter 框架实现的目标。例如，Flutter 的渲染层在开发时即考虑了高帧速。在 3.3 节中将会看到，一些现有的框架依赖于 JavaScript 和 HTML 渲染机制，这在性能方面将导致较大的开销，其原因在于，一切内容均在 Web 视图（类似于 Web 浏览器的可视化组件）中进行绘制。某些框架使用了原始设备制造商（OEM）微件，但依赖于某种桥接方式请求 OS API 进而渲染组件。由于涉及额外的步骤渲染用户界面，因而将在应用程序中产生瓶颈。

ℹ️ **注意：**

关于 Flutter 相对于其他框架的渲染机制，读者可参考 3.3 节。

Flutter 性能改进主要体现在以下几个方面。

❑　Flutter 采用像素级渲染：Flutter 通过逐个像素方式渲染应用程序，并与 Skia 图形引擎直接交互。
❑　不存在附加层或额外的 OS API 调用：由于 Flutter 具有应用程序渲染机制，因而使用 OEM 微件时无须进行额外的调用，也就不存在瓶颈。
❑　Flutter 编译为本地代码：Flutter 使用 Dart AOT 编译器生成本地代码。这意味着，设置环境并即时解释 Dart 代码时不存在额外的开销，就像本地应用程序那样运行。另外，与使用某种解释器的其他框架相比，Flutter 的启动速度更快。

2. UI 的整体控制

如前所述，Flutter 框架自身将可视化组件直接渲染至画布（canvas）上，进而实现所有的 UI 操作。其间只需要使用来自平台的画布，所以不会受到相关规则和惯例的限制。大多数时候，框架仅以另一种方式复制平台提供的功能。例如，基于跨平台框架的 Web 视图利用包含 CSS 样式的 HTML 重现可视化组件。其他框架模拟可视化组件的创建机制，并将其传递至设备平台上，这将像本地开发的应用程序那样渲染 OEM 微件。此处并不打算深入讨论与性能相关的话题。然而，除了未使用 OEM 微件，以及自己完成所有的工作之外，Flutter 还涉及哪些性能？介绍如下。

❑　控制设备上的所有像素：受 OEM 微件限制的框架最多只能复制本地开发的应用程序中的内容，因而它们仅使用平台提供的组件。另外一方面，基于 Web 技术的框架可能会生成多个与平台相关的组件，并受到设备上的移动 Web 引擎的限制。通过获得对 UI 渲染机制的控制，Flutter 可使开发人员以自己的方式创建 UI，即公开可扩展的富微件 API，它提供的工具可创建独特的 UI，在保持性能的同时不会受到设计方面的限制。

❑ 平台 UI 工具包：由于未使用 OEM 微件，Flutter 可能会对平台设计产生破坏，但事实并非如此。Flutter 配备了提供平台设计微件的软件包，如 Android 中的 Material 集和 iOS 中的 Cupertino。

ⓘ 注意：
第 4 章将深入讨论平台的 UI 工具包。

❑ 可实现的 UI 设计需求：Flutter 提供了一个简洁、健壮的 API，并可重现符合设计要求的布局。与基于 Web 的框架不同，这些框架依赖于 CSS 布局规则，而相关规则可能很大、很复杂，甚至相互冲突。

❑ 更加平滑的观感：除了本地文件工具包之外，Flutter 试图在应用程序运行的环境中提供一种本地平台体验，因此字体、手势和交互行为均通过特定于平台的方式实现，进而生成一种类似于本地应用程序的自然观感。

ⓘ 注意：
可以将可视化组件视为微件，这也是 Flutter 的调用方式。读者可参考 3.4 节以了解更多内容。

接下来将再次考查 Dart 语言。

3．Dart 语言

从一开始，Flutter 的主要目标之一就是成为现有跨平台框架的高性能替代品。不仅如此，显著提升移动开发者的体验也是项目的关键点之一。

考虑到这一点，Flutter 需要一种能够实现这些目标的编程语言，而 Dart 语言似乎正是这种框架的完美结合产物，其原因如下所示。

❑ Dart AOT 和 JIT 编译：Dart 具有较好的灵活性，并通过了不同的代码运行方式。因此，当编译应用程序的发布版本时，出于性能考虑，Flutter 采用了 Dart AOT；而在开发期间则使用了基于次秒级代码编译的 JIT，旨在实现快速的工作流和代码修改。

ⓘ 注意：
Dart 中的 AOT 和 JIT 是指编译阶段的时机。在 AOT 中，代码在运行之前进行编译；而在 JIT 中，代码是在运行期编译的（参见第 1 章）。

❑ 高性能：考虑到 Dart 对 AOT 编译的支持，Flutter 无须在各领域间（如本地/非本地）实现一个缓慢的桥接方式，进而提升了 Flutter 应用程序的启动速度。同样，Flutter 采用了基于短期对象的函数样式的工作流，这意味着大量的短期分配任务；另外，Dart 垃圾采集并未设置锁，这有助于实现快速的分配操作。

❑ 易于学习：Dart 是一门灵活、健壮、现代化和高级的编程语言。虽然仍处于不断发展中，但该语言具有良好定义的面向对象框架（涵盖了动态和静态语言中各项熟悉的功能）、活跃的社区以及结构良好的文档机制。

❑ 声明式 UI：Flutter 采用了声明式风格布局微件，这意味着微件是不可改变的，仅是一类轻量级的"蓝图"。当更改 UI 时，微件触发器将在自身及其子树上进行重建。在与之相反的命令式风格中（这也是最常见的方式），可在创建后修改特定的组件属性。

ℹ️ **注意：**

关于 Flutter 中的声明式 UI，读者可参考官方文档，对应网址为 https://flutter.dev/docs/get-started/flutter-for/declarative。

❑ Dart 中的布局语法：与一些具有单独布局语法的框架不同，在 Flutter 中，布局是通过编写 Dart 代码来创建的，旨在提供更大的灵活性和更轻松地创建开发人员环境，如调试布局渲染性能的相关工具。

Dart 语言和 Flutter 框架均由谷歌发布，后续内容还将对其重要性继续进行介绍。

4．来自谷歌的支持

Flutter 是一个全新的框架，这意味着它还没有占据大量的移动开发市场，但这种情况正在改变，未来几年的前景是非常乐观的。

在谷歌的支持下，Flutter 框架拥有所需的所有工具，同时还包括谷歌团队的支持、大型活动（如 Google IO）中的参与行为，以及对代码库持续改进的投资行为。谷歌在 Google IO 2018 会议期间发布了第三个 Beta 版本，并于 2018 年年底 Flutter Live Event 时推出了第一个稳定版本，其间的增长势态是显而易见的。

❑ 超过 2 亿的 Flutter 应用用户。

❑ Play Store 上包含了 3000 多个 Flutter 应用。

❑ 超过 25 万的新晋开发者。

❑ 在 GitHub 上最受欢迎的软件库中排名第 34 位（2019 年年初）。

谷歌正在开发新的 Fuchsia OS 代替 Android 操作系统，这已经不是什么秘密了。需要注意的是，Fuchsia 操作系统很可能是一个通用的谷歌系统，且不仅限于在移动平台上运行，这直接影响了 Flutter 的应用，其原因在于，Flutter 将是第一个基于 Fuchsia OS 开发移动应用程序的解决方案。不仅如此，系统的 UI 也将随之发生变化。随着系统的目标发生了变化（不仅限于智能手机），Flutter 也会得到很大的发展。

Flutter 框架的应用增长与新的 Fuchsia OS 直接相关。随着新系统的发布，基于新系统的移动应用程序对于谷歌来说十分重要。例如，谷歌已经宣布，Android 应用程序将与新的操作系统兼容，从而使开发人员可轻松地跨越这一段过渡期。

5. 开源框架

得到谷歌的支持，对于 Flutter 这样的框架来说是至关重要的。此外，社区支持同样十分重要，其活跃度也将随之提升。

通过开源方式，社区和谷歌可致力于以下任务。

❑ 通过代码协作修复 bug 和编写文档。

❑ 编写与框架相关的新教程。

❑ 对文档和应用提供支持。

❑ 根据真实的反馈制定改进决策。

改进开发人员体验是 Flutter 框架的主要目标之一。因此，除了接近社区之外，该框架还为开发人员提供了较好的工具和资源。

6. 开发资源和工具

Flutter 框架对开发人员的关注涉及文档、学习资源和开发工具。

❑ 文档和学习资源：Flutter 网站为开发人员提供了丰富的资源，包括大量的示例和用例，如著名的 Google Codelabs（https://codelabs.developers.google.com/cat=Flutter）。

❑ 命令行工具和 IDE 集成：帮助分析、运行和管理依赖项的 Dart 工具也是 Flutter 的一部分内容。除此之外，Flutter 还拥有一些命令来帮助调试、部署、检查布局渲染以及通过 Dart 插件与 IDE 集成，如图 3.1 所示。

❑ 易于使用：Flutter 附带了 flutter doctor 工具。这是一个命令行工具，可指导开发人员完成系统设置，并为设置 Flutter 环境做好准备，如图 3.2 所示。
flutter doctor 命令还将识别连接设备及其升级操作。

❑ 热重载：这也是在介绍 Flutter 框架时一直关注的特性。通过整合 Dart 语言和 Flutter 框架，开发人员可在模拟器或设备中即时看到代码设计中的变化内容。
在 Flutter 中，不存在特定的布局预览工具，热重载特性使其变得不再必需。

在介绍了 Flutter 的诸多优点后，下面介绍软件的编译过程。

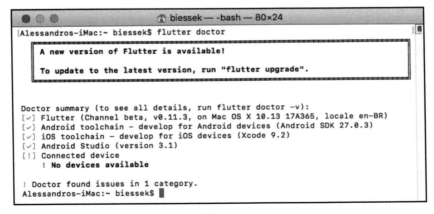

```
● ● ●                    🏠 biessek — -bash — 80×31

Available commands:
  analyze                Analyze the project's Dart code.
  attach                 Attach to a running application.
  bash-completion        Output command line shell completion setup scripts.
  build                  Flutter build commands.
  channel                List or switch flutter channels.
  clean                  Delete the build/ directory.
  config                 Configure Flutter settings.
  create                 Create a new Flutter project.
  devices                List all connected devices.
  doctor                 Show information about the installed tooling.
  drive                  Runs Flutter Driver tests for the current project.
  emulators              List, launch and create emulators.
  format                 Format one or more dart files.
  help                   Display help information for flutter.
  install                Install a Flutter app on an attached device.
  logs                   Show log output for running Flutter apps.
  make-host-app-editable Moves host apps from generated directories to
                         non-generated directories so that they can be edited
                         by developers.
  packages               Commands for managing Flutter packages.
  precache               Populates the Flutter tool's cache of binary
                         artifacts.
  run                    Run your Flutter app on an attached device.
  screenshot             Take a screenshot from a connected device.
  stop                   Stop your Flutter app on an attached device.
  test                   Run Flutter unit tests for the current project.
  trace                  Start and stop tracing for a running Flutter app.
  upgrade                Upgrade your copy of Flutter.
```

图 3.1

```
● ● ●                    🏠 biessek — -bash — 80×24
[Alessandros-iMac:~ biessek$ flutter doctor

    ┌────────────────────────────────────────────────────────┐
    ┊ A new version of Flutter is available!                  ┊
    ┊                                                         ┊
    ┊ To update to the latest version, run "flutter upgrade". ┊
    └────────────────────────────────────────────────────────┘

Doctor summary (to see all details, run flutter doctor -v):
[✓] Flutter (Channel beta, v0.11.3, on Mac OS X 10.13 17A365, locale en-BR)
[✓] Android toolchain - develop for Android devices (Android SDK 27.0.3)
[✓] iOS toolchain - develop for iOS devices (Xcode 9.2)
[✓] Android Studio (version 3.1)
[!] Connected device
    ! No devices available

! Doctor found issues in 1 category.
Alessandros-iMac:~ biessek$ █
```

图 3.2

3.2　Flutter 编译（Dart）

构建应用程序的方式对于应用程序在目标平台上的执行方式至关重要，这也是与性能相关的一个重要步骤。尽管无须知晓每种应用程序的具体情况，但了解应用程序的构建方式将有助于理解和处理可能的改进方案。

如前所述，Flutter 框架依赖于 Dart 语言的 AOT 编译实现发布模式，同时依赖于 Dart 语言中的 JIT 编译实现开发/调试模式。Dart 是极少数能够同时编译成 AOT 和 JIT 的语言之一，而对于 Flutter 来说，这种表现无疑十分优秀。

3.2.1　开发编译

在开发阶段，Flutter 在开发模式中使用 JIT 编译，这是一种主要的改进特性，如之前提到的热重载。借助于 Dart 编译器的强大功能，代码和模拟器/设备之间的交互将非常迅速，而相关的调试信息则有助于开发人员对源代码进行查看。

3.2.2　发布编译

在发布模式中，调试信息并非必需，重点则在于性能。Flutter 使用了一种游戏引擎中常见的技术。通过使用 AOT 模式，Dart 代码被编译为本地代码。应用程序加载 Flutter 库，并通过 Skia 引擎将渲染、输入和事件处理委托给 Flutter 库。

3.2.3　所支持的平台

到目前为止，Flutter 支持至少在 Jelly Bean 4.1.x 版本上运行的 ARM 安卓设备，以及 iPhone 4S 或更新版本的 iOS 设备。当然，Flutter 应用一般可以在模拟器上运行。通过 Dart-JavaScript 编译能力，谷歌计划将 Flutter（运行期）移植至 Web 上，该项目最初称作 Hummingbird，现已改名为 Flutter for Web。

🛈 注意：

此处并不打算深入介绍 Flutter 编译的详细内容，该内容已超出了本书的讨论范围。读者可访问 https://flutter.dev/docs/resources/faq#how-does-flutterrun-my-code-on-android 和 https://flutter.dev/docs/resources/faq#how-does-flutter-run-my-code-on-ios 以了解更多信息。

3.3　Flutter 渲染机制

Flutter 中的特性之一是将可视化组件绘制至屏幕上，其不同之处主要体现在应用程序与平台 SDK 间的通信方式、针对 SDK 的请求任务，以及自身的操作行为，如图 3.3 所示。

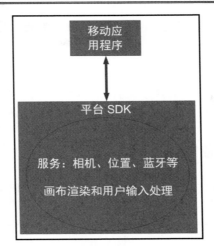

图 3.3

平台 SDK 可以看作是应用程序与操作系统和服务之间的接口。每种系统都提供自己的 SDK，具有自身的功能，并且基于某种编程语言（即 Android SDK 使用 Kotlin 或 Java，iOS SDK 使用 Swift 或 Objective C）。

3.3.1　Web 技术

如前所述，一些框架使用 Web 视图并结合 HTML 和 CSS 重新生成 UI。图 3.4 显示了对应的平台应用。

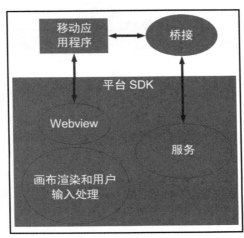

图 3.4

应用程序并不知道平台如何实现渲染行为，唯一需要的是 Web 视图微件，并在之上渲染 HTML 和 CSS 代码。

ⓘ **注意:**

除了渲染机制之外，还需要关注系统 API 的访问方式。针对本地代码调用，JavaScript 需要使用一种桥接方式，这将在性能方面产生少许开销。

3.3.2　框架和 OEM 微件

渲染微件的另一种方式是在平台微件上添加一个层，但不改变系统渲染可视化组件的方式，如图 3.5 所示。

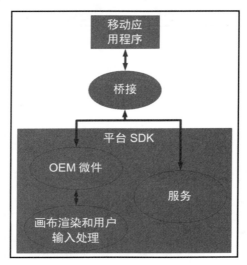

图 3.5

在这种渲染模式下，相关工作由 SDK 完成，就像普通的本地应用程序一样。但在此之前，布局是由框架语言中的一个附加步骤定义的。UI 中的每次更改将导致应用程序代码和本地代码（负责调用平台的 SDK）之间的通信，其工作方式类似于中介。与 Web 技术一样，这将会产生一些开销，这种开销可能稍大于 Web 技术，其原因在于，渲染会经常出现，因此通信也会频繁发生。

3.3.3　自身的渲染机制

Flutter 选择自己实现所有的繁重任务，唯一需要借助于平台 SDK 的是访问服务 API

和画布，以绘制 UI，如图 3.6 所示。

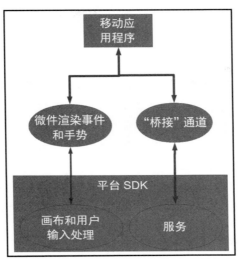

图 3.6

　　Flutter 将微件和渲染机制移至应用程序中，并于其中获取自定义能力和可扩展性。通过画布，Flutter 可绘制任何内容，并访问事件以处理用户的输入和手势。Flutter 中的桥接方式则通过平台通道生成，具体内容可参考第 13 章。

3.4　微件简介

　　如果打算与微件协同工作，那么应深入理解 Flutter 中的微件。如前所述，Flutter 控制渲染机制，并通过可扩展性和自定义行为完成这一任务，这可视为开发人员手中的一件利器。下面考查 Flutter 如何在应用程序开发过程中使用微件，进而创建良好的 UI。

　　微件可理解为应用程序中的可视化表达部分（但不仅限于此）。多个微件置于一起便形成了应用程序的 UI。对此，读者可将其想象为一幅拼图。

　　微件旨在向应用程序提供一种模块化、可伸缩、富有表现力、代码简洁且不施加任何限制的方法。Flutter 中微件 UI 的主要特点是可组合性和不可变性。

3.4.1　可组合性

　　Flutter 选择了组合方式而非继承机制，其目标是保持每个微件的简单性和明确的用途。灵活性是 Flutter 框架的目标之一，对此，Flutter 运行开发人员使用各种组合以实现丰富的效果。

3.4.2　不可变性

Flutter 是基于反应式编程风格的，其中，微件实例的生命周期较短，并根据配置的变化改变其描述内容（无论是否具有视觉效果），因而将对变化内容做出响应，并将这一类变化内容传播至其组合的微件上，等等。

Flutter 微件可能会包含一个与之关联的状态，当关联的状态发生变化时，可重新对其进行构建以匹配相应的表达内容。

这里，术语"响应"和"状态"常出现于响应式编程中，并由 Facebook 的 React 库首先提出。

3.4.3　一切均是微件

Flutter 微件在应用程序中无处不在。当然，并非一切事物均是微件，但微件的涉及面确实较为广泛，甚至应用程序也是 Flutter 中的一个微件，这也体现了微件这一概念的重要性。

微件体现了 UI 中的一部分内容，但并不仅限于可见事物，微件可以是以下任何一项内容。

- ❏ 可视化/结构元素，这也是基本的结构元素，如 Button 或 Text 微件。
- ❏ 特定于布局的元素，可以定义位置、边距或填充行为，如 Padding 微件。
- ❏ 样式元素，有助于实现视觉/结构元素的色彩化和主题化，如 Theme 微件。
- ❏ 交互元素，有助于以不同方式响应交互行为，如 GestureDetector 文件。

🛈 **注意:**
第 4 章将讨论微件的应用示例。

微件是基本的界面构建块。为了正确地构建 UI，Flutter 以微件树的方式组织微件，如图 3.7 所示。

微件树是 Flutter 布局中另一个较为重要的概念，它是所有 UI 微件的逻辑表达方式，在布局（测算和结构信息）期间进行计算，并在渲染（由帧至屏幕）和单击测试（触摸交互）期间加以使用，这也是 Flutter 的精彩之处。通过大量的优化算法，Flutter 尽量减少对树结构的操作，同时降低渲染的总工作量，进而提高工作效率。

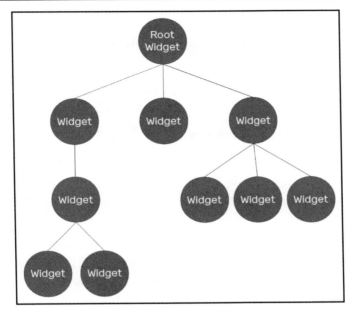

图 3.7

微件在树形结构中表示为节点，并可能存在一个与之关联的状态。针对状态的每次变化都会重新构建该微件及其包含的子微件。

可以看到，树的子结构并不是静态的，且通过微件的描述加以定义。微件中的子关系构成了 UI 树，并通过组合方式存在。因此，取决于微件的功能，常会看到 Flutter 的内建组件公开了 child 或 children 属性。

微件树无法在框架中独立工作且需要借助于元素树——通过在屏幕上显示所构建的微件，进而与微件树产生关联。因此，每个文件在构建后都将在元素树中包含相应的元素。

在 Flutter 中，元素树承担了一项重要的任务——将屏幕上的元素映射至微件树。除此之外，元素树还将决定在更新场合下如何重新构建微件。当微件变化并需要重新构建时，将导致相应元素的更新行为。元素存储了对应微件的类型，以及指向其子元素的引用。例如，对于微件的重定位，元素将检查对应新微件的类型，若匹配，则利用新的微件描述对自身进行更新。

🛈 注意：

元素树可视为微件树的预渲染辅助树。对此，读者可访问官方文档以了解更多信息，对应网址为 https://docs.flutter.io/flutter/widgets/Element-class.html。

3.5　Hello Flutter

当配置了 Flutter 开发环境后，即可使用 Flutter 命令。启动 Flutter 项目的典型方式是运行下列命令：

```
flutter create <output_directory>
```

如果未将 output_directory 指定为参数，那么它也将是 Flutter 项目的名称。

当运行上述命令时，提供了名称的文件夹将与其中的示例 Flutter 项目一同生成。稍后将对当前项目进行分析。这里，首先了解一下一些有用的选项，进而通过 flutter create 命令生成最终的项目。

- ❑ --org：用于修改项目持有者的组织机构。如果读者熟悉 Android 或 iOS 开发，可知这是一个逆置的域名，用于标识 Android 上的包名，并在 iOS 包标识符中作为前缀。该选项的默认值是 com.example。
- ❑ -s 和--sample：大多数官方微件示例均包含一个唯一的 ID，并可利用该参数将对应示例快速地克隆至自己的机器上。

ℹ️ 注意：

当访问 Flutter 文档网站（https://docs.flutter.dev）时，可从中获取一个示例 ID，并通过该参数对其加以使用。

- ❑ -i、--ios-language 和-a、--android-language：用于针对项目的本地代码部分指定语言，并且仅在计划编写本地平台代码时使用。第 13 章将讨论如何向项目中添加本地代码。
- ❑ --project-name：用于修改项目的名称，它必须是有效的 Dart 包标识符，就像在 pubspec 格式描述页面（https://dart.dev/tools/pub/pubspec）上看到的那样，其描述内容为：

　　"包名应采用小写形式，并通过下画线分开每个单词，如 just_like_this。另外，仅可使用基本的拉丁字母和阿拉伯数字，即[az0-9_]；而且，还应确保名称是有效的 Dart 标识符——不应以数字开始，且不应包含保留字。"

- ❑ 如果未指定该参数，则尝试使用 output directory。注意，该参数应是所提供的参数列表中的最后一个参数。

下面查看利用 flutter create hello_world 命令生成的典型的 Flutter 项目结构，如图 3.8

所示。

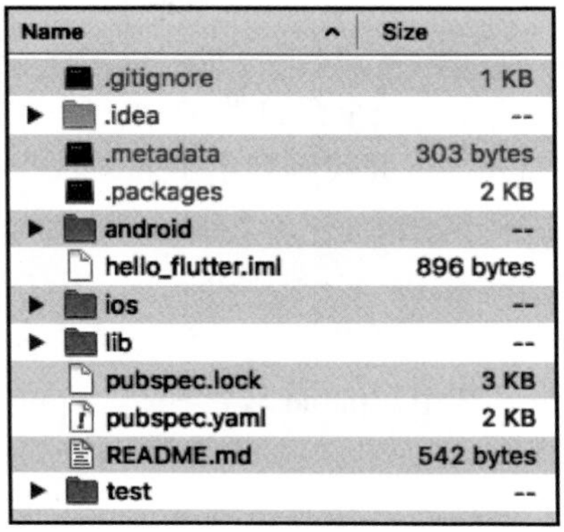

Name	^	Size
■ .gitignore		1 KB
▶ ■ .idea		
■ .metadata		303 bytes
■ .packages		2 KB
▶ ■ android		--
□ hello_flutter.iml		896 bytes
▶ ■ ios		--
▶ ■ lib		--
□ pubspec.lock		3 KB
[i] pubspec.yaml		2 KB
□ README.md		542 bytes
▶ ■ test		--

图 3.8

这似乎与 Dart 包有几分相似。Flutter 项目是一类 Dart 包，但也包含了自身的不同之处。在列出基本的结构元素后，可以得到下列内容。

❑ android/ios：这包含了特定于平台的代码。如果读者熟悉 Android Studio 中的 Android 项目结构，将不会对此感到陌生。对于 XCode iOS 项目来说，情况也基本相同。

❑ hello_flutter.iml：这是一个典型的 IntelliJ 项目文件，其中包含了 IDE 所用的 JAVA_MODULE 信息。

❑ lib 目录：Flutter 应用程序的主文件夹。生成后的项目应至少包含一个 main.dart 以开始当前工作。稍后将通过多个步骤对该文件进行检查。

❑ pubspec.yaml 和 pubspec.lock：在第 2 章中曾有所讨论，pubspec.yaml 文件定义了一个 Dart 包。此处也不例外，该文件也是项目的主要文件之一，其中列出了应用程序的依赖关系；而在 Flutter 中，实际内容则不止这些。第 4 章将对此加以详细讨论。

❑ README.md：该文件一般包含项目的依赖关系，且在开源项目中较为常见。

❑ test 库：其中包含了所有与项目测试相关的文件。此处可添加单元测试，还可通过 Flutter 特定的包添加微件测试。

🛈 注意：

在本书的大多数场合，我们将直接在 Terminal 中使用命令行工具。此外，为了获取更加丰富的信息，将使用 Visual Studio Code 这一 IDE。注意，IDE 在后台使用这些工具与项目进行交互。

3.5.1　pubspec 文件

Flutter 中的 pubspec 文件类似于一个简单的 Dart 包。除此之外，该文件还包含了一个与 Flutter 配置相关的附加部分。下列代码列出了 pubspec.yaml 文件的详细内容：

```
name: hello_flutter
description: A new Flutter project.
version: 1.0.0+1
```

文件的开始部分较为简单。其中，name 属性在执行 pub create 命令时加以定义；随后是默认项目 description。

💡 提示：

可使用-description 参数并在运行 flutter create 命令时指定描述内容。

version 属性遵循 Dart 包中的规则，即版本号，并附加以"+"分隔的构建版本号。除此之外，Flutter 还可在构建期间覆写此类值。第 12 章将对此进行详细讨论。

接下来是 pubspec 文件的 dependencies 部分，如下所示。

```
environment:
  sdk: ">=2.0.0-dev.68.0 <3.0.0"

dependencies:
  flutter:
    sdk: flutter

  # The following adds the Cupertino Icons font to your application.
  # Use with the CupertinoIcons class for iOS style icons.
  cupertino_icons: ^0.1.2

dev_dependencies:
  flutter_test:
    sdk: flutter
```

上述代码的解释如下所示。

❑ 首先是定义了 Dart SDK 版本约束的 environment 属性。用户可使用该工具提供的版本（Flutter SDK 负责更新操作）。

💡 提示：

Dart SDK 嵌入了 Flutter SDK 中，因此不必对其进行单独安装。

❑ dependencies 属性始于 Flutter 应用程序的主依赖关系，即 Flutter SDK 自身，其中包含了多个 Flutter 的核心包。

❑ 作为附加依赖关系，生成器添加了 cupertino_icons 包，其中包含了内建 Flutter Cupertino 微件所用的图标资源数据（第 4 章将对此加以讨论）。

❑ dev_dependencies 属性只包含 Flutter SDK 自身提供的 flutter_test 包依赖项，并且包含已知 Dart 测试包的 Flutter 特定扩展。

文件的最后一部分与 Flutter 相关，如下所示。

```
flutter:

  uses-material-design: true

  # To add assets to your application, add an assets section, like this:
  # assets:
  #  - images/a_dot_burr.jpeg
  #  - images/a_dot_ham.jpeg
  # ...
  # To add custom fonts to your application, add a fonts section here,
  # fonts:
  #  - family: Schyler
  #    fonts:
  #      - asset: fonts/Schyler-Regular.ttf
  #      - asset: fonts/Schyler-Italic.ttf
  #        style: italic
  #
```

flutter 部分允许我们对资源进行配置，并被打包至应用程序中以在运行期使用，如图像、字体、JSON 文件，以及有助于应用程序配置的非源代码文件。

❑ uses-material-design：第 4 章将讨论 Flutter 提供的 Material 微件。除此之外，还可使用 Material Design 图标（https://material.io/tools/icons/?style=baseline），它们采用了自定义字体格式。为了实现正常的工作，需要激活该属性（也就是说，将其设置为 true），因此图标将被添加至应用程序中。

❑ assets：该属性将列出与最终应用程序打包的资源路径。关于该属性应用方式的细节内容，可参考下列代码。assets 文件可通过多种方式加以组织。对于 Flutter 来说，重要的是文件的路径。这里，用户将指定相对于项目根目录的文件路径，稍后将在 Dart 代码中对其加以使用，届时将引用一个数据资源文件。

```
assets:
  - images/home_background.jpeg
```

当添加一幅图像以供后续操作使用时，可在 assets 列表中添加路径；或者，如果希望添加目录中的所有文件，仅需指定目录路径即可，如下所示。

```
assets:
  - images/
```

这将包含目录中的全部文件。此处应留意结尾处的"/"字符。

❑　fonts：该属性可向应用程序中添加自定义字符。第 6 章将对此加以详细讨论。

ℹ️ **注意：**

后续章节将介绍如何加载不同的数据资源。另外，读者可访问 https://flutter.io/docs/development/ui/assets-and-images 以了解与数据资源规范相关的更多信息。

3.5.2　运行生成后的项目

生成后的项目使用默认的 Flutter 模板创建项目。当前应用程序包含一个计数器，描述 Flutter 中的 React 编程样式，在第 4 章中，当讨论使用不同的微件构建应用程序时，还将对此予以详细的介绍。在之前使用 flutter create 命令创建的 hello_flutter 示例中，MyApp 表示为应用程序的根微件。

1．lib/main.dart 文件

生成的项目的主文件表示为 Flutter 应用程序的入口，如下所示。

```
void main() => runApp(MyApp());
```

这里，main()函数自身即表示为应用程序的 Dart 入口。runApp 函数是 Flutter 应用程序中一个有用的函数，并以参数形式向其传递一个微件。

2．运行 Flutter

当执行 Flutter 应用程序时，需要拥有连接状态下的设备和模拟器。对此，可使用 flutter doctor 和 flutter emulators 工具。下列命令可查看运行项目所用的现有 Android 和 iOS 模拟器：

```
flutter emulators
```

对应结果如图 3.9 所示。

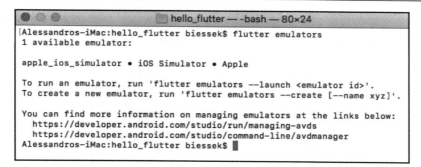

图 3.9

注意：

读者可访问 https://developer.android.com/studio/run/managing-avds 查看如何管理 Android 模拟器。对于 iOS 模拟器，则可使用 XCode Simulator 开发工具。读者可参考 Apple 文档以了解更多信息，对应网址为 https://developer.apple.com/library/archive/documentation/IDEs/Conceptual/iOS_Simulator_Guide/GettingStartedwithiOSSimulator/GettingStartedwithiOSSimulator.html。

在确定可运行应用程序的连接设备后，可执行下列命令：

```
flutter run
```

对应结果如图 3.10 所示。

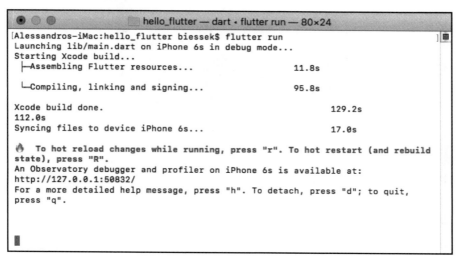

图 3.10

上述命令将启用调试器和热重载功能，如图 3.11 所示。与后续执行操作相比，首次运行应用程序可能稍显耗时。

图 3.11

此时，应用程序处于运行状态，并可在右上角看到一个调试标记。这意味着，当前应用程序并不是一个发布版本，而只是应用程序的开发版本，其中包含了热重载和调试功能。

ℹ️ 注意：

上述示例运行于 iPhone 6s 模拟器上。在 Android 模拟器或 Android 虚拟设备（AVD）上也可得到相同的结果。

3.6　本　章　小　结

本章介绍了 Flutter 框架的使用方法。首先，我们学习了与 Flutter 相关的一些重要概念，即微件。可以看到，微件是 Flutter 中的核心部分，Flutter 开发团队可改进现有的微件或添加新的微件。另外，微件这一概念无处不在，包括渲染性能和屏幕上的最终结果。

🛈 注意：

　　读者可访问 GitHub 查看本章的源代码。

第 4 章将深入讨论微件的类型。例如，有状态微件和无状态微件，以及微件的应用方式和时机。除此之外，我们还将查看一些内建的微件，并尝试构建一个 Flutter 应用项目，本书后续章节将在该项目的基础上进行操作，并于其中应用我们所学到的知识。

第 2 部分

Flutter 界面——一切均为微件

第 2 部分将学习 Flutter 与 UI 之间的协作方式、用户输入数据以及创建富 UI 所需的资源。

本部分内容主要包括以下章节：

- 第 4 章　微件——在 Flutter 构建布局
- 第 5 章　处理用户手势和输入
- 第 6 章　主题和样式
- 第 7 章　路由机制——屏幕间的导航

第 4 章　微件——在 Flutter 构建布局

本章将讨论微件的核心概念、无状态和有状态微件间的差异、Flutter 中的常见微件、如何将微件添加至应用程序中，以及如何利用内建微件或自定义微件创建完整的界面。

本章主要涉及以下主题：

❑　无状态/有状态微件。

❑　内建微件。

❑　内建布局微件。

❑　创建自定义微件。

4.1　无状态/有状态微件

第 3 章曾有所提及，微件在 Flutter 应用程序开发中扮演了重要的角色，微件表示为构成 UI 的各部分内容，同时也是用户可视化的代码表达方式。

UI 很少处于静态且变化较为频繁。虽然根据定义微件是不可变的，但这并不意味着最终结果。对于 UI 处理过程，UI 在应用程序开发期间肯定会发生变化。因此，Flutter 提供了两种微件类型，即无状态微件和有状态微件。二者最大的差别在于微件的构造方式。开发人员负责选择所用的微件类型以构造 UI，进而在 Flutter 的微件渲染层发挥其最大功效。

ℹ️ **注意：**

Flutter 中还包含了继承微件这一概念（即 InheritedWidget 类型），这也是一种微件，但与上述两种微件类型稍有不同。在介绍了 hello_flutter 示例后将对此予以讨论。

4.1.1　无状态微件

典型的 UI 一般由多个微件构成，其中一些微件在实例化后不再发生变化。此类微件不包含状态，也就是说，在内部操作或行为过程中不会出现改变。相反，这一类微件是通过微件树中父微件上的外部事件进行修改的。因此，可以肯定地说，无状态微件控制了它

们与微件树中某些父微件之间的构造方式。图 4.1 显示了
一个无状态微件的表现方式。

　　因此，子微件将从父微件处获取其描述信息，且自身
不会对其进行修改。从代码角度来看，这意味着无状态微
件在构造过程中仅包含 final 属性，这也是唯一需要在设
备屏幕上创建的内容。

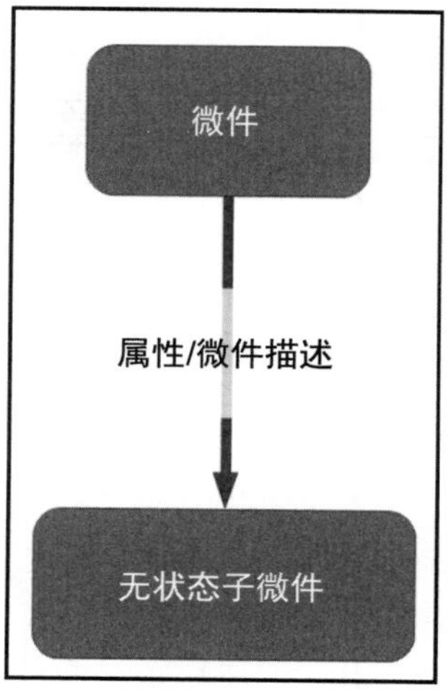

🛈 注意：
　　稍后在生成 Flutter 项目后，将考查与微件相关的源
代码。

4.1.2　有状态微件

　　无状态微件从父微件处接收描述信息，该信息在微

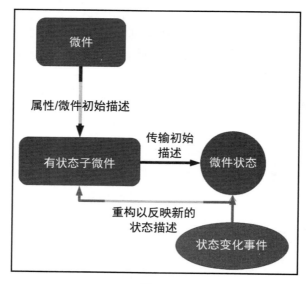

图 4.1

件的生命周期内持续存在。与此不同，有状态微件将在其生命周期内动态地修改其描述
信息。根据定义，有状态微件也是不可变的，但此类微件包含一个 State 伴随类，用于表
示微件的当前状态，如图 4.2 所示。

图 4.2

　　通过在独立的 State 对象中加载微件的状态，框架可在必要时重新构建微件，且不会

丢失当前的关联状态。相应地，元素树中的元素加载对应微件的引用，以及与其关联的 State 对象。当微件需要被重建时，State 对象将发出通知，并于随后引发元素树中的更新操作。

4.1.3　代码中的无状态微件和有状态微件

第 3 章曾使用下列命令创建了一个 Flutter 项目：

```
flutter create
```

该项目利用默认 Flutter 模板中的默认参数进行创建，并生成一个带有计数器的小应用程序，该计数器显示加号（+）按钮被单击的次数，如图 4.3 所示。

图 4.3

上述 Flutter 示例应用程序对于显示实际的微件类型十分有用。

1．无状态微件代码

下面首先查看无状态微件的代码形式。应用程序中的第一个无状态微件表示为应用程序类自身，如下所示。

```
class MyApp extends statelessWidget {
  @override
  Widget build(BuildContext context) {
    return MaterialApp(
      title: 'Flutter Demo',
      theme: ThemeData(
        primarySwatch: Colors.blue,
      ),
      home: MyHomePage(title: 'Flutter Demo Home Page'),
    );
  }
}
```

可以看到，MyApp 类扩展了 statelessWidget，同时重载了 build(BuildContext)方法。该方法描述了一个 UI 部分，也就是说，在其下方构建了一个微件子树。其中，MyApp 表示为微件树中的根节点，因此将沿树结构向下构建所有的微件。在当前示例中，其直接子节点为 MaterialApp。根据文档，相应的定义方式如下所述：

"一个应用方便的微件一般会封装多个微件，以供材料设计应用所用。"

BuildContext 表示为 build 方法的参数，并与微件树进行交互，进而可访问重要的祖先类信息，这将有助于描述被构造的微件。需要注意的是，描述信息仅依赖于上下文信息，以及定义于构造方法中的微件属性。

ℹ 注意：

当介绍内建微件时，将深入讨论材料设计微件。另外，读者还可参考第 6 章中的相关内容。

除了其他属性之外，MaterialApp 中还包含了一个 home 属性，该属性指定了应用程序主页中显示的第一个微件。这里，home 表示为 MyHomePage，这也是当前示例中的有状态微件。

ℹ 注意：

当使用 Navigator 类时，通过管理后台栈，MaterialApp 可针对特定的路径（包含逻辑导航历史）定义所显示的微件。

2．有状态微件代码

MyHomePage 表示一个有状态微件，因而可利用 State 对象_MyHomePageState 加以定义，其中包含了影响微件观感方式的属性。

```
class MyHomePage extends statefulWidget {
  MyHomePage({Key key, this.title}) : super(key: key);
  final String title;

  @override
  _MyHomePageState createState() => _MyHomePageState();
}
```

通过扩展 statefulWidget，MyHomePage 需在其 createState()方法中返回一个有效的 State 对象。在当前示例中，将返回一个_MyHomePageState 实例。

💡 提示：

一般情况下，有状态微件在同一文件中定义了对应的 State 类。除此之外，状态通常是微件库的私有内容，因而外部用户无须与其进行直接交互。

下列_MyHomePageState 类定义为 MyHomePage 微件的 State 对象：

```
class _MyHomePageState extends State<MyHomePage> {
  int _counter = 0;

  void _incrementCounter() {
    setState(() {
      _counter++;
    });
  }

  @override
  Widget build(BuildContext context) {
    return Scaffold(
      appBar: AppBar(
        title: Text(widget.title),
      ),
      body: Center(
        child: Column(
          mainAxisAlignment: MainAxisAlignment.center,
          children: <Widget>[
```

```
      Text(
        'You have pushed the button this many times:',
      ),
      Text(
        '$_counter',
        style: Theme.of(context).textTheme.display1,
      ),
    ],
  ),
),
floatingActionButton: FloatingActionButton(
  onPressed: _incrementCounter,
  tooltip: 'Increment',
  child: Icon(Icons.add),
), // This trailing comma makes auto-formatting nicer.
  );
 }
}
```

有效的微件类扩展了框架的 State 类，在文档中，其定义如下所述：

"对于有状态微件来说，逻辑和状态是其核心内容。"

MyHomePage 微件的状态由单一属性_counter 定义。_counter 属性包含了屏幕右下方递增按钮被单击的次数。当前，State 微件的继承类负责构建微件，并由显示_counter 值的 Text 微件构成。

🛈 注意：

Text 表示用于显示屏幕文本的内建微件，稍后将讨论与内建微件相关的更多内容。

有状态微件意味着可在其生命周期内修改其外观，也就是说，定义的内容将发生改变，因而需要重新构建以反映此类变化内容。此处，变化出现于_incementCounter()方法中，该方法将在每次单击递增按钮时被调用。

这里需要留意 FloatingActionButton 微件 onPressed 属性的使用方式。FloatingActionButton 是一类材料设计浮动按钮，该属性接收单击时执行的函数回调，如图 4.4 所示。

这里的问题是，框架如何知晓微件中的内容发生变化且需要被重建？答案在于 setState()方法。该方法作为参数接收一个函数，并于其中更新微件的 State（即_incrementCounter()方法）。调用 setState()方法将通知框架需重新构建微件。在前述示例中，该方法被调用以反映_counter 属性的最新值。

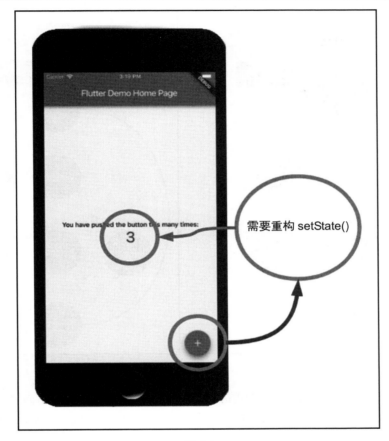

图 4.4

4.1.4 继承的微件

除了 statelessWidget 和 statefulWidget 微件之外，Flutter 框架中还包含一种微件类型，即 InheritedWidget。某些时候，微件需要沿树形结构向上访问数据。在这种情况下，需要将信息向下复制到所关注的微件。图 4.5 显示了这一处理过程。

假设某些微件需沿树形结构向下访问 root 微件中的 title 属性。对此，需要复制对应微件中的属性，并通过构造方法向下传递。复制全部子微件上的属性以便对应值可传递至所关注的微件处——这一过程相对枯燥。

针对这一问题，Flutter 定义了一个 InheritedWidget 类，这是一类辅助性质的微件，有助于沿树形结构向下传播信息，如图 4.6 所示。

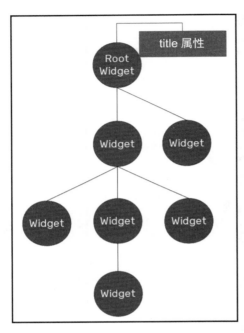

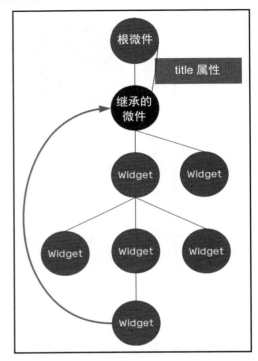

图 4.5   图 4.6

通过向树形结构中添加 InheritedWidget，其下方的任何组件都可访问它公开的数据，方法是使用 BuildContext 类的 inheritFromWidgetOfExactType(InheritedWidget)方法，该方法接收一个作为参数的 InheritedWidget 类型，并通过树形结构查找所请求类型的第一个祖先微件。

ⓘ 注意：

Flutter 中的 InheritedWidget 涵盖了一些较为常见的应用，Theme 类便是其中之一，并用于描述应用程序的整体色彩。第 5 章将对此加以讨论。

4.1.5 微件中的 key 属性

当查看 statelessWidget 和 statefulWidget 类的构造函数时，将会看到一个 key 参数，这是 Flutter 中微件的一个重要属性，并有助于实现微件树和元素树间的渲染机制。除了类型和对应微件的引用之外，该元素还加载了标识树形结构中微件的键。另外，key 属性还有助于保留重建间微件的状态。key 属性最为常见的应用是处理包含相同类型的微件集合。因此，如果缺少 key，元素树将无法知晓状态与微件间的对应关系，因而它们均持有相同的类型。例如，当微件改变其位置或在微件树中的级别时，匹配工作将在元素树中进行，并查看屏幕中需要更新的内容，以便反映出新的微件结构。当微件包含某种状态时，即可以此进行移动。通过 key 值，问题元素将知晓与其关联的对应微件的状态。

ℹ 注意：

稍后将在应用程序中展示 key 的应用方式。关于 key 如何影响微件以及 key 的有效类型，读者可查看官方文档以了解更多信息，对应网址为 https://flutter.io/docs/development/ui/widgets-intro#keys。

4.2 内 建 微 件

Flutter 对于 UI 给予了很大的关注，并包含了丰富的微件类别以根据具体需求创建自定义界面。

在 Flutter 现有的微件中，其复杂程度不一而同，其中包括前述 Flutter 示例程序中简单的 Text 微件，以及包含动画和多重手势处理的复杂微件，此类微件有助于设计动态 UI。

4.2.1 基本微件

Flutter 中的基本微件不仅体现了易用性，而且还进一步展示了框架的强大功能和灵活性，即使在简单的类中也是如此。

限于本书所关注的重点内容，本章并不打算介绍所有的微件，这里仅列出部分内容以供学习使用，稍后将在实际操作过程中对其加以使用。在掌握了基础内容后，读者可进一步深入学习其他微件。

4.2.2 Text 微件

Text 微件可显示文本字符串，如下所示。

```
Text(
  "This is a text",
)
```

Text 微件的常见属性如下所示。

❑ style：文本样式类，并公开了某些属性以便修改文本颜色、背景、字体（可从资源数据中使用自定义字体，参见第 3 章）、行高度、字体大小等。

- ❑　textAlign：控制文本的水平对齐方式，如中间对齐或左对齐。
- ❑　maxLines：如果超出限制，针对截取的文本指定最大行数。
- ❑　overflow：定义如何在溢出时截取文本，相关选项包括指定最大行数等限制条件。例如，可在结尾处添加省略号。

💡 提示：

读者可参考官方文档查看 Text 微件的全部属性，对应网址为 https://docs.flutter.io/flutter/widgets/Text-class.html。

4.2.3　Image 微件

Image 将显示不同源和格式的图像。根据文档所述，所支持的图像格式包括 JPEG、PNG、GIF、动画 GIF、WebP、动画 WebP、BMP 和 WBMP。

```
Image(
  image: AssetImage(
    "assets/dart_logo.jpg"
  ),
)
```

微件的 Image 属性指定了 ImageProvider。所显示的图像可来自不同的源。Image 类针对不同的图像加载方式定义了不同的构造方法。

- ❑　Image（参见 https://api.flutter.dev/flutter/widgets/Image/Image.html）：如前所述，这将获取来自 ImageProvider（参见 https://api.flutter.dev/flutter/painting/ImageProvider-class.html）的一幅图像。
- ❑　Image.asset（参见 https://api.flutter.dev/flutter/widgets/Image/Image.asset.html）：这将创建一个 AssetImage，并通过数据资源键从 AssetBundle（参见 https://api.flutter.dev/flutter/services/AssetBundle-class.html）中获取一幅图像，如下所示。

```
Image.asset(
 'assets/dart_logo.jpg',
)
```

- ❑　Image.network（参见 https://api.flutter.dev/flutter/widgets/Image/Image.network.html）：这将创建 NetworkImage，并从 URL 中获取一幅图像，如下所示。

```
Image.network(
 'https://picsum.photos/250?image=9',
)
```

❑ Image.file（参见 https://api.flutter.dev/flutter/widgets/Image/Image.file.html）：这
将创建 FileImage 并从文件中获取一幅图像（参见 https://api.flutter.dev/flutter/
dart-io/File-class.html），如下所示。

```
Image.file(
  File(file_path)
)
```

❑ Image.memory（参见 https://api.flutter.dev/flutter/widgets/Image/Image.memory.html）：
这将创建 MemoryImage，并从 Uint8List（参见 https://api.flutter.dev/flutter/dart-
typed_data/Uint8List-class.html）中获取一幅图像，如下所示。

```
Image.memory(
  Uint8List(image_bytes)
)
```

除了 Image 属性之外，还包括以下一些常用的属性。

❑ height/width：指定图像的尺寸限制条件。
❑ repeat：重复图像以覆盖可用空间。
❑ alignment：在界限内将图像对齐至特定位置处。
❑ fit：指定如何将图像内接到可用空间中。

🔵 提示：

当查看 Image 微件的全部属性时，可参考官方文档以了解更多内容，对应网址为
https://docs.flutter.io/flutter/widgets/Image-class.html。

4.2.4 材料设计和 iOS Cupertino 微件

在某种程度上，Flutter 中的许多微件源自特定于平台的准则，即材料设计（Material
Design）或 iOS Cupertino。这使得开发人员以最简单的方式遵循特定于平台的准则。

🔵 提示：

关于材料设计，读者可访问 https://material.io/guidelines/material-design/introduction.html；
关 于 iOS Cupertino，读 者 可 访 问 https://developer.apple.com/design/humaninterface-
guidelines/ios/overview/themes/。

例如，Flutter 并未包含 Button 微件，并针对 Google Material Design 和 iOS Cupertino
准则提供了另一种按钮实现方式。

🛈 **注意:**

这里并不打算深入讨论每种微件的属性和行为,读者可尝试运行相关示例或参考文档自行学习。另外,读者可访问 Google Play 上的 Flutter Gallery 应用程序 (https://play.google.com/store/apps/details?id=io.flutter.demo.gallery),进而查看已有微件的演示效果。

1. 按钮

在 Material Design 中,Flutter 实现了下列按钮组件。

❑ RaisedButton:凸起按钮由矩形图案组成,并悬浮于界面上。

❑ loatingActionButton:浮动操作按钮表示为一个圆形的图标按钮,并悬浮于相关内容上,以提示应用程序中的相关操作。

❑ FlatButton:扁平按钮是输出至 Material 微件上的部分内容,并通过颜色变化对触摸行为做出反应。

❑ IconButton:图标按钮是输出至 Material 微件上的一幅图像,并通过图像变化(飞溅或波纹效果)响应触摸行为。

参照 Material Design 准则,Ink 可解释为:

"该组件根据用户的触摸操作,以一种向外扩展的视觉波纹效果提供某种径向反馈操作。"

❑ DropDownButton:显示当前所选条目和一个箭头,用于打开菜单选择另一个条目。

❑ PopUpMenuButton:单击时显示一个菜单。

针对 iOS Cupertino 样式,Flutter 提供了 CupertinoButton 类。

🛈 **注意:**

根据 Material Design 准则,与 Cupertino 微件相比,标高、油墨效果、光照效果和 Material Design 微件的开销稍大。尽管这不会造成太大的问题,但读者应对此有所了解。

2. Scaffold

Scaffold 实现了 Material Design 或 iOS Cupertino 可视化布局的基本结构。对于 Material Design,Scaffold 包含了多个 Material Design 组件,如下所示。

❑ body:表示 Scaffold 的主要内容,并显示于 AppBar 的下方(如果存在)。

❑ AppBar:包含了工具栏和其他可能的微件。

❑ TabBar:显示水平选项卡行的 Material Design 微件,一般用作 AppBar 的部分内容。

❑ TabBarView:显示对应于当前所选选项卡的微件的页面视图,一般与 TabBar 结合使用并用作 body 微件。

❑ BottomNavigationBar:底部导航栏可简化单击时顶级视图间的查看和切换。

❏ Drawer：从 Scaffold 边缘水平滑动，以显示应用程序中导航链接的 Material Design 面板。

在 iOS Cupertino 中，对应结构则有所不同，其中包含了一些特定的转换和行为。iOS Cupertino 定义了 CupertinoPageScaffold 和 CupertinoTabScaffold 类，一般由以下内容构成。

❏ CupertinoNavigationBar：上方导航栏，一般与 CupertinoPageScaffold 结合使用。

❏ CupertinoTabBar：底部选项卡栏，一般与 CupertinoTabScaffold 结合使用。

3．对话框

Material Design 和 Cupertino 对话框通过 Flutter 予以实现。在 Material Design 中，对话框定义为 SimpleDialog 和 AlertDialog；对于 Cupertino，对话框则定义为 CupertinoDialog 和 CupertinoAlertDialog。

4．文本框

文本框的实现也包含了两个准则，即 Material Design 中的 TextField 微件和 iOS Cupertino 中的 CupertinoTextField 微件。二者均面向用户输入显示了键盘。其中，一些较为常见的属性如下所示。

❏ autofocus：TextField 是否自动处于焦点。

❏ enabled：将文本框设置为是否可编辑。

❏ keyboardType：编辑时调整向用户显示的键盘类型。

🅣 提示：

读者可访问官方文档查看 TextField 和 CupertinoTextField 微件的所有属性，对应网址为 https://docs.flutter.io/flutter/material/TextField-class.html 和 https://docs.flutter.io/flutter/cupertino/CupertinoTextField-class.html。

5．选择型微件

Material Design 中包括以下选择型微件。

❏ Checkbox：可选择列表中的多个选项。

❏ Radio：仅可选择选项列表中的单一选项。

❏ Switch：可切换（开/关）单一选项。

❏ Slider：通过移动滑块选择某个范围值。

在 iOS Cupertino 中，一些微件功能将不复存在。下列内容提供了一些替代方案。

❏ CupertinoActionSheet：iOS 风格的底部模态动作条，进而在诸多选项中选择一个选项。

❏ CupertinoPicker：选择器控件，用于在短列表中选择一个条目。

❏ CupertinoSegmentedControl：类似于单选按钮，选择结果为选项列表中的单一条目。

- CupertinoSlider：类似于 Material Design 中的 Slider。
- CupertinoSwitch：类似于 Material Design 中的 Switch。

6．日期和时间选择器

对于 Material Design，Flutter 通过 showDatePicker 和 showTimePicker 提供了日期和时间选择器，并针对对应的动作构造和形式 Material Design 对话框。在 iOS Cupertino 中，则提供了 CupertinoDatePicker 和 CupertinoTimerPicker 微件，同时借鉴了之前的 CupertinoPicker 样式。

7．其他组件

除此之外，还存在一些平台特有的、特定于设计领域的组件。例如，Material Design 中包含了 Cards 这一概念，文档对此进行了如下定义：

"用于表示某些相关信息的 Material 表。"

另外一方面，特定于 Cupertino 的微件在 iOS 中可能包含较为独特的转变效果。

💡 提示：

读者可查看 flutter.io 网站上的 Flutter 微件目录以了解更多信息，对应网址为 https://flutter.io/docs/development/ui/widgets。

4.3　内建布局微件

某些微件似乎不会出现于用户的屏幕上，但如果它们位于微件树中，则会以某种方式显现，进而影响子微件的外观（如定位方式或样式）。

例如，当在屏幕的下角位置定位一个按钮时，可指定一个相对于屏幕的位置，但是，按钮和其他微件并不包含 Position 属性。这里的问题是，如何在屏幕上组织微件？答案在于微件自身。Flutter 提供了多个微件以构成布局，包括定位、尺寸、样式等。

4.3.1　容器

在屏幕上显示单一微件并不是组织 UI 的较好方法。对此，通常会设置一组按特定方式组织的微件。为了实现这一操作，可使用容器微件。

Flutter 中最为常见的容器是 Row 和 Column，这一类容器包含了一个 children 属性，并希望微件列表在某一方向上予以显示（针对 Row 的水平列表；或者针对 Column 的垂直列表）。

另一个广泛使用的容器微件是 Stack，并以分层方式组织子元素。

如果读者具有移动应用程序开发经验，很可能已使用过列表和网格。Flutter 针对二者提供了相应的类，即 ListView 和 GridView 类。除此之外，还存在一些不太典型但仍然较为重要的容器微件，如 Table，此类微件以表格布局方式组织子元素。

4.3.2 样式和定位

在容器中定位子微件（如 Stack 微件）这一类任务，可通过其他微件完成。Flutter 针对每项特定任务均提供了微件。例如，在容器中心处定位一个微件可通过将其封装至 Center 微件中完成；相对于父微件对齐一个子微件则可通过 Align 微件实现，并通过其 alignment 属性指定期望的位置。另一个较为有用的微件是 Padding，并可指定围绕给定子元素的空间。上述微件的各项功能被整合至 Container 微件中，进而构成了常见的定位和样式微件，并可直接将其应用至子元素上，从而使代码更加简洁。

4.3.3 其他微件（手势、动画和转换）

Flutter 针对与 UI 相关的所有事物均提供了相应的微件。例如，滚动或触摸这一类手势操作均与管理手势的微件关联；而动画和转换，如滚动和旋转，则通过特定的微件进行管理。后续章节将对此加以详细的讨论。

限于篇幅，我们无法介绍所有的微件及其可能的组合。稍后将开发一个小型应用程序，并对全部分类中的某些微件予以考查，以便对其应用方式实现可视化效果。更为重要的是，我们将学习与 Flutter 中构建布局相关的基础知识。在此基础上，学习新的微件和特定微件将变得十分简单。

ℹ️ 注意：
在本书编写时，Flutter 正尝试推出另一个重要特性，即 Platform View，进而可使用 iOS 和 Android 中已有的本地界面。读者可参考第 13 章以了解更多内容。

4.4 利用微件创建 UI（Friend Favors 管理器应用程序）

前述内容介绍了 Flutter 中的一些微件，本节将在此基础上开发一个小型应用程序。该应用程序是一个 Friend Favors 管理器应用程序，并形成一个小型网络。其中，一位朋友可能会要求另一位朋友帮忙，而后者可能接受或拒绝。如果接受，相关内容将进入用户的任务列表中。这就像是一个代办事项应用程序，由用户的朋友提出要求，当前用户可对此予以接受或拒绝。在该应用程序中，我们将探讨许多有助于应用程序开发的概念。

在后续章节中，我们还将向应用程序中添加各种功能，通过学习各部分内容，最终实现一个完整的应用程序。

4.4.1　应用程序屏幕

Friend Favors 应用程序包含两个屏幕，且均使用了 Flutter 提供的 Material Design 组件。其中，第一个屏幕为任务列表；第二个屏幕则是一个表单，用于向某位朋友请求帮助。当前，我们将使用内存列表，也就是说，信息不会存储在应用程序之外的任何地方。

4.4.2　应用程序代码

目前，应用程序尚不具备完整的功能，仅显示了相应的布局效果。该程序构建了一个 MaterialApp 微件实例，并将主屏幕设置为名为 FavorsPage 的任务列表页。

```
class MyApp extends statelessWidget {
  // using mock values from mock_favors dart file for now
  @override
  Widget build(BuildContext context) {
    return MaterialApp(
      title: 'Flutter Demo',
      home: FavorsPage(
        pendingAnswerFavors: mockPendingFavors,
        completedFavors: mockCompletedFavors,
        refusedFavors: mockRefusedFavors,
        acceptedFavors: mockDoingFavors,
      ),
    );
  }
}
```

MaterialApp 微件针对应用程序提供了有效的工具，其中之一便是 Theme 微件，并根据 Material Design 准则调整应用程序的样式和颜色。另一个可用的工具是 Navigator，并以导航栈方式管理一组应用程序微件。其中，可通过 Navigator 上的滑动方式导航至某个屏幕，或者通过弹出屏幕这一方式予以返回。当前应用程序将使用到这一类微件。当设置 MaterialApp 微件的 home 属性时，已经使用了 Navigator。Navigator 采用路径-微件这一方式工作，也就是说，存在某些方式可定义指向特定微件的路径；当导航至某一路径时，即可导航至特定的微件处。通过某个微件设置 home 属性，则可以说 Navigator 将以

'/'（应用程序的初始路径）使用该微件。

ℹ️ **注意:**

可以看到，FavorsPage 微件设置了某些构造方法参数，稍后将查看具体内容。

在第一阶段，我们考查了应用程序布局的初始结构，随着学习过程的不断深入，还将添加相应的新样式和微件。第 5 章将学习如何通过单击和表单字段添加用户输入方法。第 6 章将探讨如何利用主题自定义应用程序的外观。

4.4.3　应用程序主屏幕

应用程序的第一个屏幕是主屏幕，其中包含 4 个选项卡，并列出了相关任务和状态。

❑　等待任务：尚未回应的某位朋友的请求任务。

❑　正在处理的任务：所接受的任务，即正在执行的任务。

上述任务如图 4.7 所示。

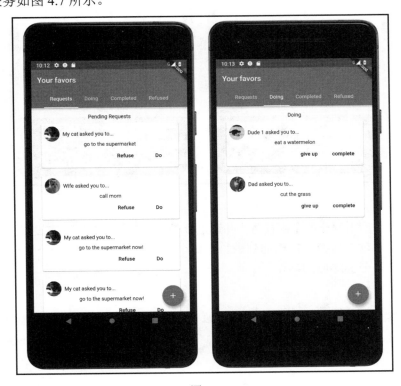

图 4.7

□　完成的任务：已经结束的任务。

□　拒绝的任务：拒绝执行的任务列表（未接受）。

此类任务如图 4.8 所示。

图 4.8

列表包含了应用程序的全部任务，并通过分类予以分隔。布局上方设置了一个 TabBar 实例，用于将选项卡转换为期望的列表。在每个选项卡中，设置了一个 Card 条目列表，其中包含了与其分类对应的动作。

🛈 注意：

前述内容创建了 Friend 和 Favor 表示应用程序数据，读者可参考本章源代码以查看详细内容（hands_on_layouts 目录）。它们仅是简单的数据类，且未包含任何高级的业务逻辑。

另外，屏幕底部的浮动操作按钮应重定向至 Request a favor 屏幕，并于其中向某位朋友发出任务请求。

　　首先，可将主页定义为 statelessWidget 实例，因为当前仅关注布局，且无须管理导致状态改变的操作。这就是父微件 MyApp 将值传递至已定义的列表字段的原因。需要注意的是，如果一个微件是无状态的，其描述内容将在创建过程中通过父微件加以定义。对应代码如下所示。

```
class FavorsPage extends statelessWidget {
  // using mock values from mock_favors dart file for now
  final List<Favor> pendingAnswerFavors;
  final List<Favor> acceptedFavors;
  final List<Favor> completedFavors;
  final List<Favor> refusedFavors;

  FavorsPage({
    Key key,
    this.pendingAnswerFavors,
    this.acceptedFavors,
    this.completedFfavors,
    this.refusedFavors,
  }) : super(key: key);

  @override
  Widget build(BuildContext context) {...} // for brevity
}
```

　　在上述代码中，微件通过特定任务列表定义。除此之外，还应注意 key 参数。虽然此处并非必需，但作为一种良好的编程实践，建议对该参数进行定义。

　　下面讨论 build() 方法，以查看微件的构成内容。

```
@override
Widget build(BuildContext context) {
  return DefaultTabController(
    length: 4,
    child: Scaffold(
      appBar: AppBar(
        title: Text("Your favors"),
        bottom: TabBar(
          isScrollable: true,
          tabs: [
            _buildCategoryTab("Requests"),
            _buildCategoryTab("Doing"),
            _buildCategoryTab("Completed"),
```

```
          _buildCategoryTab("Refused"),
        ],
      ),
    ),
    body: TabBarView(
      children: [
        _favorsList("Pending Requests", pendingAnswerFavors),
        _favorsList("Doing", acceptedFavors),
        _favorsList("Completed", completedFavors),
        _favorsList("Refused", refusedFavors),
      ],
    ),
    floatingActionButton: FloatingActionButton(
      onPressed: () {},
      tooltip: 'Ask a favor',
      child: Icon(Icons.add),
    ),
  ),
);
}
```

FavorsPage 微件子树中的第一个微件 DefaultTabController 用于处理选项卡的变化。随后是 Scaffold 微件，该微件实现了 Material Design 的基本结构，并使用了其中的某些元素，包括应用程序栏和浮动动作按钮。该微件对于设计应用程序非常有用，同时遵循了 Material Design 准则（提供了许多有用的属性）。

❑　在 AppBar 中，我们借助于 Text 微件添加了一个标题。某些时候，还可向其中添加某些动作或自定义布局。这里在应用程序的下方添加了一个 TabBar 实例，用于显示已有的选项卡。

❑　FloatingActionButton 中并未做太多改变，仅通过 Icon 微件添加了一个图标，其中包含了框架提供的 Material Design 图标。

❑　在 Scaffold 微件的 body 属性中，可对布局自身进行设计，其定义方式为：TabBarView 微件针对之前定义的 DefaultTabController 中的所选选项卡显示对应的微件。此处需要留意其 children 属性，该属性匹配选项卡栏中的选项卡，并返回每个选项卡对应的微件。

_buildCategoryChip()方法创建 Tab 栏中的条目，如下所示。

```
class FavorsPage extends statelessWidget {
  // ... fields, build method and others
  Widget _buildCategoryTab(String title) {
```

```
      return Tab(
        child: Text(title),
      );
  }
}
```

可以看到，通过简单地构建一个 **Tab > Text** 子树，该方法将生成一个分类选项卡条目，其中，title 为条目的标识符。

同样，每个任务列表部分在其自身的_favorsList()方法中加以定义，如下所示。

```
class FavorsPage extends statelessWidget {
  // ... fields, build method and others

  Widget _favorsList(String title, List<Favor> favors) {
    return Column(
      mainAxisSize: MainAxisSize.max,
      children: <Widget>[
        Padding(
          child: Text(title),
          padding: EdgeInsets.only(top: 16.0),
        ),
        Expanded(
          child: ListView.builder(
            physics: BouncingScrollPhysics(),
            itemCount: favors.length,
            itemBuilder: (BuildContext context, int index) {
              final favor = favors[index];
              return Card(
                key: ValueKey(favor.uuid),
                margin: EdgeInsets.symmetric(vertical: 10.0,
                horizontal: 25.0),
                child: Padding(
                  child: Column(
                    children: <Widget>[
                      _itemHeader(favor),
                      Text(favor.description),
                      _itemFooter(favor)
                    ],
                  ),
                  padding: EdgeInsets.all(8.0),
                ),
              );
            },
```

```
            ),
         ),
      ],
   );
 }
}
```

任务部分的微件通过 Column 微件表示，其中包含两个子微件，如下所示。

❑　Padding 微件（包含一个 Padding 父微件）包含了该部分的标题。

❑　ListView 实例包含了各任务项条目。

与其他示例相比，该列表的构建方式较为独特。此处使用了 ListView.builder()构造方法，并期望接收 itemCount 和 itemBuilder 实例，该实例通过作为参数传递至_favorsList()调用的列表加以定义。

❑　itemCount 表示列表的大小。

❑　itemBuilder 应定义为一个函数，并返回与特定位置处的条目对应的微件。类似于微件的 build()方法，该函数接收 BuildContext 以及一个索引位置（这里采用 index 参数获取任务列表中的对应任务）。

对于大型列表来说，这一条目的构建方式是可选的——列表在其生命周期内呈增长势态，甚至会出现无限滚动的列表（读者可能在某些应用程序中有所体验）。因此，仅需在必要时构建条目，进而防止浪费计算资源。

ℹ️ 注意:

调整任务列表的物理行为（这里，"物理行为"是指 BouncingScrollPhysics()方法）可能会导致列表出现 iOS 列表中的滚动弹跳效果。

itemBuilder 函数值针对任务参数列表中的每项任务构建 Card 微件，其间通过"final favor = favors[index];"语句获取对应的条目。构建器的剩余内容如下所示。

```
return Card(
    key: ValueKey(favor.uuid),
    margin: EdgeInsets.symmetric(vertical: 10.0, horizontal: 25.0),
    child: Padding(
      child: Column(
        children: <Widget>[
          _itemHeader(favor),
          Text(favor.description),
          _itemFooter(favor)
        ],
      ),
```

```
      padding: EdgeInsets.all(8.0),
    ),
  );
```

当讨论列表条目时，通常需要使用到微件的 key，至少在向微件中添加单击事件处理时是这样的。其原因在于，Flutter 中的列表在滚动事件期间回收多个元素，通过添加一个 key，可确定特定微件包含与之关联的特定状态。

此处新增内容是 Card 微件的 margin 属性，这将向微件添加边距。在当前示例中，上下边距为 10.0 dip；左右边距为 25.0 dip。另外，其 body 子元素将被划分为 4 部分，如下所示。

❑　首先是标题，用于显示任务的请求者，并在_itemHeader()函数中定义，如下所示。

```
Row _itemHeader(Favor favor) {
  return Row(
    children: <Widget>[
      CircleAvatar(
        backgroundImage: NetworkImage(
          favor.friend.photoURL,
        ),
      ),
      Expanded(
        child: Padding(
          padding: EdgeInsets.only(left: 8.0),
          child: Text("${favor.friend.name} asked you to...
          ")),
      )
    ],
  );
}
```

标题定义为一个 Row > [CircleAvatar, Expanded]子树，并从一个行定义（其工作方式类似于 Column 微件，但为水平方向）开始，其中包含了一个 CircleAvatar 实例，即表示用户的圆形图像。借助于 NetworkImage 提供商，仅需向其传递一个图像 URL 即可实现加载任务。Row 微件的剩余空间由 Text 所用，其上包含了 Padding 用于显示朋友的名字。

❑　内容则表示为包含任务描述的 Text 微件。

❑　最后是页脚。根据任务分类，它包含了针对任务请求的可行操作，并定义在_itemFooter()函数中，如下所示。

```
Widget _itemFooter(Favor favor) {
  if (favor.isCompleted) {
```

```
      final format = DateFormat();
      return Container(
        margin: EdgeInsets.only(top: 8.0),
        alignment: Alignment.centerRight,
        child: Chip(
          label: Text("Completed at:
${format.format(favor.completed)}"),
        ),
      );
    }
  if (favor.isRequested) {
    return Row(
      mainAxisAlignment: MainAxisAlignment.end,
      children: <Widget>[
        FlatButton(
          child: Text("Refuse"),
          onPressed: () {},
        ),
        FlatButton(
          child: Text("Do"),
          onPressed: () {},
        )
      ],
    );
  }
  if (favor.isDoing) {
    return Row(
      mainAxisAlignment: MainAxisAlignment.end,
      children: <Widget>[
        FlatButton(
          child: Text("give up"),
          onPressed: () {},
        ),
        FlatButton(
          child: Text("complete"),
          onPressed: () {},
        )
      ],
    );
  }

  return Container();
}
```

_itemFooter()函数根据任务状态返回一个微件。相应地，任务状态通过 Favor 类中的 getter 定义。

❑　在请求阶段（此时任务尚未被接受或拒绝），将返回包含两个 FlatButton 实例的 Row 微件，其中包含了对应的动作，即拒绝或执行。FlatButton 定义为一个 Material Design 按钮，其上不包含标高或背景颜色。

❑　执行阶段将返回一个包含拒绝或完成动作的 Row 微件（作为 FlatButton）。

❑　针对完成状态，将使用 Dart 中的 DateFormat 类并在 Chip 微件中显示任务完成时的格式化日期和时间，以区别于其他文本。

❑　针对拒绝状态，将返回一个无尺寸限制的 Container 微件，这将是一个空容器（不占用布局空间）。

💡 提示：

当定义内、外边距时，可使用 EdgeInsets 辅助类方法。对此，读者可访问 https:// api.flutter.dev/flutter/painting/EdgeInsets- class.html 以了解更多信息。

可以看到，任务列表实现中包含了构成布局的各种微件。需要注意的是，此处并未处理任何用户动作，第 5 章将对此加以讨论。接下来查看请求任务屏幕。

ℹ️ 注意：

FlatButton 上的 onPressed 属性定义了用户单击动作。第 5 章将对此进行介绍。

4.4.4　请求任务屏幕

用户与应用程序间的交互行为位于请求任务屏幕中，如图 4.9 所示。当前，我们仅探讨该屏幕的布局。在后续章节中，将陆续添加其他操作，如选择朋友并请求任务，以及将任务保存至 Firebase 远程数据库中。

请求任务屏幕微件也包含了 Material Design 中的 Scaffold 微件，此时，其中的应用程序栏包含了相应的动作。另外，Scaffold 微件体中涵盖了针对任务请求用户的输入信息。

考虑到仅关注当前布局，因而 RequestFavorPage 微件也是一类无状态微件，如下所示。

```
class RequestFavorPage extends statelessWidget {
  final List<Friend> friends;

  RequestFavorPage({Key key, this.friends}) : super(key: key);

  @override
```

```
Widget build(BuildContext context) {...} // for brevety
}
```

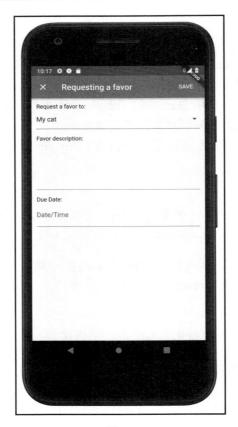

图 4.9

可以看到，微件描述中仅存在朋友列表，由于它当前是一个 statelessWidget 实例，因而需要由父微件提供。

ⓘ 注意：

对于屏幕间的导航（也就是说，从任务列表至请求任务屏幕），读者可参考第 7 章，其中介绍了路由机制和导航行为。

微件的 build()方法始于下列内容：

```
@override
Widget build(BuildContext context) {
```

```
return Scaffold(
  appBar: AppBar(
    title: Text("Requesting a favor"),
    leading: CloseButton(),
    actions: <Widget>[
      FlatButton(
          child: Text("SAVE"), textColor: Colors.white, onPressed: ()
          {}),
    ],
  ),
  body: ... // continues below
...
```

这里，appBar 包含以下两项属性。

❏ leading 属性表示为一个微件并在标题前显示。在当前示例中使用了 CloseButton 微件，这是一个与 Navigator 微件集成的按钮（参见第 7 章）。

❏ actions 属性接收一个微件列表并在标题后显示。在当前示例中，将显示一个 FlatButton，并以此保存任务请求。

Scaffold 的 body 定义了 Column 微件中的布局，并包含了两个新属性。其中，第一个属性 mainAxisSize 定义了垂直轴向上的尺寸。此处使用了 MainAxisSize.min，以便仅占有所需空间。第二个属性 crossAxisAlignment 定义了子微件在水平轴向上的对齐位置。默认状态下，Column 与其子微件采用水平中间对齐方式。另外，还可对此进行适当的调整。Column 微件中包含了 3 个子微件，用于接收用户的输入内容。

❏ 当按下时，DropdownButtonFormField 微件将列出弹出窗口中的 DropdownMenuItem 微件条目，如下所示。

```
...
  DropdownButtonFormField(
    items: friends
        .map(
          (f) => DropdownMenuItem(
              child: Text(f.name),
            ),
        )
        .toList(),
  ),
...
```

这里使用了 Dart Iterable 类型中的 map()方法。其中，列表（在当前示例中表示为朋友列表）中的每个元素映射至一个新的 DropdownMenuItem 微件。因此，朋友列表中的每项元素将在下拉列表中作为微件条目予以显示。

❑　　TextFormField 微件支持基于键盘的文本输入操作，如下所示。

```
TextFormField(
  maxLines: 5,
  inputFormatters: [LengthLimitingTextInputFormatter(200)],
),
```

TextFormField 微件支持文本输入操作。通过向其添加 inputFormatters，还可进一步配置屏幕上的外观。通过 flutter/services 库提供的 LengthLimitingTextInputFormatter 类，此处将输入文本长度限制为 200 个字符。

🔵 提示：

读者可访问 https://api.flutter.dev/flutter/services/services-library.html 查看 flutter/services 包中提供的各种工具。

❑　　DateTimePickerFormField 使得用户可选择一个 DateTime，并将其映射至 DateTime Dart 类型，如下所示。

```
DateTimePickerFormField(
  inputType: InputType.both,
  format: DateFormat("EEEE, MMMM d, yyyy 'at' h:mma"),
  editable: false,
  decoration: InputDecoration(
      labelText: 'Date/Time', hasFloatingPlaceholder: false),
  onChanged: (dt) {},
),
```

DateTimePickerFormField 微件并非 Flutter 中的内建微件，而是源自 datetime_picker_formfield 库中的第三方插件。下列内容定义了某些属性，进而可改变其显示方式。

❑　　inputType：是否选择日期和/或时间。

❑　　format：该属性表示为 DateFormat Dart 类型，并定义了当前值的字符串表达格式。

❑　　editable：微件是否可通过用户进行手动编辑。

❑　　decoration：通过 Material Design 方式，用于定义输入框的装饰。需要注意的是，我们尚未对其他输入框定义该属性。

❑　　onChanged：利用用户选择的新值调用回调。

🔵 提示：

读者可访问 https://pub.dartlang.org/packages/datetime_picker_formfield 查看全部选项和 DateTimePickerFormField 微件的使用方式。

除了输入框之外，Column 中还包含了 Container 和 Text 微件，以实现屏幕中的格式化和设计操作。对此，读者可参考本章源代码以查看完整的布局方式。

4.5　创建自定义微件

当创建基于 Flutter 的 UI 时，一般还需要生成某些自定义微件，这也是不可或缺的内容。毕竟，构造独特界面的微件组合方式是 Flutter 的优势之一。

当前应用程序已经创建了某些布局，其中，仅 FavorsPage 和 RequestFavorPage 为自定义微件。

读者可能已经注意到，鉴于 Flutter 中的组合布局方式，代码将变得十分庞大和难以维护。对于这一问题，我们定义了多个小型方法，并将微件的创建过程划分为多个部分，进而构造完整的布局。

虽然将微件划分为较小的方法有助于实现代码的小型化，但对于 Flutter 来说，这并非一种较好的做法。在当前示例中，尚未涉及复杂的布局，因而不会出现任何问题。但对于复杂的布局，其中微件树将被多次调整，因而将微件作为内置方法将无助于框架的渲染过程。

为了帮助框架优化渲染处理过程，可将方法划分为多个较小的功能性微件，进而对 Widget tree | Element tree 操作进行优化。注意，微件的类型将有助于框架了解何时修改微件并对其进行重新构建，这将影响到渲染机制的整体处理过程。针对于此，下面将再次查看 FavorsPage 微件，并将较小的微件方法转化为新的小型自定义微件。

_favorsList()方法（参见本章附带的源代码）可重构为新的 FavorsList；随后，还可对 FavorsList 微件的 itemBuilder 重构，并返回一个 FavorCardItem 微件（该微件返回一个 Card 条目）。

```
class FavorCardItem extends statelessWidget {
  final Favor favor;

  const FavorCardItem({Key key, this.favor}) : super(key: key);
  @override
  Widget build(BuildContext context) {
    return Card(
      key: ValueKey(favor.uuid),
      margin: EdgeInsets.symmetric(vertical: 10.0, horizontal: 25.0),
      child: Padding(
        child: Column(
```

```
        children: <Widget>[
          _itemHeader(favor),
          Text(favor.description),
          _itemFooter(favor)
        ],
      ),
      padding: EdgeInsets.all(8.0),
    ),
  );
}
Widget _itemHeader(Favor favor) { ... } // for brevity
Widget _itemFooter(Favor favor) { ... }// for brevity
}
```

这里，唯一的变化是添加了一个新类，其中定义了与微件渲染相关的 final 字段；而 build()方法则与之前的_buildFavorsList()方法基本相同。

注意，任务卡条目仍然包含标题和页脚部分，并对应于_itemHeader()和_itemFooter() 方法。通过这种方式，整体内容将趋于小型化，且不会对渲染处理过程产生负面影响。

采用这种微件划分技术，仍可向框架提供足够的微件信息，其行为仍类似于内建微件，并可像内建微件那样进行优化。

💡 提示：

读者可访问 https://iirokrankka.com/2018/12/11/splittingwidgets-to-methods-performance-antipattern/以查看与微件相关的博客。

4.6　本　章　小　结

本章讨论了 Flutter 中的各种微件类型及其差异。其中，无状态微件并未被框架进行频繁地重建；有状态微件则在每次其关联的 State 对象变化时（如使用 setState()方法时）被重新构建。除此之外，本章还介绍了 Flutter 的内建微件，经组合后，此类微件可用于构造独特的 UI；而且，这一类微件不必是用户屏幕上的可视化组件，它们可以是布局、样式，甚至是数据微件，如 InheritedWidget。最后，本章还考查了小型应用程序开发，在后续章节中，我们还将对此保持持续关注，并在展示与 Flutter 相关的新概念时，向其添加特定的函数。

通过向用户单击事件中添加响应行为，以及存储于 Firebase 中的输入数据，第 5 章将讨论如何向应用程序中添加用户交互行为。

第5章 处理用户手势和输入

当使用微件时，可创建包含具有丰富的可视化资源的界面；此外，界面还应支持手势和数据输入的用户交互行为。本章将学习如何使用微件处理用户手势、接收和验证用户输入内容，以及如何创建自定义输入。

本章主要涉及以下主题：

❑ 处理用户手势。
❑ 了解输入微件。
❑ 验证输入操作。
❑ 创建自定义输入。

5.1 处理用户手势

移动应用程序通常会包含某种类型的交互行为。Flutter 通过多种方式支持用户手势处理，包括单击、拖曳和多向拖曳手势等。Flutter 手势系统中的屏幕事件划分为两层，如下所示。

❑ 指针（pointer）层：其中包含了指针事件，表示包含细节信息的交互行为，如触摸位置和设备屏幕上的移动。
❑ 手势：Flutter 中的手势表示为最高定义级别的交互事件，如单击、拖曳和缩放行为。另外，这也是典型的实现事件处理的方式之一。

5.1.1 指针

Flutter 在底层（指针层）启用事件处理机制，其中，可处理每个指针事件，并确定如何对其进行控制，如拖曳和单击操作。

Flutter 框架通过下列事件序列实现了微件树上的分发操作。

❑ PointerDownEvent 是交互行为的开始之处，此时，指针接触设备屏幕的某个位置。随后，针对屏幕中指针位置所处的微件，框架搜索相应的微件树。这一动作称作点击测试（hit test）。
❑ 每个后续事件将被分发至最内层微件，随后微件树从父微件提升至根微件。这一事件传播行为不可被中断。相应地，对应事件可以是一个 PointerMoveEvent，且指针位置处于变化中。此外，事件还可以是 PointerUpEvent 或 PointerCancelEvent。

❑ 交互行为可能结束于 PointerUpEvent 或 PointerCancelEvent。这里，前者是指针与屏幕停止接触的位置；而后者则表示应用程序不再接收与指针相关的任何事件（当前事件尚未结束）。

ℹ️ **注意：**

读者可访问 https://api.flutter.dev/flutter/widgets/Listener-class.html 查看 Listener 类文档。

5.1.2　手势

尽管可行，但在实际操作过程中，很少亲自利用 Listener 微件处理指针事件。相反，事件可在 Flutter 手势系统中的第二层上进行处理。手势可从多个指针事件，甚至是多个独立的指针（如多点触摸）中进行识别，其中包括以下内容。

❑ 单击：设备屏幕上的单击/触摸行为。

❑ 双击：设备屏幕上同一位置处的两次快速单击行为。

❑ 按下和长时间按下：设备屏幕上的按击行为，类似于单击操作，但在释放前的屏幕接触时间较长。

❑ 拖曳：一类按击操作，始于屏幕上某位置处的接触点，移动后结束于设备屏幕上另一个位置处的接触点。

❑ 多向拖曳：类似于拖曳事件，在 Flutter 中，该操作具有不同的方向，同时涉及水平和垂直拖曳。

❑ 缩放：用于拖曳移动的两个指针，类似于放大/缩小（zoom）手势。

与指针事件的 Listener 微件类似，Flutter 定义了 GestureDetector 微件，其中包含了针对上述所有事件的回调。稍后将根据具体实现效果对其加以使用。

1. 单击操作

下面查看如何使用 GestureDetector 微件的 onTap 回调实现单击事件。

```
// part of tap_event_example.dart (full source code in the attached  files)

class _TapWidgetExampleState extends State<TapWidgetExample> {
  int _counter = 0;

  @override
  Widget build(BuildContext context) {
```

```
  return GestureDetector(
    onTap: () {
      setState(() {
        _counter++;
      });
    },

    child: Container(
      color: Colors.grey,
      child: Center(
        child: Text(
          "Tap count: $_counter",
          style: Theme.of(context).textTheme.display1,
        ),
      ),
    ),
  );
}
}
```

这可视为微件的状态实现，并设置了一个计数器显示屏幕上的单击次数。在当前示例中，onTap 属性设置了一个回调，并在屏幕单击后更新微件状态（递增_counter 值）。

🛈 **注意：**

读者可访问 GitHub 查看本章的源代码。

2. 双击操作

双击回调如下所示。

```
// part of doubletap_event_example.dart (full source code in the attached
files)

GestureDetector(
  onDoubleTap: () {
    setState(() {
      _counter++;
    });
  },
  child: ... // for brevity
);
```

其中，与单击操作唯一的差别在于 onDoubleTap 属性，每次在屏幕同一位置处快速执行双击操作后将调用该属性。

3. 按击操作

按击操作如下所示。

```dart
// part of press_and_hold_event_example.dart (full source code in the
attached files)

GestureDetector(
  onLongPress: () {
    setState(() {
      _counter++;
    });
  },
  child: ... // for brevity
);
```

这里，唯一的差别在于 onLongPress 属性，每次在屏幕上长时间的按击操作将调用该属性。

4. 拖曳、多向拖曳和缩放操作

拖曳、多向拖曳和缩放手势间具有一定的相似性，在 Flutter 中，需要确定各自的应用场合——它们无法在同一 GestureDetector 微件中使用。

拖曳手势分为垂直和水平手势，甚至对应的回调也在 Flutter 中被具体划分。

（1）水平拖曳

水平拖曳如下所示。

```dart
// part of drag_event_example.dart (full source code in the attached  files)

GestureDetector(
  onHorizontalDragStart: (DragStartDetails details) {
    setState(() {
      _move = Offset.zero;
      _dragging = true;
    });
  },
  onHorizontalDragUpdate: (DragUpdateDetails details) {
    setState(() {
      _move += details.delta;
    });
  },
```

```
onHorizontalDragEnd: (DragEndDetails details) {
  setState(() {
    _dragging = false;
    _dragCount++;
  });
},
child: ... // for brevity
)
```

与单击事件相比，当前工作量有所增加。在当前示例中，状态涵盖了 3 种属性，如
下所示。

- ❑ _dragging：用于更新用户拖曳时查看的文本内容。
- ❑ _dragCount：累计开始至结束过程中拖曳事件的总数量。
- ❑ _move：利用 Transform 微件的 translate 构造方法，累计应用于 Text 微件上的拖
  曳偏移量。

ⓘ 注意：
第 14 章将深入讨论 Transform 微件。

可以看到，拖曳回调接收与 DragStartDetails、DragUpdateDetails 和 DragEndDetails
事件相关的参数，其中包含了在拖动的每个阶段中可能有所帮助的相关值。

（2）垂直拖曳

垂直拖曳几乎等同于水平拖曳，具体差别在于回调属性，即 onVerticalDragStart、
onVerticalDragUpdate 和 onVerticalDragEnd。

ⓘ 注意：
垂直和水平回调的不同之处在于 DragUpdateDetails 类的 delta 属性值。水平回调仅
改变偏移量的水平分量；而对于垂直回调，情况则刚好相反。

（3）多向缩放

对于多向缩放，差别不仅在于 onPanStart、onPanUpdate 和 onPanEnd 回调属性，还
需要计算两个轴向上的偏移量。也就是说，DragUpdateDetails 中的两个 delta 值，因为当
前拖曳行为并无方向限制。

ⓘ 注意：
读者可访问 GitHub 查看 gestures/lib/example_widgets/pan_example_event.dart 文件的
源代码。

（4）缩放

缩放可视为多个指针点上的多向缩放，对应代码如下所示。

```
// part of scale_event_example.dart (full source code in the attached
files)

GestureDetector(
  onScaleStart: (ScaleStartDetails details) {
    setState(() {
      _scale = 1.0;
      _resizing = true;
    });
  },
  onScaleUpdate: (ScaleUpdateDetails details) {
    setState(() {
      _scale = details.scale;
    });
  },
  onScaleEnd: (ScaleEndDetails details) {
    setState(() {
      _resizing = false;
      _scaleCount++;
    });
  },
  vchild: ... // for brevity
)
```

对应代码与多向缩放类似，且状态中包含了 3 个属性，如下所示。

❑　_resizing：当采用缩放手势时，用于更新缩放过程中用户查看的文本内容。

❑　_scaleCount：累计从开始至结束期间缩放事件的总数量。

❑　_scale：存储 ScaleUpdateDetails 参数中的缩放值，并于随后通过 Transform 微件的 scale 构造方法应用于 Text 微件上。

可以看到，缩放回调与拖曳回调十分相似，其间也将接收与 ScaleStartDetails、ScaleUpdateDetails 和 ScaleEndDetails 事件相关的参数，其中包含了在拖动的每个阶段中可能有所帮助的相关值。

5.1.3　Material Design 微件中的手势

通过在代码内部使用 GestureDetector 微件，Material Design 和 iOS Cupertino 微件将

多种手势抽象为属性。例如，RaisedButton 除了单击事件之外还使用了 InkWell 微件，并在目标微件上实现飞溅效果。此外，RaisedButton 的 onPressed 属性公开了单击功能，进而可用于实现按钮的动作。考查下列示例代码：

```
// part of main.dart file (attached "input" directory example)
RaisedButton(
    onPressed: () {
        print("Running validation");
        // ... validate
    },
    child: Text("validate"),
)
```

Text 子微件显示于 RaisedButton 中，如前所述，其按击操作在 onPressed 方法中被处理。

5.2　输　入　微　件

管理手势是与用户交互的一个良好起点，但这显然还不够。

Flutter 提供了多个输入数据微件，并帮助开发人员从用户处获取不同种类的信息。第 4 章曾对此有所展示，其中包括 TextField 及不同种类的 Selector 和 Picker 微件。

尽管可以自己管理用户输入的所有数据（例如，在包含全部输入字段的根微件中），但具体过程可能十分麻烦，这将导致持有多个字段，进而增加代码的复杂度。将所有输入微件划分为多个较小部分可能会有所帮助，但并不能彻底解决问题。

Flutter 提供了两种微件，可帮助在代码中组织输入内容、执行验证操作并向用户提供及时的反馈信息，即 Form 和 FormField 微件。

5.2.1　FormField 和 TextField

FormField 可作为基类创建自己的表单字段，并用于集成 Form 微件，其功能如下所示。

❏　设置和检索当前输入值。
❏　验证当前输入值。
❏　提供验证结果中的反馈信息。

FormField 可以在没有表单微件的情况下工作，但这并不是典型的情况，仅在屏幕上只包含一个 FormField 时才会这样。

许多内建的 Flutter 输入微件均包含了一个对应的 FormField 微件实现。例如，TextField

包含了 TextFormField。TextFormField 微件有助于访问 TextField，并向其中加入了与 Form 相关的行为（如验证操作）。

TextField 可使用户借助于键盘输入文本信息。TextField 微件公开了 onChanged 方法，该方法可用于监听当前值的变化。另一种监听保护的方式是使用控制器。

1. 使用控制器

当从 Form 中隔离使用时，也就是说，仅通过 TextField 微件，需要使用其 controller 属性访问值，这可通过 TextEditingController 类予以实现。

```
final _controller = TextEditingController.fromValue(
  TextEditingValue(text: "Initial value"),
);
```

在实例化了 TextEditingController 后，可将其设置于 TextField 微件的 controller 属性中，以便控制文本微件，如下所示。

```
TextField(
  controller: _controller,
);
```

可以看到，这里针对 TextField 设置了初始值。

当 TextField 微件包含了新值后，即会通知 TextEditingController。当监听这一变化时，可向_controller 添加一个监听器，如下所示。

```
_controller.addListener(_textFieldEvent);
```

_textFieldEvent 需定义为一个函数，并在 TextField 每次发生变化时被调用。

ℹ **注意：**

读者可访问本章的源代码文件查看完整的示例。

2. 访问 FormField 状态

当使用 TextFormField 时，处理过程则较为简单：

```
final _key = GlobalKey<FormFieldState<String>>();
...
TextFormField(
  key: _key,
);
```

这里，可向 TextFormField 添加一个键，以便通过 key.currentState 值访问微件的当前状态，其中将包含字段更新后的值。

key 的特定类型是指与输入字段协同工作的数据类型，在上一个示例中是 String，因为它是一个 TextField 微件，因而 key 取决于使用的特定微件。

FormFieldState<String>类也提供了有用的方法和属性以处理 FormField，如下所示。

❑ validate()将调用微件的 validator 回调，进而检查其当前值并返回一条错误消息；若有效则返回 null。

❑ hasError 和 errorText 是使用之前函数验证得到的结果。在 Material Design 微件中，这将在字段附件添加少量文本信息，并向用户提供与错误相关的反馈信息。

❑ save()将调用微件的 onSaved 回调。当输入由用户完成时（并被保存），即会出现这一操作。

❑ reset()利用初始值（若存在）以及验证错误消息将字段置于其初始状态中。

5.2.2 Form 微件

FormFieldWidget 可以帮助我们单独访问和验证其信息。但是，为了解决字段过多这一问题，可使用 Form 微件。Form 微件基于逻辑方式对 FormFieldWidget 实例进行分组，进而可执行字段信息访问及验证等操作。

Form 微件可在所有的继承字段上方便地运行下列方法。

❑ save()：调用所有 FormField 实例的保存方法，这更像是全部字段的批量保存方法。

❑ validate()：调用所有 FormField 实例的验证方法，这将一次性呈现全部错误消息。

❑ reset()：调用所有 FormField 实例的重置方法，并将全部 Form 设置为其初始状态。

提供对当前表单状态关联对象的访问是非常有用的，据此，可初始化其验证、保存内容，或者在微件树的任意位置处对其进行重置（即按下按钮）。相应地，存在两种方式可访问 Form 微件的关联 State。

1．使用键

Form 微件与 FormState 类型的 key 结合使用，其中包含了一个辅助程序，可管理其 FormField 实例的所有子元素。

```
final _key = GlobalKey<FormFieldState<String>>();
...
Form(
  key: _key,
  child: Column(
    children: <Widget>[
      TextFormField(),
```

```
        TextFormField(),
    ],
  ),
);
```

随后，可使用对应的 key 检索 Form 关联的状态，并通过_key.currentState.validate() 调用其验证过程。接下来考查访问 Form 微件的关联 State 的第二种方式。

2. 使用 InheritedWidget

Form 中附带了一个有用的类，可避免向其添加键，同时仍保持原有的优点。

树形结构中的每个 Form 微件均包含了一个与其关联的 InheritedWidget，Form 以及其他微件均在静态方法 of()中公开了这一内容。其中，可传递 BuildContext 进而查找树形结构，以获取对应的目标 State。据此，如果希望在树形结构中访问 Form 微件，即可使用 Form.of()，从而获得与使用 key 属性时相同的功效。

```
// part of input/main.dart example (full source code attached)
// build() in InputFormInheritedStateExamplesWidget class

Form(
  child: Column(
    mainAxisSize: MainAxisSize.min,
    children: <Widget>[
      TextFormField(
        validator: (String value) {
          return value.isEmpty ? "cannot be empty" : null;
        },
      ),
      TextFormField(),
      Builder(
        builder: (BuildContext context) => RaisedButton(
            onPressed: () {
              print("Running validation");
              final valid = Form.of(context).validate();
              print("valid: $valid");
            },
            child: Text("validate"),
          ),
      )
    ],
  ),
);
...
```

此处应注意用于渲染 RaisedButton 的 Builder 微件。如前所述,继承微件可在树形结构中予以查看。考查下列在 Column 微件中直接使用 RaisedButton 的情形。

```
Column(
children: [
//    ... other childs, removed for brevity
    TextFormField(),
    RaisedButton(
      onPressed: () {
        print("Running validation");
        final valid = Form.of(context).validate(); // this would not work
                                                    // (wrong context)

        print("valid: $valid");
      },
      child: Text("validate"),
    )
  ],
...
```

当使用 Form.of(context)时,我们传递了当前微件上下文。在上述示例中,onPressed 回调中所用的上下文为 InputFormInheritedStateExamplesWidget 上下文。因此,树查找行为将不会搜索到 Form 微件。通过使用 Builder,可将其构造委托至某个回调,此时将使用正确的上下文(子元素)。当再次查找树时,将会成功地搜索到 FormState 实例。

5.3　验证输入(Form)

对于较少的值,处理多个 FormField 微件不会产生任何问题。然而,当数据量增加时,在屏幕上对其进行组织、正确地进行验证,以及及时向用户提供反馈信息将变得十分困难。对此,Flutter 提供了 Form 微件。

验证用户输入是 Form 微件的主要功能之一。为了保证一致的用户数据输入,首先需要对其进行检查,因为用户可能并不了解所允许的输入值。

如果某些输入值在通过 save()函数保存至表单之前需要进行修正,那么 Form 微件和 FormField 实例可帮助开发人员生成相应的错误消息。

在前述 Form 示例中,Form 字段值的验证过程如下所示。

(1)利用 FormField 创建 Form 微件。

(2)在每个 FormField validator 属性上定义验证逻辑,如下所示。

```
TextFormField(
  validator: (String value) {
    return value.isEmpty ? "The value cannot be empty" : null;
  },
)
```

（3）通过使用 key 或之前讨论的 Form.of()方法调用 FormState 上的 validate()，这将调用每个 FormField validate()子方法。若验证成功，则返回 true；否则，返回 false。

（4）validate()返回一个 bool 值，因而可操控其结果，并以此实现相应的逻辑内容。

5.4　自定义输入和 FormField

前述内容介绍了 Form 和 FormField 微件如何进行输入管理和验证。另外，我们还学习了 Flutter 自带的一系列输入微件（FormField 的各种变化版本），以及访问和验证数据的辅助函数。

Flutter 的可扩展性和灵活性在该框架中无处不在。因此，创建自定义字段在逻辑上是可行的。其中，我们可加入自己的方法，通过 validator 回调公开验证过程，并使用 save()和 reset()方法。

5.4.1　创建自定义输入

通过之前介绍的附加方法，在 Flutter 中创建自定义输入和创建常规的微件一样简单。一般情况下，可通过扩展 FormField<inputType>微件予以实现。其中，inputType 表示输入微件的值类型。

典型的处理过程如下所示。

（1）创建扩展了 Stateful 微件的自定义微件（跟踪值），并通过封装另一个输入微件，或自定义整个过程（如使用手势）接收用户输入。

（2）创建一个扩展了 FormField 的微件，该微件主要用于显示在前一步中创建的输入微件并公开其字段。

5.4.2　自定义输入微件示例

第 8 章将讨论如何向应用程序中添加授权。当前，我们将创建一个自定义微件。具体来说，身份验证基于电话号码的 Firebase auth 服务，其间，所提供的电话号码将接收一个 6 位的验证码，该验证码必须与服务器值匹配，以便成功地登录。目前，这是创建自定义输入微件所需的所有信息，如图 5.1 所示。

图 5.1

该微件是一个简单的 6 位输入微件，稍后将使其转换为 FormField 微件，并公开 save()、reset()和 validate()方法。

ⓘ 注意：

稍后，在登录页面中，将使用 Flutter 社区提供的 code_input 替换当前微件。读者可访问 https://pub.dartlang.org/packages/code_input 查看更多信息。

1．创建输入微件

下面首先创建一个常规的自定义微件，并于其中公开某些属性。注意，在实际的应用程序中，还可能会公开更多的属性。

```
class VerificationCodeInput extends StatefulWidget {
  final BorderSide borderSide;
  final onChanged;
  final controller;

  ... // other parts removed for brevity
}
```

这里，controller 是所公开的唯一重要属性，稍后将对此加以解释。接下来将检查关联的 State 类，如下所示。

```
class _VerificationCodeInputState extends State<VerificationCodeInput> {
  @override
  Widget build(BuildContext context) {
    return TextField(
      controller: widget.controller,
      inputFormatters: [
        WhitelistingTextInputFormatter(RegExp("[0-9]")),
        LengthLimitingTextInputFormatter(6),
      ],
      textAlign: TextAlign.center,
      decoration: InputDecoration(
        border: OutlineInputBorder(
          borderSide: widget.borderSide,
        ),
      ),
      keyboardType: TextInputType.number,
      onChanged: widget.onChanged,
    );
  }
}
```

可以看到，上述微件仅简单地表示为包含自定义内容的 TextField。

❑　WhitelistingTextInputFormatter 通过所允许的输入字符指定 RegExp 表达式。利用 keyboardType: TextInputType 设置键盘类型后，还可限制输入字符的数量。

❑　LengthLimitingTextInputFormatter 指定了最大输入字符数量。

❑　通过 OutlineInputBorder 类还可添加边框。

这里，需要注意 controller: widget.controller 这一段代码。其中，我们将 TextField 微件的控制器设置为自己的控制器，以便对其值加以控制。

2．将微件转换为 FormField 微件

在将微件转换为 FormField 微件时，首先创建一个扩展了 FormField 类的微件，该微

件是一个包含某些 Form 功能的 StatefulWidget。

接下来检查新微件所关联的 State 对象，并通过几部分内容进行讲解。

```
// initial part of _VerificationCodeFormFieldState
 final TextEditingController _controller = TextEditingController(text: "");

 @override
 void initState() {
   super.initState();
   _controller.addListener(_controllerChanged);
 }
```

上述代码检查微件是否包含一个 _controller 字段，该字段表示 FormField 所用的控制器且需位于 State 中，以防止布局发生变化。可以看到，_controller 在 initState()函数中被初始化。当微件对象首次被插入微件树中时将调用这一函数。另外，我们还向其添加了监听器，因此可了解对应值在_controllerChanged 监听器中何时发生变化。

微件的其余部分如下所示。

```
void _controllerChanged() {
  didChange(_controller.text);
}

@override
void reset() {
  super.reset();
  _controller.text = "";
}

@override
void dispose() {
  _controller?.removeListener(_controllerChanged);
  super.dispose();
}
```

为了实现正确的工作，还需重载其他一些方法，如下所示。

❑　相对于 initState()方法，还存在一个反向对等的 dispose()方法，该方法将停止监听控制器中的变化内容。

❑　需要对 reset()方法重载，因此可将_controller.text 设置为空并清空输入字段。

❑　_controllerChanged()监听器通过 didChange()方法通知超级 FormFieldState 状态，因而可通过 setState()更新其状态，并通知包含变化的 Form 微件。

下面查看 FormField 微件代码以了解其工作方式。

```
class VerificationCodeFormField extends FormField<String> {
  final TextEditingController controller;

  VerificationCodeFormField({
    Key key,
    FormFieldSetter<String> onSaved,
    this.controller,
    FormFieldValidator<String> validator,
  }) : super(
          key: key,
          validator: validator,
          builder: (FormFieldState<String> field) {
            _VerificationCodeFormFieldState state = field;
            return VerificationCodeInput(
              controller: state.controller,
            );
          },
        );

  @override
  FormFieldState<String> createState() =>
_VerificationCodeFormFieldState();
}
```

此处新增了构造方法。FormField 微件包含了需构建其关联输入微件的构造器回调，并传递对象的当前状态，因而可构造微件并保留当前信息。可以看到，我们以此传递在状态中构造的控制器，即使字段被重建，该控制器也会被保留。

上述内容介绍了微件的维护方式和 State 的同步方式，并与 Form 类实现了集成。

💡 提示：

读者可查看自定义 FormField 微件的完整源代码，该微件位于输入示例项目的 verification_code_input_widget.dart 微件中。

5.5　整　合　工　作

我们已经了解了如何使用手势事件和输入微件，并将用户交互添加至应用程序屏幕中。本节将利用这些功能进一步丰富应用程序。对此，需要回顾一下与屏幕相关的内容，并向其中添加手势和输入验证操作。

5.5.1　任务屏幕

应用程序的第一个屏幕列出了不同的任务及其状态，如图 5.2 所示。除了所列出的内容之外，用户还可执行下列动作。

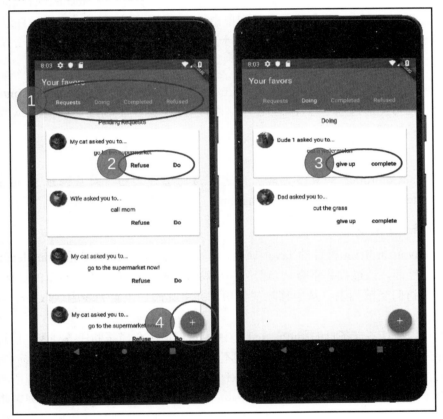

图 5.2

（1）对于所选的任务分类，DefaultTabController 微件已实现了该项任务（内部存在一个可处理滑动/滚动手势的 ListView 微件）。

（2）拒绝或执行请求任务。如果某位朋友请求了一项任务，用户可接受或拒绝该任务。因此，按钮上的单击操作可使任务状态转变为 Refused 或 Doing。

（3）此时，一项已接受的请求帮助处于等待完成中，这些按钮允许用户放弃或完成一项帮助任务。也就是说，按钮的单击操作使任务状态分别变为 Refused 和 Completed。

（4）最后是 Request a favor 按钮。单击该按钮后将打开第二个应用程序屏幕，并可向朋友请求一项帮助任务。

其间，我们将处理单击、滚动和滑动手势。这些手势均可通过 GestureDetector 直接实现。但此处使用了 Button 和 ListView 微件，因而情况稍有变化。注意，Flutter 的内建微件也由多个其他内建微件构成，因而我们将采用间接方式处理 GestureDetector。

在实际操作过程中，我们将亲自处理单击操作，其他手势则通过已有微件进行处理。例如，基于 ListView 的滚动操作，以及基于 TabBar 和 TabView 的滑动和单击操作。

1．任务选项卡上的单击手势

如前所述，当用户单击选项卡栏，或在视图上左右滑动时，DefaultTabController 微件将改变当前可见的选项卡微件。当使用该微件时，无须在 TabBar 和 TabView 继承元素中指定一个控制器。

🔵 提示：

关于 TabController 的更多内容，读者可访问官方文档，对应网址为 https://docs.flutter.io/flutter/material/TabController-class.html。

2．任务卡上的单击手势

根据 FavorCardItem 微件的 favor 属性，可通过修改其 accepted 和 completed 字段值操控状态。然而，该过程并不会从当前列表中移除条目，或将其添加至新的目标列表中。对此，需要访问当前列表、从中移除任务项，并将其添加至新列表中（取决于所按下的按钮）。

我们可以在任务卡条目的 onPressed 方法中直接使用全局帮助任务列表，但这意味着通过微件分发业务逻辑。在当前环境下，这不会产生任何问题，但问题将很容易被复杂化。

那么，应如何有效地处理这一行为？对此，可在 FavorsPage 微件中处理所有动作，其中包含了全部任务列表。但是，FavorsPage 是一个 StatelessWidget，任务列表将加载至其构造方法中，对于无状态微件，它们将在每次微件重新构建时被加载，因而将会丢失其中的变化内容。

（1）将 FavorsPage 转换为 StatefulWidget

应用程序交互的第一步是将 FavorsPage 转换为 StatefulWidget，如下所示。

```
class FavorsPage extends StatefulWidget {
  FavorsPage({
    Key key,
```

```
}) : super(key: key);

@override
State<StatefulWidget> createState() => FavorsPageState();
}
```

此处第一个变化是 FavorsPage 的祖先类，其唯一工作是返回 createState()方法中的
FavorsPageState 实例。

```
class FavorsPageState extends State<FavorsPage> {
  // using mock values from mock_favors dart file for now
  List<Favor> pendingAnswerFavors;
  List<Favor> acceptedFavors;
  List<Favor> completedFavors;
  List<Favor> refusedFavors;

  @override
  void initState() {
    super.initState();

    pendingAnswerFavors = List();
    acceptedFavors = List();
    completedFavors = List();
    refusedFavors = List();

    loadFavors();
  }

  void loadFavors() {
    pendingAnswerFavors.addAll(mockPendingFavors);
    acceptedFavors.addAll(mockDoingFavors);
    completedFavors.addAll(mockCompletedFavors);
    refusedFavors.addAll(mockRefusedFavors);
  }

  @override
  Widget build(BuildContext context) { ... } // hidden for brevety
}
```

当前，State 对象加载了重构过程中需持有的信息，该对象是所有任务动作的所处位
置。尽管缺少应有的优化行为，但至少可以此为中心展开工作。也就是说，我们需要某
种体系结构正确地实现这一任务，如 MVP、MVVM、BloC 和 Redux。出于简单考虑，

目前暂时使用这里所介绍的处理方法。

ⓘ 注意：

　　对于初步的应用程序体系结构及其替代方案，读者可参考官方状态管理文档，对应网址为 https://flutter.dev/docs/development/data-and-backend/statemgmt 和 https://medium.com/flutter-community/flutter-apparchitecture-101-vanilla-scoped-model-bloc-7eff7b2baf7e。

　　接下来开始处理尚未解决的请求动作，此类动作由 Refuse 或 Do 加以定义。对此，需要向 FavorCardItem 中已定义的 FlatButton 微件的 onPressed 属性中传递一个句柄。

　　在按钮的 onPressed 方法中，需要访问 FavorsPageState 以执行对应的动作。这可通过 BuildContext 类的 ancestorStateOfType()予以实现，并针对给定类型的 State 对象搜索树结构。

```
// part of FavorsPageState class
static FavorsPageState of(BuildContext context) {
  return context.ancestorStateOfType(TypeMatcher<FavorsPageState>());
}
```

　　提供该函数的常见模式是在给定类型上添加一个静态方法 of()，进而调用框架函数。这是一种以更少的代码访问状态的快捷方式。

　　（2）拒绝动作的处理机制

　　在前述功能的基础上，Refuse 按钮的处理方式如下所示。

```
// part of hands_on_input/lib/main.dart FavorCardItem class
// _itemFooter method
  FlatButton(
    child: Text("Refuse"),
    onPressed: () {
      FavorsPageState.of(context).refuseToDo(favor);
      // we have changed _itemFooter to get the context so we
      // can it to fetch the favors page state
    },
  )
```

　　通过调用 FavorsPageState.of(context)，可访问与当前上下文关联的 FavorsPageState 类型的当前状态。

　　当应用变化内容时，可调用 FavorsPageState 类的 refuseToDo(favor)方法，如下所示。

```
void refuseToDo(Favor favor) {
  setState(() {
    pendingAnswerFavors.remove(favor);
```

```
    refusedFavors.add(favor.copyWith(
      accepted: false
    ));
  });
}
```

读者可能已注意到，setState()方法用于通知框架重新构建所关注的微件。在回调内部，我们从尚未解决的任务列表中移除了 favor，并向任务拒绝列表中添加了其修正版本，相应地，生成原始 favor 副本并修改其 accepted 属性即可获得 favor 的修正版本。Favor 类中的 copyWith()方法如下所示。

```
Favor copyWith({
    String uuid,
    String description,
    DateTime dueDate,
    bool accepted,
    DateTime completed,
    Friend friend,
}) {
    return Favor(
      uuid: uuid ?? this.uuid,
      description: description ?? this.description,
      dueDate: dueDate ?? this.dueDate,
      accepted: accepted ?? this.accepted,
      completed: completed ?? this.completed,
      friend: friend ?? this.friend,
    );
  }
```

需要注意的是，该方法使用了 "??" 运算符（即空值敏感运算符）创建包含原始值（如果已设置）的 Favor 新实例，或者作为参数接收实例。

💡 提示：

copyWith()方法在 Flutter 中十分常见，读者应对此予以熟悉。该方法出现于许多 Flutter 框架的微件和类中。虽然这一方法的使用并非强制性的，但确是一种较好的模式。

（3）执行动作的处理机制

在前述各项技术的基础上，Do 按钮的实现过程如下所示。

```
FlatButton(
  child: Text("Do"),
```

```
onPressed: () {
  FavorsPageState.of(context).acceptToDo(favor);
},
)
```

其中，对应的 acceptToDo(favor)方法的实现过程如下所示。

```
void acceptToDo(Favor favor) {
  setState(() {
    pendingAnswerFavors.remove(favor);

    acceptedFavors.add(favor.copyWith(accepted: true));
  });
}
```

可以看到，该方法几乎等同于 refuseToDo()方法，唯一不同之处在于目标列表和所接收的状态。

❶ 注意：

Give up 和 Complete 动作的实现过程也类似，读者可查看本书附带的源代码以了解详细内容。

3．请求任务按钮的单击操作

当用户单击位于页面下方且包含 "＋" 号的浮动按钮时，将可在屏幕上看到 RequestFavorPage 微件。

```
Navigator.of(context).push(
  MaterialPageRoute(
    builder: (context) => RequestFavorPage(
      friends: mockFriends,
    ),
  ),
);
```

对此，可使用 Navigator 微件，这将在屏幕上显示一个新的微件。当前，手势的处理方式与其他按钮相似。关于该微件的更多信息，读者可参考第 7 章。

5.5.2　任务请求屏幕

Requesting a favor 屏幕如图 5.3 所示，其中包含了多个需处理的手势。

图 5.3

具体处理过程的工作方式如下所示。

（1）关闭按钮已通过 CloseButton 微件和 Navigator 微件（于内部进行处理）加以处理。

（2）SAVE 按钮将验证用户的输入信息，并向某位朋友发送帮助任务请求。

1. 关闭按钮

CloseButton 微件与 Navigator 集成，并从中弹出最近压入的微件以返回前一个微件。此处无须在 Navigator 上实现某种手势。通过 Navigator 可压入屏幕上的微件，我们可使用关闭按钮对其进行移除。

2. SAVE 按钮

SAVE 按钮负责验证和保存新的任务请求。当介绍 Firebase 集成时，将对保存机制加以详细讨论。

　　由于需要加载信息，并操控包含多个动作的新任务请求，因而 RequestFavorPage 也需要转换为 StatefulWidget。其中，我们将把具体任务存储至 Firebase 中。

🛈 **注意：**

　　据此，我们再次将所有与帮助任务相关的动作中心化，这种情况在应用程序中并不常见。在实际应用程序操作过程中，诸如 MVP、MVVM 或 BlocC 这一类应用程序体系结构才是最终的解决方案。

　　在保存过程中，需向布局中添加 Form 微件，进而一次性地验证全部字段。对此，可利用 Form 微件简单地封装表单字段微件。此外，还需利用 GlobalKey 实例（下列代码中 State 对象的_formKey 设置 Form 的 key 属性，以供后续 save()方法使用。

```
class RequestFavorPageState extends State<RequestFavorPage> {
  final _formKey = GlobalKey<FormState>();

  @override
  Widget build(BuildContext context) {
    // returns the widget subtree wrapped in a Form. hidden for brevety.
  }
}
```

类似地，save()方法如下所示。

```
FlatButton(
  child: Text("SAVE"),
  textColor: Colors.white,
  onPressed: () {
    RequestFavorPageState.of(context).save();  // we could call save()
                                               // method directly as we
                                               // are in the same class.
                                               // Intentionally left for
                                               // exemplification.
  },
)
```

该方法将针对对应状态查找树结构并请求保存。此外，save()方法还执行了下列复杂工作：

```
void save() {
  if (_formKey.currentState.validate()) {
    // store the favor request on firebase
```

```
      Navigator.pop(context);
  }
}
```

目前，该方法并未涉及太多内容，仅针对包含全部表单字段的对应表单调用验证操作。

ℹ **注意：**
读者可参考本章附加源代码以查看表单字段的验证代码。

5.6　本 章 小 结

本章讨论了 Flutter 框架中手势处理的工作方式，以及处理手势问题的各种方法，包括单击、双击、多向拖曳和缩放等。我们学习了一些使用 GestureDetector 处理手势问题的微件。此外，本章还介绍了如何使用 Form 和 FormField 微件正确地处理用户数据输入。

最后，本章探讨了项目中的任务动作事件处理机制，以使应用程序更具交互性。

第 6 章将学习如何向微件添加色彩、使用主题，以及 Material Design 和 Cupertino 微件的具体应用，以使应用程序更具吸引力。

第 6 章　主题和样式

利用内建主题和样式创建 UI 可使应用程序更具专业性，同时兼具易用性。除此之外，框架还支持自定义和独特的主题和样式。对此，我们将通过添加自定义字体、使用主题、查看平台标准、了解 iOS Cupertino 和 Google Material Design 学习如何自定义应用程序的外观。另外，本章还将讨论如何使用媒体查询实现动态样式。

每个应用程序都具有各自的特点。例如，第 5 章讨论的 Favors 应用程序需要包含自己的色彩和样式。因此，了解如何使用样式、颜色和自定义字体则是在任何应用程序中实现这一点的基础内容。

本章主要涉及以下主题：

❑　主题微件。

❑　Material Design 准则。

❑　iOS Cupertino。

❑　使用自定义字体。

❑　基于 LayoutBuilder 和 MediaQuery 的动态样式。

6.1　主 题 微 件

应用程序的开发不仅涉及较好的特性，同时还包含应用程序提供的用户体验。

Flutter 微件的组合功能将有助于实现这一部分内容的开发。通过定义每种微件类型的单一职责，可选择定义应用于单个微件、子树中的所有微件或者整个应用程序的主题和样式。

通过使用 Theme 微件，我们可以为文本、错误消息、高亮显示和自定义字体定制应用程序的整体观感。Flutter 在自身的微件中也是用了该微件。MaterialApp 即是框架内部微件构成方式的一个较好的例子：它在内部使用 Theme 微件定制了基于 Material Design 微件的外观，如 AppBar 和 Button。接下来讨论如何使用 Theme 微件，并向其他 Flutter 微件应用不同的样式。

6.1.1　Theme 微件

在 Flutter 中，一切均是微件，我们可利用每个微件的 child 和 children 属性，并通过添加微件的方式构造用户界面。同样，Theme 也定义了相关属性且包含相应的子元素。

　　Theme 微件还可与 InheritedWidget 技术协同工作。因此，每个继承微件均可通过 Theme.of (context)对其进行访问，这将在内部调用 BuildContext 类的 inheritFromWidgetOfExactType 辅助方法。这体现了 Material Design 微件如何使用 Theme 微件设计自己的样式，如图 6.1 所示。

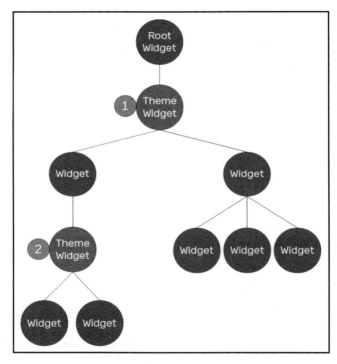

图 6.1

　　因此，主题数据可用于继承的微件中，并可实现微件树的局部重载。在图 6.1 所示的关系中，标有数字 2 的主题可重载定义于树结构开始处的、标有数字 1 的主题。与树结构的其余部分相比，标有数字 2 的子树将具有不同的主题。

　　另外，上述树形结构还可针对某些微件生成全新的主题；或者继承某个基类主题，进而调整某些属性以对子树产生影响。

ℹ 注意：

　　当利用 iOS Cupertino 实现微件的样式化时，存在与 Theme 和 ThemeData 对等的 CupertinoTheme 和 CupertinoThemeData，它们出现在 Material Design 微件套件中。

ThemeData 类有助于 Theme 微件实现样式化任务，下面将对此加以讨论。

1．ThemeData

Theme 微件包含了一个 data 属性，并接收 ThemeData 值，其中加载了所有与样式、主题亮度、颜色和字体等相关的信息。

🛈 注意：

在本书编写时，iOS Cupertino 准则的替代方案仍在开发过程中，且尚未出现于 Flutter 的稳定通道（channel）中，而本书代码则采用了稳定通道。

通过使用 ThemeData 类属性，即可定义所有与应用程序相关的样式，包括颜色、字体和特定的组件。此外，还可选择遵循谷歌的 Material Design 准则，并将应用程序设计定位于移动、Web 和桌面设备；或者也可选择面向 Apple 平台的 iOS Cupertino 准则。

根据目标平台和开发需要，Material Design 和 iOS Cupertino 这两种设计准则均包含自身的特殊性。尽管如此，Flutter 包含了针对两种准则而设计的 Theme 微件，因而用户可严格遵守这两种准则，或者也可采用独特的方式进行设计。

🛈 注意：

后续各小节将深入讨论 Material Design 和 iOS Cupertino 准则。

颜色是微件主题中的重要话题之一。例如，对于背景上的文本对比，或者是强调 UI 中的某些细节内容时，都需要正确地使用色彩。另外，亮度也是 ThemeData 类的关键属性之一，并有助于对色彩进行操控。

2．亮度

主题中的一个重要属性是 brightness，定义该属性的重要程度等同于定义主题颜色。顾名思义，该属性将显示应用程序主题的亮度。根据该属性，框架可确定文本、按钮和高亮颜色，以使背景和前景内容之间具有足够的对比性。

下列内容引自 ThemeData 类文档（https://api.flutter.dev/flutter/material/ThemeData-class.html）：

"应用程序主题的整体亮度。当不采用原色或强调色时，可使用微件确定颜色。"

这将有助于实现文本、按钮和材质背景（利用 Material Design 微件）间的对比性。其中，ThemeData 类包含了一个 fallback()构造方法，并通过 Brightness.light 值返回一个明亮的主题。此外，还可尝试使用 dark()和 light()构造方法。

当选择使用原色和强调色时，可尝试选择对应的 primaryColorBrightness 和

accentColorBrightness。Flutter 根据某些颜色的亮度计算结果估算当前亮度，但较好的方法是不断进行各种尝试和检测工作。

 注意：

　　除此之外，还存在一些与样式直接相关的 ThemeData 属性，限于篇幅，此处并不打算对其进行详细的介绍。读者可访问 https://docs.flutter.io/flutter/material/ThemeData-class.html 以查看 ThemeData 类中的全部属性。

6.1.2　主题的应用

　　Flutter 中的样式微件可通过多种方式实现，一切与样式相关的事物均基于 Theme 微件。本节将讨论该微件的工作方式。考查下列示例代码：

```
class MyAppDefaultTheme extends StatelessWidget {
  @override
  Widget build(BuildContext context) {
    return Container(
      color: Colors.red,
      child: Center(
        child: Text(
          "Simple Text",
          textDirection: TextDirection.ltr,
        ),
      ),
    );
  }
}
```

　　可以看到，此处仅使用了 Container 微件作为根微件，且不包含 Theme 微件。因此，可假定不存在应用于继承微件上的任何样式。另外，这里还新增了 textDirection 属性。当在布局中使用 MaterialApp 微件时，它将隐式地提供默认的 textDirection 值。稍后将对此进行详细的解释。

　　例如，可使用 Theme 微件调整 Text 微件的样式。ThemeData 类设置了 textTheme 属性，进而包含了遵循 Material Design 准则的 Text 样式配置。

```
Text(
  "Simple Text",
  textDirection: TextDirection.ltr,
  style: Theme.of(context).textTheme.display1,
),
```

Text 微件的 style 属性接收一个源于 Theme 微件的 TextStyle 值。回忆一下，当前并未在应用程序树结构中指定一个 Theme 微件。上述示例可正常工作的原因在于，Theme.of() 方法返回一个 ThemeData 微件回调（当未经定义时）。如果执行相关代码，将会看到 Text 微件将采用较大的字体（相比于默认状态）进行显示，其原因在于，我们使用了 Material Design 中的 display1 样式。

除此之外，还可自定义样式，如下所示。

```
class MyAppCustomTheme extends StatelessWidget {
  @override
  Widget build(BuildContext context) {
    return Container(
      color: Colors.blue,
      child: Center(
        child: Theme(
          data: Theme.of(context).copyWith(
            textTheme: Theme.of(context).textTheme.copyWith(
                display1: TextStyle(
                  color: Colors.yellow,
                ),
              ),
            ),
          child: Text(
            "Simple Text",
            textDirection: TextDirection.ltr,
            style: Theme.of(context).textTheme.display1,
          ),
        ),
      ),
    );
  }
}
```

在该示例中，在 Text 微件之前添加了一个 Theme 微件，并利用其 copyWith()方法进行定制。

❑　生成当前应用程序默认 Theme 微件的副本，并调整其 textTheme 属性。虽然 copyWith()函数并非强制性的，但该函数在 Flutter 应用程序开发过程中经常出现，因而读者应对其有所了解。

❑　如前所述，此处将生成基主题中 textTheme 的副本，并将其 display1 属性调整为新的 Text 样式对象。

这里，我们期望看到黄颜色的文本内容，但结果并非如此，其原因在于，我们使用了根级别的 context 参数，正如第一个示例中看到的那样，这将查找树，但并不会搜索到返回回退的 Theme 实例。对此，可使用 Builder 微件，这将委托 Text 微件的构造过程。

```
Builder(
  builder: (context) => Text(
      "Simple Text",
      textDirection: TextDirection.ltr,
      style: Theme.of(context).textTheme.display1,
    ),
)
```

其中，Builder 将构造行为委托至更低的树级别，并向较低的级别传递其 context 实例，这在查找树结构时将会搜索到正确的 Theme 实例。因此，当运行上述代码时，Theme 微件将通过正确的 display1 样式予以显示。对应结果基本等同于默认文本样式，但颜色将有所变化（当前为黄色）。

ℹ️ 注意：

上述各项示例位于不同的应用程序类中。读者可查看 GitHub 上的 themes/lib/main.dart 源代码。其间，读者可尝试注释掉 runApp 函数以进行测试。

由于主题与应用程序样式紧密相关，因而需要关注应用程序执行的底层平台。接下来考查 Platform 的工作方式。

6.1.3　Platform 类

当针对多个平台开发应用程序时，可能需要针对不同的目标生成不同的设计方案。对此，可使用 Platform 类。该类通过其 getter 获取与环境（主要是目标操作系统）相关的信息，如下所示。

- ❑ isAndroid。
- ❑ isFuchsia。
- ❑ isIOS。
- ❑ isLinux。
- ❑ isMacOS。
- ❑ isWindows。

通过上述 getter，可生成完整的微件树，并针对各种平台包含了特定的实现。相关示例如下所示。

```
// part of theme/lib/main.dart example

class PlatformSpecificWidgets extends StatelessWidget {
  @override
  Widget build(BuildContext context) {
    return Platform.isAndroid
        ? MaterialApp(
            theme: ThemeData(primaryColor: Colors.grey),
          )
        : CupertinoApp(
            theme: CupertinoThemeData(primaryColor:
            CupertinoColors.lightBackgroundGray),
          );
  }
}
```

可以看到，基于目标平台，我们可将应用程序微件（以及主题）切换至 MaterialApp 和 ThemeData（针对 Android），或者面向其他目标平台的 CupertinoApp 和 CupertinoThemeData。

💡 提示：

读者可访问 https://docs.flutter.io/flutter/dart-io/Platform-class.html 查看与 Platform 类相关的更多信息。

前述内容讨论了如何使用 Theme 微件和辅助类，如 ThemeData 和 Platform 类，从而将样式应用于微件上。Material Design 和 iOS Cupertino 准则常出现于许多 Flutter 微件的基础内容中，接下来将介绍其基本原理，以便更好地遵循这些规范。

6.2　Material Design 准则

Material Design 定义为谷歌设计准则，可帮助开发人员构建高质量的数字体验。目前，Flutter 仍伴随着平台处于发展中，同时纳入了新微件，这些微件都遵循 Material Design 组件规范。

对于 Flutter 平台来说，Material Design 样式的重要性不言而喻。关于 Material Design 准则，读者可访问 https://material.io/develop/flutter/以了解更多信息。

MaterialApp 和 Scaffold 是 Flutter 中的 Material Design 微件，它们都可以方便地帮助开发人员设计遵循 Material Design 准则的应用程序。

提示：

读者可访问 https://material.io查看与 Material Design 相关的详细内容。

在 Flutter 应用程序中，使用 Material Design 准则的第一个基本微件是 MaterialApp。

6.2.1　MaterialApp 微件

Theme 微件并不是应用程序主体化的唯一方式。相应地，MaterialApp 也可通过其 theme 属性接收 ThemeData 值。当与 theme 结合使用时，MaterialApp 针对本地化和屏幕间的导航添加了 helper 属性。第 7 章将对此加以讨论。

添加 MaterialApp 微件并作为应用程序的根微件，即表明将遵循 Material Design，这也是使用该微件的目的。

鉴于需要遵循 Material Design 准则，因而框架相对于默认主题稍有不同。在下列代码中，并未针对文本指定某种样式。

```
class MaterialAppDefaultTheme extends StatelessWidget {
  @override
  Widget build(BuildContext context) {
    return MaterialApp(
      home: Container(
        color: Colors.white,
        child: Center(
          child: Text(
            "Simple Text",
            // textDirection: TextDirection.ltr, don't need
            // now thanks to materialapp
          ),
        ),
      ),
    );
  }
}
```

通过添加 MaterialApp 微件作为根微件，上述代码旨在遵循 Material Design 准则，这将生成一个基于 DefaultTextStyle 样式的回退，并提醒开发人员未在 Text 微件中采纳 Material Design。上述代码的对应结果如图 6.2 所示。

换而言之，我们需要将 Text 微件封装在基于 Material Design 的微件中，以正确地使用准则中建议的排版样式。Material 微件可视为一个简单的示例，其中包含了 DefaultTextStyle 属性和其他典型的 Material Design 属性，如源自准则中的阴影效果 elevation。

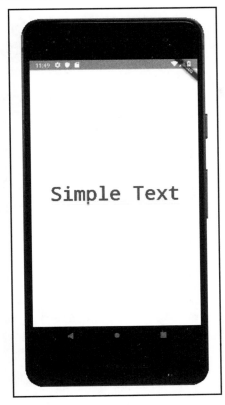

图 6.2

需要注意的是，此处并未提供 Text 微件的 textDirection 属性，MaterialApp 的功能之一是支持应用程序的国际化，而 textDirection 则是基于区域 Locale 的。

注意:

第 13 章将考查如何与本地化协同工作。

6.2.2　Scaffold 微件

第 4 章曾讨论到，Scaffold 微件中的某些属性有助于构造包含 Material Design 外观的布局，其功能与 MaterialApp 微件同样重要。通过简单地向其属性中添加对应的微件，可帮助开发人员遵循相应的 Material Design 准则。图 6.3 显示了基于 Material Design 的主屏幕。

图 6.3

此处使用了一些 Material Design 组件和 Scaffold 微件，如下所示。

❑ 显示于应用程序上方的应用程序栏包含一个标题和用户上下文动作，如过滤或设置。在当前示例中，通过 Scaffold 的 appbar 属性，可显示一个包含标题和 TabBar（显示选项卡）的 AppBar 微件。

❑ 浮动动作按钮则是较为著名的 Material Design 组件，一般是一个显示于屏幕右下角的浮动圆形按钮。在当前示例中，该按钮包含了应用程序的主要动作，即请求一项帮助任务（Request a favor），并遵循 Material Design 准则。

6.2.3　自定义主题

截至目前，Favors 应用程序尚未使用 Theme 或 ThemeData 的任何属性，本节将实现应用程序样式的自定义，以使其更具吸引力。图 6.4 显示了样式重构后的外观。

图 6.4

下面首先生成定制 lightTheme 的定义。相应地，存在多种方式可处理应用程序的色彩问题，例如，可针对 ThemeData 类（其中包含了各种 Material Design 微件的属性，如卡片或按钮）中的每种颜色属性设置自定义颜色。重要的一点是，我们需要对颜色属性和准则进行各种尝试。

ℹ️ **注意：**

通常，可通过封装至另一个 Theme 微件中来覆写微件树中的应用程序 Theme 定义（例如，使用不同的卡片颜色）。

下列代码定义了 ThemeData：

```
final lightTheme = ThemeData(
  primarySwatch: Colors.lightGreen,
  primaryColor: Colors.lightGreen.shade600,// not necessary when
                                           // primarySwatch is defined
                                           // as above
  accentColor: Colors.orangeAccent.shade400,
  primaryColorBrightness: Brightness.dark,
  cardColor: Colors.lightGreen.shade100,
);
```

此处定义了新的 ThemeData 微件，且默认状态下呈现较为明亮的效果，同时还修改了其 primarySwatch 属性。另外，我们还使用了基于 Material 调色板的颜色，并可从中继承某些颜色和整体方案。虽然默认主题呈现为亮色（浅色背景、深色文本），但我们将 primaryColorBrightness 设置为 Brightness.dark，以便背景上方的文本在默认状态下为白色。

另外一点需要注意的是，此处在新的 Dart 文件中定义了当前主题，以便对代码进行有效的组织，因此需要对其进行导入以供应用程序使用。

```
return MaterialApp(
  theme: lightTheme,
  home: FavorsPage(),
);
```

随后，应用程序将通过 theme 属性使用导入后的 lightTheme。

🔵 提示：

对于应用程序的色彩方案定义，可使用源自 Material Design 网站的颜色工具。对此，读者可访问 https://material.io/tools/color/以了解更多信息。另外，如果开发过程中使用了 macOS，则可通过 Material Theme Editor 生成自己的主题，该工具的对应网址为 https://material.io/tools/theme-editor/。

应用程序外观的调整并不仅限于颜色，还可修改文本样式，并使用 Material Design 样式。如前所述，这可通过 Text 微件的 style 属性予以实现。因此，变化后对应的任务卡将会强调文本中的某些内容。

例如，在列表头中，可添加某种样式以增加其尺寸，如下所示。

```
final titleStyle = Theme.of(context).textTheme.title;
```

此处得到了应用程序主题中的 titleStyle 样式，并将其直接应用于 Text 微件中。

```
Text(
  title,
  style: titleStyle,
)
```

对 Text 微件来说同样如此。在 Favors 应用程序示例中可以看到，通过 Theme 微件和辅助类，可方便地修改微件样式。读者可在 GitHub 上查看本章的源代码，并尝试使用各种不同的数值。

前述内容介绍了 Material Design 的基础知识，接下来将考查 iOS Cupertino。

6.3　iOS Cupertino

在 Flutter 中，保持应用程序外观的本地化是十分重要的。考虑到这一点，为了达到与 Material Design 相同的覆盖水平，人们针对框架的 Cupertino 付出了大量的努力。在本书编写时，许多 Cupertino 微件已添加至 Flutter 框架中。

也就是说，微件的行为应忠实于本地应用程序，因此这并非一项简单的任务。对此，通过使用组件并反馈信息，社区在这一项任务中扮演了重要的角色。

类似于 Material Design 微件，CupertinoApp、CupertinoPageScaffold 和 CupertinoTabScaffold 是 Flutter 中主要的 Cupertino 微件。

💧 提示：

本节并不打算详细讨论 CupertinoPageScaffold 和 CupertinoTabScaffold 微件，读者可访问 https://flutter.io/docs/development/ui/widgets/cupertino 查看全部 Cupertino 微件。

MaterialApp 的 iOS Cupertino 替代方案是 CupertinoApp 微件，接下来将查看其核心属性，并与 MaterialApp 微件进行比较。

6.3.1　CupertinoApp

CupertinoApp 在 Cupertino 中的表现和 MaterialApp 在 Material Design 中的表现一样，并面向开发人员提供了显著的功能特性和便捷性。例如，默认状态下，CupertinoApp 令应用程序可使用 iOS 中常见的滚动条，以及不同于 Android 的定制字体等。

当与 theme 结合使用时，CupertinoApp 针对本地化添加了辅助属性，并可在页面间进行切换。第 7 章将对此加以讨论。

CupertinoApp 和 MaterialApp 的工作方式是一样的。我们可以选择是否使用 CupertinoApp，就像我们在 Material Design 中所做的那样，且仍然可以使用 CupertinoTheme 和 CupertinoThemeData 微件。在实际操作过程中，唯一的变化在于可用的属性。

ℹ️ 注意：

考虑到问题的相似性，这里并不打算对 CupertinoApp 进行过多的介绍。读者可尝试实现不同的主题，并查看 cupertino_theme 文件夹中的相关示例及其应用方式。

某些时候，还可在代码中混合使用 Material Design 和 Cupertino（尽管这并非一种推荐方法），并针对 Material Design 和 Cupertino 定义两个应用程序类；甚至还可定义通用应用程序类，并根据具体平台（Platform 类）调整微件布局。

　　下面在 Favors 尝试使用某些 iOS Cupertino 微件。

6.3.2　Cupertino 应用

　　Favors 应用程序的设计初衷是使用 Material Design 组件，但通过 Cupertino 微件，还可实现具有 iOS 风格的应用程序。这可通过 Platform 类和构建过程中的条件组合加以实现。

　　例如，针对第一个帮助任务屏幕，图 6.5 显示了 Cupertino 替代方案。

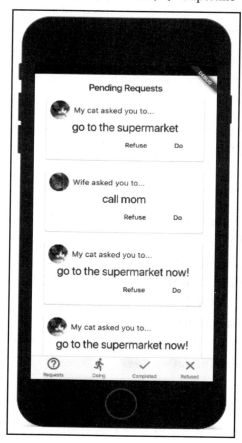

图 6.5

　　在 iOS Cupertino 版本中，屏幕底部包含了一个导航栏。当然，这并非必需内容，仅是为了展示基于目标平台的自定义布局。Flutter 提供了此类工具，我们应善于对此加以利用。

ℹ️ **注意：**

读者可查看 GitHub 上的 hands_on_cupertino_theme 示例源代码，并考查 Cupertino 微件应用过程中出现的全部条件和变化内容；而主题部分则与 Material Design 之间具有较大的相似性，因而可予以忽略。

对此，需要检查目标平台，并以此构建不同的微件。实际过程可能较为复杂，因此，一类替代方案是针对每种平台开发独立的微件类，从而避免将全部代码混合在一起，这将有助于实现良好的代码组织结构。

当前示例仅创建了第一个屏幕，以展示如何根据平台设置树形结构。Favors 应用程序在两个平台上均包含相同的样式。接下来考查如何使用自定义字体，以突出显示应用程序的特点。

6.4 使用自定义字体

Material Design 和 Cupertino 针对应用程序设计提供了较好的字体。但在某些时候，还可调整默认字体，以凸显相应的品牌或产品效应。

由于字体一般在 Theme 微件中加以指定，因而可将其添加至应用程序的根主题中，以供应用程序整体使用。此外，也可针对每个微件设置字体。在 Flutter 应用程序中使用自定义字体时，首先需要将字体文件导入项目中。

6.4.1 将字体导入 Flutter 项目中

本节将直接在 Favors 应用程序的基础上展示相关示例，并在导入自定义字体后将其作为默认字体以供应用程序整体使用。

对此，可将字体文件置于项目的子目录中，并于随后在 pubspec.yaml 文件中声明此类字体。在当前示例中，我们将采用 Google Fonts 网站中的 Ubuntu 字体。

💡 **提示：**

读者可访问 https://fonts.google.com/查看不同的字体。

第一步是向项目目录中添加微件，较为常见的做法是将字体文件置于 Flutter 项目的 fonts/或 assets/子目录中，此处采用了 fonts/目录，如图 6.6 所示。

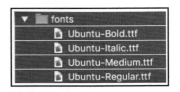

图 6.6

随后需要在 pubspec.yaml 文件中声明字体资源数据，以使框架了解文本样式化期间字体所处的位置。

```
// pubspec.yaml file - the full source code can be found in hands_on_fonts
example folder
// .. hidden for brevity
flutter:
  uses-material-design: true
  fonts:
    - family: Ubuntu
      fonts:
        - asset: fonts/Ubuntu-Regular.ttf
        - asset: fonts/Ubuntu-Italic.ttf
          style: italic
        - asset: fonts/Ubuntu-Medium.ttf
          weight: 500
        - asset: fonts/Ubuntu-Bold.ttf
          weight: 700
```

可以看到，我们在多处定义了字体。

❑ family 字段命名了框架上下文中的字体，且无须与字体的文件名匹配，进而可在代码中对其加以引用，因而应确保应用的一致性原则。

❑ fonts 字段之后是导入字体的 asset 字段列表。全部指定的资源均包含至应用程序数据资源包中。对此，需要通过对应于样式的详细信息指定每个 asset，如下所示。

➢ weight：用于确定资源数据中字体的权重，并对应于布局期间所用的 FontWeight 枚举值，因而应正确地对其加以指定。

➢ style：用于确定数据资源文件是否对应于普通字形或斜体字形，这一类值对应于 FontStyle 枚举值。

ℹ️ 注意：

关于如何正确地指定 weight 和 style 属性，以及每种类型的典型值，读者可访问 https://api.flutter.dev/flutter/dart-ui/FontWeight-class.html 和 https://api.flutter.dev/flutter/dart-ui/FontStyleclass.html 以了解更多信息。

在向项目中导入字体后，接下来将针对 Text 微件使用相关字体。

6.4.2　在应用程序中重载默认的字体

可在 MaterialApp 和 CupertinoApp 的根主题中实现重载默认字体的操作；或者也可通过其 style 属性直接向 Text 微件中添加字体，如下所示。

```
final lightTheme = ThemeData(
    fontFamily: "Ubuntu",
    primarySwatch: Colors.lightGreen,
    primaryColor: Colors.lightGreen.shade600,
    accentColor: Colors.orangeAccent.shade400,
    primaryColorBrightness: Brightness.dark,
    cardColor: Colors.lightGreen.shade100,
);
```

默认状态下，应用程序在所有包含文本的微件中使用了 Ubuntu 字体系列。根据个人喜好，通过 Theme 微件，或者直接修改 Text 微件的 style 属性，还可在应用程序的局部区域内对字体进行修改。

ℹ️ 注意：

如果尝试使用未在 pubspec.yaml 文件中声明的自定义字体的粗体字权重，则框架将使用更通用的字体文件，并尝试针对请求的权重和样式推断字形。

可以看到，通过简单地导入期望的字体，并在项目中对其进行声明，即可针对应用程序整体使用自定义字体。在主题和样式中，另一个重点是针对不同的设备使用布局，对此，可采用 LayoutBuilder 和 MediaQuery，下面将对此予以介绍。

6.5　基于 LayoutBuilder 和 MediaQuery 的动态样式

调整布局以适应平台可使我们迎合更多的用户。但另一件需要意识到的事情则是大量的不同设备，这也给开发人员带来了挑战。

支持多种屏幕尺寸一直是开发人员所面临的挑战，因而需要某种机制并以最佳方式与其相适应。Flutter 再次为我们提供了所需的工具以了解应用程序运行的生态系统，从而采取相应的行动。

针对于此，Flutter 定义了 LayoutBuilder 和 MediaQuery 这两个主要的类。

6.5.1　LayoutBuilder

LayoutBuilder 提供了 LayoutWidgetBuilder 类型的 builder 属性。尽管与 Builder 微件
有些相似，但 LayoutWidgetBuilder 附带了与 BoxConstraints 值中父微件大小相关的附加
信息。

根据这一信息，可根据可用空间调整构造方法。因此，在不同的设备中，树结构中
的根微件包含了不同的可用空间量，同时可限制其子微件的大小。通过使用该微件，可
选择是否显示布局中的某些部分。

该微件取决于父微件的大小，因此每次尺寸发生变化时将被重新构建。这将以不同
的方式出现于移动设备上。其中，最简单的示例是应用程序的方向发生变化时，如用户
旋转设备。

下面考查如何响应屏幕尺寸的变化。在该示例中，我们将根据可用空间调整两种微
件的显示方式。因此，当空间不足时，当前微件将显示于另一个微件上（可使用
LayoutBuilder 微件生成的 BoxContraints 实例对此进行评估）；或者，当存在较多的空间
时，微件将以并排方式排列（如横向模式）。

```
class MyApp extends StatelessWidget {
  @override
  Widget build(BuildContext context) {
    return MaterialApp(
      home: LayoutBuilder(
        builder: (BuildContext context, BoxConstraints constraints) {
          // build the layout based on constraints values
        }
      )
    )
  }
}
```

可以看到，此处添加了 LayoutBuilder 微件，并可根据给定的限制条件构造布局。

```
if (constraints.maxWidth <= 500) {
  return Column(
    mainAxisSize: MainAxisSize.max,
    children: <Widget>[
      Expanded(
        child: Container(
```

```
                color: Colors.green,
                child: Center(child: Text("1")),
            ),
        ),
        Expanded(
            child: Container(
                color: Colors.blue,
                child: Center(child: Text("2")),
            ),
        ),
    ],
  );
}
```

根据相应条件，当可用宽度小于 500 时，将显示 Column 微件；当包含足够的空间时，则可调整返回的微件。

```
return Row(
    mainAxisSize: MainAxisSize.max,
    children: <Widget>[
        Expanded(
            child: Container(
                color: Colors.yellow,
                child: Center(child: Text("1")),
            ),
        ),
        Expanded(
            child: Container(
                color: Colors.purple,
                child: Center(child: Text("2")),
            ),
        ),
    ],
);
```

在当前示例中，由于包含了足够的空间（大于 500），因而将返回 Row 微件。

图 6.7 显示了不同方向上的显示效果。

不难发现，我们不仅根据方向，同时还考查了可用的宽度，进而对布局进行调整。另一种响应尺寸变化的方式是使用 MediaQuery。下面将讨论 MediaQuery 这一替代方案的工作方式。

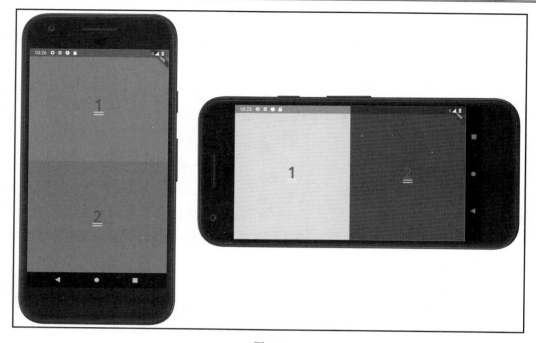

图 6.7

6.5.2　Medi Query

Medi Query 是 InheritedWidget 的继承元素，其中包含了与整个屏幕尺寸相关的信息，而不仅仅是父微件。作为一个 InheritedWidget 微件，它还提供了之前介绍的 MediaQuery.of()方法，并针对 MediaQuery 实例查找树结构。

Medi Query 的使用取决于上下文中的实例。这可通过添加一个 WidgetsApp 作为根微件予以轻松地实现。WidgetsApp 并不是特定于平台的，正像 MaterialApp 或 CupertinoApp 那样，它们在其内部实现中使用了该类。

接下来考查如何利用 MediaQuery 类生成响应式布局。

目前，Favors 应用程序在屏幕尺寸方面并不具备响应性，该程序显示一个垂直的卡片列表，并填满了屏幕上的可用空间。对于一般的智能手机来说，这不会产生任何问题；但在更大屏幕的设备上，其显示效果如图 6.8 所示。

不难发现，每张卡片采用横向方式填充，且超出了应用的尺寸。对此，可以根据屏幕的大小进行适当调整，如果空间大于显示卡片所需的空间，则可以让列表显示更多的条目。

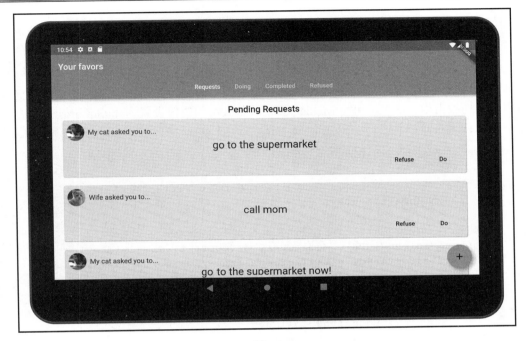

图 6.8

当采用 MediaQuery 类时，可通过计算调整每行显示的卡片数量，如下所示。

```
// part of hands_on_mediaquery/lib/main.dart file

class FavorsList extends StatelessWidget {
  // ... hidden for brevity
  @override
  Widget build(BuildContext context) {
    return Column(
      mainAxisSize: MainAxisSize.max,
      children: <Widget>[
        Padding(
          child: Text(
            title,
            style: titleStyle,
          ),
          padding: EdgeInsets.only(top: 16.0),
        ),
        Expanded(
          child: _builldCardsList(context),
```

```
          ),
        ],
      );
   }
```

在上述代码中，通过将帮助任务列表封装至 Expanded 微件中，Column 微件的全部可用空间均被占用。这里，可将 MediaQuery 调整大小的逻辑设置为_buildCardsList()方法，如下所示：

```
const kFavorCardMaxWidth = 450.0; // a maximum card width

class FavorsList extends StatelessWidget {
  // ... hidden for brevity

  Widget _builldCardsList(BuildContext context) {
    final screenWidth = MediaQuery.of(context).size.width;
    final cardsPerRow = max(screenWidth ~/ kFavorCardMaxWidth, 1);
    // max() function from dart:math package
    if (screenWidth > 400) {
      return GridView.builder(
        physics: BouncingScrollPhysics(),
        itemCount: favors.length,
        scrollDirection: Axis.vertical,
        itemBuilder: (BuildContext context, int index) {
          final favor = favors[index];
          return FavorCardItem(favor: favor);
        },
        gridDelegate: SliverGridDelegateWithFixedCrossAxisCount(
          childAspectRatio: 2.8,
          crossAxisCount: cardsPerRow,
        ),
      );
    }
    return ListView.builder(
      physics: BouncingScrollPhysics(),
      itemCount: favors.length,
      itemBuilder: (BuildContext context, int index) {
        final favor = favors[index];
        return FavorCardItem(favor: favor);
      },
    );
  }
}
```

ⓘ 注意：

为了使尺寸重置操作正确地工作，我们对 FavorCardItem 进行了适当的调整，以使布局适应于所产生的变化。读者可在 GitHub 上查看 hands_on_mediaquery 示例源代码。

在上述代码中可以看到，我们将可用的屏幕宽度（源自 MediaQuery.of(context).size.width）除以期望的卡片最大宽度，并将其存储于 cardsPerRow 变量中，稍后将以此检查是否有空间再放置一张卡片。若有空间，则利用显示 cardsPerRow 列的 GridView 微件列出卡片；否则，将像之前一样显示 ListView 微件，如图 6.9 所示。

图 6.9

针对当前任务，还存在其他一些可用微件。或许，较好的方法是使用一个容器，而非显示卡片的列表。另外，其他一些类也将有助于调整布局，接下来将对此加以讨论。

6.5.3　其他响应类

其他一些类也可帮助实现响应式布局的构建任务。

❑ 通过使用委托类 MultiChildLayoutDelegate，CustomMultiChildLayout 类可帮助我们自由地选择一组子微件的布局方式。

❏　FittedBox　根据特定的适合度调整其子元素的大小和位置。读者可访问
https://docs.flutter.io/flutter/painting/BoxFit-class.html 查看其可用值。

❏　AspectRatio 则根据特定的宽高比强化其子元素的大小。

通过这些可用类，Flutter 布局将更具适应性，进而实现微件的样式化以及整个应用
程序的自定义行为。

6.6　本 章 小 结

根据样式对应用程序进行自定义是构建独特的用户体验并实现应用程序目标的基础
内容之一。了解 Flutter 框架类对于应用程序开发是十分重要的，包括贯穿本书的 Favors
应用程序。

本章讨论了应用程序样式的调整方式。通过使用 Theme 和 ThemeData 微件，可指定
样式并调整树结构中的全部微件。此外，通过可用的应用程序类，MaterialApp 和
CupertinoApp，还可采用更简单的方式修改应用程序的整体样式。

本章介绍了如何向应用程序中添加自定义字体系列，以便可修改文本和标记的默认
外观。最后，借助于 MediaQuery 和 LayoutBuilder，还可调整应用程序的大小和方向，甚
至还可对目标平台使用 Platform。

第 7 章将学习 Flutter 中屏幕间的导航方式，以及如何使用 Navigator 修改用户的可
见性。

第 7 章　路由机制——屏幕间的导航

移动应用程序一般在多个屏幕上加以组织。在 Flutter 中，对应于屏幕的路由通过应用程序的 Navigator 微件进行管理。具体来说，Navigator 微件管理导航栈，推入新的路由或弹出上一个路由。本章将学习如何使用 Navigator 微件管理应用程序路由，并在屏幕间添加过渡效果。

本章主要涉及以下主题：

❑　Navigator 微件。
❑　路由机制。
❑　过渡效果。
❑　Hero 动画实例。

7.1　Navigator 微件

移动应用程序一般会包含多个屏幕。如果读者是一名 Android 或 iOS 开发者，相信一定不会对显示屏幕的 Activity 或 ViewController 类感到陌生。

在 Flutter 中，屏幕间导航的一个重要的类是 Navigator 微件，该微件利用逻辑历史数据管理屏幕的变化。

Flutter 中的新屏幕可视为置于另一个屏幕前方的新微件，并通过 Route 这一概念予以管理，进而定义了应用程序中的导航行为。Routes 类定义为 Flutter 中的一个辅助类，并工作于导航工作流上。

导航层中的主要微件包括以下方面。

❑　Navigator：Route 管理器。
❑　Overlay：Navigator 以此指定路由的呈现方式。
❑　Route：导航端点。

7.1.1　Navigator

Navigator 微件是屏幕间切换任务中的主要角色。大多数时候，我们可对屏幕进行切换，并在其间传递数据，这也是 Navigator 微件的另一项重要任务。

Flutter 中的导航通过栈结构实现。栈结构非常适用于导航任务，并与屏幕间的行为类似。

- ❑　栈顶处的元素。在 Navigator 中，栈顶元素为应用程序的当前可见屏幕。
- ❑　最后被插入的元素将第一个被从栈中删除（常称作后进先出）。具体来说，最后一个可见屏幕将被第一个移除。
- ❑　与栈结构类似，Navigator 微件的主要方法是 push()和 pop()。

7.1.2　Overlay

在具体实现中，Navigator 将使用 Overlay 微件。下列内容引自文档描述：

"通过插入至 Overlay 栈，Overlay 可使独立子微件显示于其他微件上方。"

通过 OverlayEntry 对象，Overlay 令每个微件管理其在 Overlay 中的参与行为。

应用 Navigator 及其 Overlay 的最常见方式是使用 WidgetsAppMaterialApp 和 CupertinoApp 应用程序微件，进而提供了多种方式管理基于 Navigator 微件的导航操作。

读者可能已经注意到，push()方法将向导航栈顶部添加新的屏幕；而 pop()方法则从导航栈中移除该屏幕。

综上所述，根据 Navigator 微件的 push()方法，导航栈可视为进入当前场景中的屏幕的栈式结构。

🛈 注意：

导航栈也称作导航历史。

7.1.3　路由

路由栈元素表示为 Route，在 Flutter 中，存在多种方式可对其加以定义。

当需要导航至一个新的屏幕时，可对此定义一个新的 Route 微件，此外还包括定义为 RouteSettings 实例的一些参数。

RouteSetting 是一个简单的类，其中包含与 Navigator 相关的路由信息。相关属性如下所示。

- ❑　name：唯一地标识路由，稍后将对其加以解释。
- ❑　arguments：据此，可向目标路由传递任何事物。

🛈 注意：

关于 RouteSetting 类的更多信息，读者可访问 https://docs.flutter.io/flutter/widgets/RouteSettings-class.html。

7.1.4   MaterialPageRoute 和 CupertinoPageRoute

根据具体的上下文，在开发应用程序时需要确定是否使用 Material Design 或 iOS Cupertino。

7.1.5   整合操作

下面讨论在实际操作过程中如何使用 Navigator。对此，首先生成一个基本的工作流，并在两个屏幕间进行导航，如图 7.1 所示。

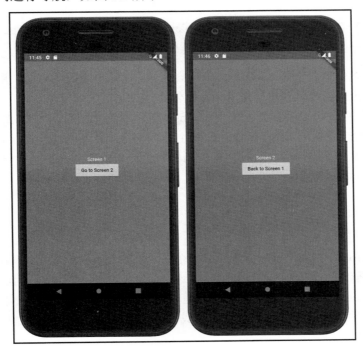

图 7.1

Navigator 微件的基本使用方法并无特别之处——将其添加至微件树中：

```
class NavigatorDirectlyApp extends StatelessWidget {
  @override
  Widget build(BuildContext context) {
    return Directionality(
      child: Navigator(
```

```
    onGenerateRoute: (RouteSettings settings) {
        return MaterialPageRoute(
            builder: (BuildContext context) => _screen1(context));
        },
    ),
    textDirection: TextDirection.ltr,
  );
}
_screen1(BuildContext context) {...} // hidden for brevity
_screen2(BuildContext context) {...} // hidden for brevity
}
```

ℹ️ **注意：**

此处添加了 Directionality，以便显示 Text 微件。注意，WidgetsApp 及其变化版本为我们管理这一类内容。

Navigator 微件包含一个 onGenerateRoute 属性，这是一个回调方法，并根据作为参数传递的 RouteSettings 对象创建一个 Route 微件。

在上述示例中，可以看到并未使用 settings 参数，而是返回一个默认路由。一类较为常见的做法是检查设置的 name 属性，即路由的标识符。默认状态，框架使用'/'名称作为初始路由，并调用回调方法，同时将其作为参数进行传递。因此，上述示例将返回的微件_screen1 用作初始路由。

ℹ️ **注意：**

关于路由名称的详细内容，读者可参考 7.2 节。

onGenerateRoute 回调中的结果表示为一个 Route 对象，此处使用了 MaterialPageRoute 类型。在较为基础的实现中，还应向其中传递一个 onGenerateRoute 回调，这将返回一个微件并作为 Route 予以显示。这里的问题是，为何不使用子属性并直接添加子微件？由于 Navigator 微件可能在不同的上下文中生成 Route 微件，因而其创建过程取决于构造过程中的上下文环境。

当查看下列代码时将会发现，通过单击对应的按钮，可在不同屏幕之间导航，如_screen1 方法所示。

```
Widget _screen1(BuildContext context) {
  return Container(
    color: Colors.green,
    child: Column(
      mainAxisSize: MainAxisSize.max,
```

```
  mainAxisAlignment: MainAxisAlignment.center,
  children: <Widget>[
    Text("Screen 1"),
    RaisedButton(
      child: Text("Go to Screen 2"),
      onPressed: () {
        Navigator.of(context).push(
          MaterialPageRoute(
            builder: (BuildContext context) {
              return _screen2(context);
            },
          ),
        );
      },
    )
  ],
  ),
);
}
```

不难发现，Navigator 微件通过其 Navigator.of()静态方法进行访问。正如期望的那样，这种方式将从特定上下文中访问对应的 Navigator 祖先元素（树结构中包含了多个 Navigator 微件）。由于可在应用程序的不同部分中包含不同的独立导航，因而这是一种较好的处理方式。

在当前示例中，查看 RaisedButton 微件的 onPressed 回调。其中，我们向导航中推入了一个新的 Route。这里，传递至 push()方法中的值与之前添加至 Navigator 中 onGenerateRoute 回调返回的值类似。

综上所述，Navigator 微件使用了 onGenerateRoute，并通过提供初始 Route 初始化导航。稍后，还将添加多个屏幕按钮，并利用 Navigator 微件中的 push()方法向导航中推入一个新的 Route。

```
// button on screen 2 to navigate back
onPressed: () {
  Navigator.of(context).pop();
},
// _NavigatorDirectlyAppState
```

_screen2 微件基本等同于_screen1，唯一的差别在于，该微件将从导航中弹出其自身，并返回至_screen1 微件。

上述示例中存在一个问题。例如，如果在 Screen2 上单击 Android 中的回退按钮，对应结果应返回至 Screen1，但实际情况并非如此。由于当前我们添加了 Navigator 微件，而系统对此一无所知——还需对该微件加以进一步的管理。

　　当管理回退按钮时，需要使用 WidgetsBindingObserver，这可用于响应与 Flutter 应用程序相关的生命周期消息。在 GitHub 中的源代码中可以看到（位于 navigation 目录），首先将应用程序转换为 Stateful，并作为混入（mixin）向 State 类中添加 WidgetsBindingObserver。此外，还需通过 WidgetsBinding.instance.addObserver(this)启用 initState()方法中的观察器，并利用 WidgetsBinding.instance.removeObserver(this)终止 dispose()方法中的观察器。据此，可重载 WidgetsBindingObserver 中的 didPopRoute()方法，进而在系统通知应用程序弹出一个路由时实施管理工作。下列内容为文档中的 didPopRoute()方法描述：

　　"该方法在系统通知应用程序弹出当前路由时被调用。例如，在 Android 设备上，当用户单击回退按钮时将调用该方法。"

　　在 didPopRoute()内部，需要弹出 Navigator 微件中的路由。然而，由于尚未持有 Navigator 之下的上下文环境，因而无法通过 of()静态方法对 Navigator 进行访问。对此，一种替代方法是向 Navigator 添加一个 key 并访问其状态，如下所示。

```
// navigation_directly.dart
class _NavigatorDirectlyAppState extends State<NavigatorDirectlyApp> {
  final _navigatorKey = GlobalKey<NavigatorState>();
  // ... other fields and methods

  // part of build method
  Navigator(
    key: _navigatorKey,
    ...
  )
}
```

同时，还可添加 didPopRoute()方法，如下所示。

```
@override
Future<bool> didPopRoute() {
  return Future.value(_navigatorKey.currentState.pop());
}
```

　　这里使用了 Navigator 状态中的 pop()方法弹出导航中最上方的路由。如果观察器是通过弹出路由通知加以管理的，那么该方法期望得到一个返回的 true，所以我们从 Navigator 的弹出值中返回它。这样，当不再弹出 Route 时，依然会执行默认的行为（即退出当前应用程序）。

7.1.6　WidgetsApp 方式

如前所述，在应用程序中使用 Navigator 并非一种最佳方案：需要对许多不必要的事物进行管理。

一般的方法是使用应用程序微件，此类微件提供了相关属性和方法，以在应用程序中包含导航行为。

- ❑　builder：该属性可向 Navigator 中加入替代路径（通过 WidgetsApp）。
- ❑　home：指定等同于应用程序中第一个路由（一般是'/'）的微件。
- ❑　initialRoute：可修改应用程序中的第一个路由（默认为'/'）。
- ❑　navigatorKey 和 navigatorObserver：可向构建后的 Navigator 微件指定对应值。
- ❑　onGenerateRoute：如前所述，可根据路由设置项创建微件。作为回调方法，将根据 RouteSettings 参数创建 Route。
- ❑　onUnknownRoute：指定一个回调，在 Route 构造过程失败时（如未发现相关路径）生成一个 Route。
- ❑　pageRouteBuilder：类似于 onGenerateRoute，但关注于 PageRoute 类型。
- ❑　routes：接收一个 Map<String, WidgetBuilder>，其中，可利用对应的构造块添加一个应用程序路由列表。

由于可忽略特定于导航的全部实现，如回退按钮观察器或导航键，因而上述示例实现起来较为简单，如下所示。

```
class NavigatorWidgetsApp extends StatefulWidget {
  @override
  _NavigatorWidgetsAppState createState() => _NavigatorWidgetsAppState();
}

class _NavigatorWidgetsAppState extends State<NavigatorWidgetsApp> {
  @override
  Widget build(BuildContext context) {
    return WidgetsApp(
      color: Colors.blue,
      home: Builder(
        builder: (context) => _screen1(context),
      ),
      pageRouteBuilder: <Void>(RouteSettings settings, WidgetBuilder
      builder) {
        return MaterialPageRoute(builder: builder, settings: settings);
      },
```

```
    );
  }
  _screen1(BuildContext context) {...} // hidden for brevity
  _screen2(BuildContext context) {...} // hidden for brevity
}
```

不难发现，上述实现得到了一定程度的简化。其中仅指定了应用程序中的 home 和
pageRouteBuilder，其余部分将自动工作。

- ❑ home 中设置了导航的初始路由，我们将其添加至一个构造器中，并将创建工作
  委托至树结构中的较低级别。这样，当查找树结构时，即可获得一个可正常工
  作的 Navigator。
- ❑ pageRouteBuilder 中设置了路由间导航时应构造的 PageRoute 对象类型。

ℹ️ **注意：**
通过使用命名路由，还可实施进一步的改进工作，稍后将对此加以讨论。另外，读者还
可查看 WidgetsApp 文档，以了解如何使用这一类组合属性，对应网址为 https://docs.flutter.io/
flutter/widgets/WidgetsApp-class.html。对于 MaterialApp 和 CupertinoApp 来说同样如此。

本章的示例源代码位于 navigation 项目的 examples 目录中。

7.2　命　名　路　由

路由的名称是导航过程中的重要部分，同时也是基于管理器和 Navigator 微件的路由
的标识。

我们可定义一系列包含彼此关联名称的路由，进而向路由和屏幕的具体含义提供了
一种抽象级别。通过这种方式，可在某种路径结构中使用路由，换而言之，它们可视为
多个子路由。

ℹ️ **注意：**
考查 WidgetsApp 的 home 属性，该属性针对 Navigator 微件设置了主路由微件，也
称作'/'路径。

7.2.1　移至命名路由

前述示例使用了 WidgetsApp 且较为简单，但我们可采用一种更具组织性的方式实现
相同任务。通过使用命名路由，可执行下列各项操作。

❑ 以更加清晰的方式组织屏幕。

❑ 集中创建屏幕。

❑ 向屏幕中传递参数。

考查下列代码:

```
// navigation_widgetsapp_named_routes.dart
class _NavigatorNamedRoutesWidgetsAppState extends
State<NavigatorNamedRoutesWidgetsApp> {
  @override
  Widget build(BuildContext context) {
    return WidgetsApp(
      color: Colors.blue,
      routes: {
        '/': (context) => _screen1(context),
        '/2': (context) => _screen2(context),
      },
      pageRouteBuilder: <Void>(RouteSettings settings, WidgetBuilder
      builder) {
        return MaterialPageRoute(builder: builder, settings: settings);
      },
    );
  }
}
```

在上述代码中可以看到,我们使用 routes 属性针对 Navigator 设置了一个路由表,以便了解每条路径的构造内容。

如果愿意,这里仍可使用 home 属性,如下所示。

```
WidgetsApp(
  home: Builder(
    builder: (context) => _screen1(context),
  ),
  routes: {
    '/2': (context) => _screen2(context),
  },
  ...
)
```

需要注意的是,在具体实现过程中并未向 routes 映射中添加'/'路由。

使用命名路由的另一个优点体现在新路由的推入过程中。当需要从 Screen1 导航至 Screen2 时,即可使用 pushNamed()方法,如下所示。

```
Navigator.of(context).pushNamed('/2');
```

通过这一方式,无须在每次调用中创建 Route 对象,这将使用之前在 routesWidgetsApp 的路由映射中定义的构造器。

pushNamed()方法还接收相关参数,并传递至新的 Route 中, 如下所示。

```
Navigator.of(context).pushNamed('/2', arguments: "Hello from screen 1");
```

在上述示例中,需要使用 WidgetsApp 中的 onGenerateRoute,以便通过 RouteSettings 对象访问参数, 如下所示。

```
// navigation_widgetsapp_named_routes_arguments.dart
class _NavigatorNamedRoutesArgumentsAppState
    extends State<NavigatorNamedRoutesArgumentsApp> {
  @override
  Widget build(BuildContext context) {
    return WidgetsApp(
      color: Colors.blue,
      onGenerateRoute: (settings) {
        if(settings.name == '/') {
          return MaterialPageRoute(
            builder: (context) => _screen1(context)
          );
        } else if(settings.name == '/2') {
          return MaterialPageRoute(
            builder: (context) => _screen2(context,settings.arguments)
          );
        }
      },
    );
  }
  ...
}
```

随后即可正常地使用_screen2 构造器中的参数, 进而显示额外的消息。

ℹ️注意:

当根据需要创建 Route 时,参数的传递过程将更加简单。此时将根据具体需求创建微件、传递参数,进而对构建过程执行自定义操作。

7.2.2　从 Route 中检索结果

当路由被推入导航后,我们可能希望从中获得一些反馈信息。例如, 当在新路由中向用户请求某些信息时, 即可使用通过 pop()方法的 result 参数返回的值。

push()方法及其其他版本返回一个 Future，当弹出路由且 Future 的值是 pop()方法的
result 参数时，Future 将进行解析。

可以看到，这里向新的 Route 传递了参数。鉴于也可能采用反转路径，因而可在弹
出消息时接收消息，而不是向第二个屏幕发送消息。

在 Screen 2 中，我们只是确保从 Navigator 执行弹出操作时返回某些信息。

```dart
// part of navigation_widgetsapp_navigation_result.dart
class _NavigatorResultAppState
    extends State<NavigatorResultApp> {

  Widget _screen2(BuildContext context) {
    // ... hidden for brevety
    RaisedButton(
      child: Text("Back to Screen 1"),
      onPressed: () {
        Navigator.of(context).pop("Good bye from screen 2");
      },
    ),
    ...
}
```

pop()方法中的第二个参数表示路由中的结果。

在调用者屏幕中，需要获取相关结果，如下所示。

```dart
// part of navigation_widgetsapp_navigation_result.dart
class _NavigatorResultAppState
    extends State<NavigatorResultApp> {

  Widget _screen1(BuildContext context) {
  // ... hidden for brevety
    RaisedButton(
      child: Text("Go to Screen 2"),
      onPressed: () async {
        final message = await Navigator.of(context).pushNamed('/2') ??
        "Came from back button";
        setState(() {
          _message = message;
        });
      },
    ),
    ...
  }
}
```

🛈 注意：

　　读者可访问 GitHub 查看本章示例的完整源代码。

　　push()的结果是一个 Future，且需要使用 await 关键字获取。此处仅将其设置为一个新的_message 变量，并在文本中予以显示。

🛈 提示：

　　读者可参考第 2 章查看 Future 的工作方式。

7.3　屏幕过渡

　　从用户体验角度来看，屏幕间的变化应具有一定的流畅性。如前所述，Navigator 工作于 Overlay 上并对 Route 进行管理。在该层次上，路由之间的转换也处于管控下。

　　在前述内容中曾有所介绍，MaterialPageRoute 和 CupertinoPageRoute 类利用新、旧路由间的平台自适应转换向 Overlay 添加一个模态路由。

　　例如，在 Android 设备上，页面的进入过渡转换将向上滑动页面并呈现为淡入效果；而退出过渡转换则以相反的方式执行相同的操作。在 iOS 设备中，页面从右侧滑入，然后反向退出。通过添加屏幕间的转换，Flutter 还支持此类行为的自定义操作。

7.3.1　PageRouteBuilder

　　PageRouteBuilder 表示为 Route 构造定义，下列内容引自文档中的描述：

　　"PageRouteBuilder 表示为一个工具类，并根据回调定义一次性的页面路由。"

　　回忆一下，WidgetsApp 包含了一个 pageRouteBuilder 属性，其中定义了应用程序应使用的 PageRoute，以及过渡转换的定义位置。

　　PageRouteBuilder 包含了多个回调和属性以帮助定义 PageRoute，如下所示。

❑　transitionsBuilder：针对过渡转换的构造器回调，并于其中构造新、旧路由间的转换过渡。

❑　transitionDuration：过渡转换间的时长。

❑　barrierColor 和 barrierDismissible：定义了部分覆盖的模型路径（非全屏）。

🛈 注意：

　　关于 PageRouteBuilder 的更多信息，读者可访问 https://docs.flutter.io/flutter/widgets/PageRouteBuilderclass.html。

7.3.2　自定义过渡转换操作

通过 pageRouteBuilder，可创建一个自定义过渡转换，并以全局方式应用于应用程序中，如下所示。

```
// part of navigation_transition.dart
class _NavigatorTransitionAppState extends State<NavigatorTransitionApp> {
  @override
  Widget build(BuildContext context) {
    return WidgetsApp(
      color: Colors.blue,
      routes: {
        '/': (context) => _screen1(context),
        '/2': (context) => _screen2(context),
      },
      pageRouteBuilder: <Void>(RouteSettings settings, WidgetBuilder
      builder) {
        return PageRouteBuilder(
          transitionsBuilder:
            (BuildContext context, animation, secondaryAnimation, widget) {
            return new SlideTransition(
              position: new Tween<Offset>(
                begin: const Offset(-1.0, 0.0),
                end: Offset.zero,
              ).animate(animation),
              child: widget,
            );
          },
          pageBuilder: (BuildContext context, _, __) => builder(context),
        );
      },
    );
  }
  ...
}
```

据此，可在 MaterialPageRoute 类和自定义滑动转换间修改默认的转换过渡行为。

- ❑　当前，pageRouteBuilder 返回一个 PageRouteBuilder 实例。
- ❑　通过调用构造器回调，实现了其 pageBuilder 回调，并正常地返回微件。
- ❑　实现了 transitionBuilder 回调，并返回一个新微件，通常是一个 AnimatedWidget

实例或类似的实例。此处返回了一个 SlideTransition 微件，并封装了动画逻辑，即从左至右的转换过渡，直至变为整体可见。

ℹ️ **注意：**
第 15 章将对动画效果进行详细的讨论。

另一种实现自定义转换过渡的方法是，根据需要创建 Route 对象。对此，一种较好的做法是扩展 PageRouteBuilder，并创建可复用的转换过渡效果。

7.4　Hero 动画

Hero 这一名称初看之下可能稍显奇怪，但是使用过移动应用程序的用户都见识过这种动画。当针对移动平台进行开发时，那么很可能听说过或使用过共享元素这一概念，即屏幕间持久存在的元素，这便是 Hero 一词的定义。

Flutter 提供了多种方式可生成此类运动行为，甚至在深入理解动画这一主题之前，我们即对 Hero 动画的工作方式有所耳闻。

这里，Hero 微件则扮演了重要的角色。通常情况下，Hero 仅是 UI 中的某个部分，并可在 Route 间切换。

7.4.1　Hero 微件

在 Flutter 中，Hero 定义为一个微件，并可在屏幕间切换，如图 7.2 所示。

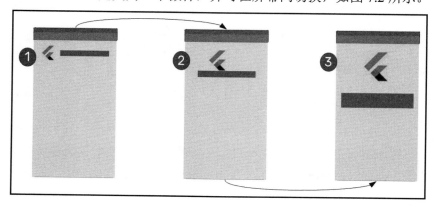

图 7.2

实际上，Hero 并非屏幕间的同一对象。但从用户的角度来看，Hero 确实保持一致，其思路可描述为：使微件"存活"于屏幕间，并通过某种方式调整其外观。如图 7.2 所示，元素随着新屏幕的出现按比例放大和移动。根据图 7.2 中所示的 3 幅图像，可以得出以下结论。

（1）单击列表条目时，过渡转换在显示屏幕时开始启动。

（2）在转换过程中的过场动画中，Hero 微件将调整其位置和大小，直至匹配步骤（3）中的最终结果。

（3）在最终屏幕中，步骤（1）中的 Hero 包含了一个尺寸。

💡 提示：

关于 Hero 动画，Flutter 文档中提供了详细的解释和实例，对应网址为 https://flutter.dev/docs/development/ui/animations/hero-animations。

7.4.2　实现 Hero 转换

下面将调整 Favors 应用程序，以使其包含 Your favors 列表屏幕和 Requesting a favor 屏幕间的 Hero 动画，以便单击 Request a favor 浮动按钮时请求一项帮助任务，进而在页面间实现平滑的过渡转换，如图 7.3 所示。另外，同一效果也会呈现于 Requesting a favor 和 Your favors 屏幕之间。

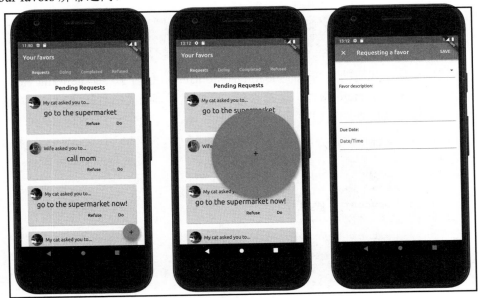

图 7.3

首先向树结构中添加一个 Hero 微件，该微件封装了动画过程所涉及的微件，如下所示。

```
class FavorsPageState extends State<FavorsPage> {
  // ...
  @override
  Widget build(BuildContext context) {
    // ...
    floatingActionButton: FloatingActionButton(
      heroTag: "request_favor",
      child: FloatingActionButton(
        onPressed: () {
          Navigator.of(context).push(
            MaterialPageRoute(
              builder: (context) => RequestFavorPage(
                friends: mockFriends,
              ),
            ),
          );
        },
        tooltip: 'Ask a favor',
        child: Icon(Icons.add),
      ),
    ),
...
}
```

上述代码体现了代码的简洁性。FloatingActionButton 包含了一个 heroTag 标签属性，并使其行为类似于一个 Hero 微件，这意味着，可实现屏幕间的动画转换效果。对应第二个屏幕，只需重复当前处理过程即可，如下所示。

```
// part of RequestFavorPageState build method
  @override
  Widget build(BuildContext context) {
    return Hero(
      tag: "request_favor",
      child: Scaffold(
        // rest of scaffold
      ),
    );
  }
...
```

ℹ️ **注意：**

读者可访问 GitHub 查看 hands_on_hero 文件。

此处应留意 tag 标签，其中体现了一定的应用技巧。下列内容引自 Flutter 文档：

"实际上，创建这两个 Hero 微件须使用相同的标签，通常是表示底层数据的对象。"

另外，为了获得最佳的动画效果，这里的建议是，Hero 微件应持有几乎相同的微件树，最好是相同的微件。

上述示例针对 Requesting a favor 屏幕微件实现了 FloatingActionButton 动画效果，并在按钮和新屏幕间呈现出较好的效果，但这并未展示 Hero 动画中的最佳功效，即屏幕间的共享元素。此外，根据文档定义，FloatingActionButton 微件和目标 Scaffold 微件在其微件树中并未涵盖任何共同点，这导致最终效果稍逊一筹。

接下来查看另一个示例。假设已设置了任务屏幕，当用户单击 FavorCardItem 时，将以全屏方式显示对应的任务内容，并利用 Hero 微件实现过渡转换的动画效果，如图 7.4 所示。

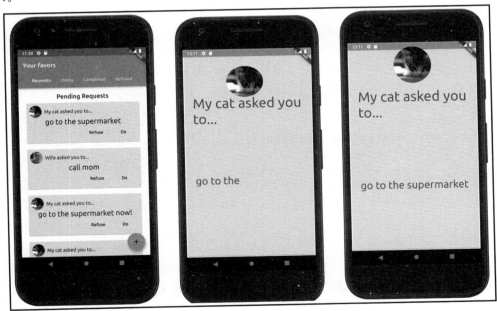

图 7.4

ℹ️ **注意：**

图 7.4 所显示的画面十分普通，读者可参考附带的源代码以查看 Hero 的巨大潜力。

为了让角色和文本在转换期间向新屏幕呈现动画效果，此处需要创建两个 Hero，分别用于图像和描述信息。这也是 FavorCardItem 微件中的修改内容，如下所示。

```
class FavorCardItem extends StatelessWidget {
...
  @override
  Widget build(BuildContext context) {
...
      _itemHeader(context, favor),
      Hero(
        tag: "description_${favor.uuid}",
        child: Text(
            favor.description,
            style: bodyStyle,
        ),
      ),
      _itemFooter(context, favor)
  ...
  }
...
}
```

同样，还可修改_itemHeader 以包含封装了 avatar 的 Hero 微件，如下所示。

```
Widget _itemHeader(BuildContext context, Favor favor) {
...
    Hero(
      tag: "avatar_${favor.uuid}",
      child: CircleAvatar(
        backgroundImage: NetworkImage(
          favor.friend.photoURL,
        ),
      ),
    ),
...
}
```

此处应留意 Hero 的 tag 属性，并通过当前任务的 uuid 属性对其加以指定，以使 Hero 在当前上下文中具有唯一的标识性。

当启动 Favor details 屏幕时，需要在 FavorsList 微件中稍作调整，如下所示。

```
class FavorsList extends StatelessWidget {
...
```

```
@override
Widget build(BuildContext context) {
...
  Expanded(
    child: ListView.builder(
      physics: BouncingScrollPhysics(),
      itemCount: favors.length,
      itemBuilder: (BuildContext context, int index) {
        final favor = favors[index];
        return InkWell(
          onTap: () {
            Navigator.push(
              context,
              PageRouteBuilder(
                // transitionDuration: Duration(seconds: 3),
                // uncomment to see it transition slower
                pageBuilder: (_, __, ___) =>
                  FavorDetailsPage(favor: favor),
              ),
            );
          },
          child: FavorCardItem(favor: favor),
        );
      },
    ),
  ),
  ...
  }
...
}
```

这里将 FavorCardItem 封装至 InkWell 微件中，以处理其上的单击操作。当用户在其上执行单击操作时，新的 Route 将被推入 Navigator 中，以显示 FavorDetailsPage 微件。

ℹ️ **注意:**

由于不希望向转换中加入 Material 效果，因而此处使用了 PageRouteBuilder 而非 MaterialPageRoute。读者可参考 PageRouteBuilder 文档以查看详细信息，对应网址为 https://api.flutter.dev/flutter/widgets/PageRouteBuilderclass.html。

最后一项考查内容是 FavorDetailsPage 微件，并创建帮助任务屏幕的最终版本。通过将任务角色和描述封装至 Hero 微件中，可得到较好的过渡转换效果。build()方法的具体内容如下所示。

```dart
// part of hands_on_hero/lib/main.dart
class _FavorDetailsPageState extends State<FavorDetailsPage> {
@override
  Widget build(BuildContext context) {
    final bodyStyle = Theme.of(context).textTheme.display1;
    return Scaffold(
      body: Card(
        child: Padding(
          padding: EdgeInsets.symmetric(vertical: 10.0, horizontal: 25.0),
          child: Column(
            mainAxisSize: MainAxisSize.min,
            crossAxisAlignment: CrossAxisAlignment.stretch,
            children: <Widget>[
              _itemHeader(context, widget.favor),
              Container(height: 16.0),
              Expanded(
                child: Center(
                  child: Hero(
                    tag: "description_${widget.favor.uuid}",
                    child: Text(
                      widget.favor.description,
                      style: bodyStyle,
                    ),
                  ),
                ),
              ),
            ],
          ),
        ),
      ),
    );
  }
}
```

同样，_itemHeader()方法定义如下所示。

```dart
Widget _itemHeader(BuildContext context, Favor favor) {
  final headerStyle = Theme.of(context).textTheme.display2;

  return Column(
    mainAxisSize: MainAxisSize.min,
```

```
    crossAxisAlignment: CrossAxisAlignment.center,
    children: <Widget>[
      Hero(
        tag: "avatar_${favor.uuid}",
        child: CircleAvatar(
          radius: 60,
          backgroundImage: NetworkImage(
            favor.friend.photoURL,
          ),
        ),
      ),
      Container(height: 16.0),
      Text(
        "${favor.friend.name} asked you to... ",
        style: headerStyle,
      ),
    ],
  );
}
```

可以看到，该方法类似于 FavorCardItem 微件，旨在保持树结构中的最小差异以获得
较好的过渡转换效果。另外需要注意的是，这里主要强调了 Hero 的 tag 属性，同时必须
与原始标签匹配才能使效果生效。

❶ 注意：
读者可参考本书附带的源代码查看完整的示例。

Navigator 在这里仍然存在一定的重要性，就像触发 Hero 动画的 push 或 pop 动作一
样（发送路由变化信号）。

除了 tag 属性之外，Hero 还包含了其他属性可执行自定义操作，如下所示。

- ❑ transitionOnUserGestures：启用/禁用用户手势上的 Hero 动画，如 Android 设备
  上的回退操作。
- ❑ createRectTween 和 flightShuttleBuilder：调整过渡转换外观的回调。
- ❑ placeholderBuilde：返回微件的回调，该微件在过渡转换期间显示于 Hero 的源位
  置处。

❶ 注意：
在第 15 章中，在深入了解动画概念时，将与这一类属性协同工作。

Hero 动画在 Flutter 中实现起来较为简单，读者甚至只需参考该框架提供的默认动画

示例，即可在部分布局中实现较好的动画效果。

提示：

　　读者可查看 Hero 微件的文档并尝试实现其中的内容，对应网址为 https://docs.flutter.io/
flutter/widgets/Hero-class.html。

7.5　本 章 小 结

　　本章讨论了如何添加屏幕间的导航机制。首先，我们学习了 Navigator 微件，它也是
Flutter 中导航的主要角色。此外，还考查了如何使用 Overlay 类组合导航栈和历史记录。

　　接下来，本章介绍了导航机制中另一部分重要内容，即 Route，以及如何在应用程序
中对其应用进行定义。其间，我们查看了实现导航的不同方法。其中，最为典型的方法
是使用 WidgetsApp 微件。

　　最后，我们还探讨了如何自定义屏幕间的过渡转换，并调整了 Material 和 iOS
Cuperitno 应用程序中默认的、特定于平台的移动行为。另外，本章还解释了如何使用 Hero
动画共享过渡转换间的元素，进而生成更好的动画效果。

　　第 8 章将介绍集成 Firebase 服务，并将 Favors 应用程序提升至一个新的高度。

第 3 部分

开发全功能的应用程序

第 3 部分将开发一个专业的应用程序,其间,开发人员需要通过扩展框架的插件添加多种高级和自定义特性。

本部分内容主要包括以下章节:

第 8 章　Firebase 插件

开发人员常需要创建模块化代码以供多个应用程序使用，这一点在 Flutter 中依然如此。社区对于 Flutter 框架的成功起到了很大的作用，并向开发人员提供了大量的插件。本章将学习如何使用 Firebase 插件，如 auth、Cloud Firestore 和 ML Kit 等，进而构建基于简单后端且包含完整特性的应用程序。

本章主要涉及以下主题：

❑　配置 Firebase 项目。

❑　Firebase 身份验证。

❑　Cloud Firestore。

❑　Firebase Storage。

❑　Firebase AdMob。

❑　Firebase ML Kit。

8.1　Firebase 概述

Firebase 是谷歌推出的一款产品，可针对多种平台提供各种技术。如果读者是一名移动程序或 Web 开发人员，本章将引领您深入了解 Firebase 插件。

在 Firebase 提供的众多技术中，下列内容相对重要。

❑　托管机制：支持部署单页面应用程序、渐进式 Web 应用程序或静态站点。

❑　实时数据库：支持云上的 NoSQL（非关系型数据库）。据此，可通过实时方式存储和同步数据。

❑　Cloud Firestore：一种功能强大的 NoSQL 数据库，主要关注大型、可伸缩的应用程序。与 Firebase 相比，它提供了更高级的查询支持。

❑　云功能：由 Firebase 产品和用户（使用 SDK）触发的各项功能。我们可编写脚本以响应数据库、用户身份验证等中的变化内容。

❑　性能监控：从用户角度收集和分析与应用程序相关的信息。

❑　身份验证：充分发挥应用程序身份验证层的功能，改进用户体验和安全性。对此，可使用多家身份验证供应商，如电子邮件/密码、电话号码身份验证、谷歌、

Facebook 以及其他登录系统。

❑ Firebase Cloud 消息机制：云消息机制支持应用程序和服务器间的消息交换，且支持 Android、iOS 和 Web 平台。

❑ AdMob：显示广告并为应用程序带来收益。

❑ 机器学习工具包：可在应用程序中置入高级机器学习（ML）资源。

Flutter 中包含了可与 Firebase 协同工作的各种插件，稍后将使用某些插件，并将应用程序与相关服务予以集成。

8.1.1　设置 Firebase

针对之前讨论的 Favors 应用程序，我们将向其中添加某些 Firebase 技术，如 Firebase 身份验证和 Cloud Firestore。

将应用程序连接至 Firebase 的第一步是生成一个 Firebase 应用程序项目。

对此，可使用 Firebase console 工具（https://console.firebase.google.com/）。该工具可管理 Firebase 整体项目、启用/禁用特定的技术并对应用进行监控。

（1）图 8.1 显示了 Firebase console，其中可查看近期项目并添加新的项目。

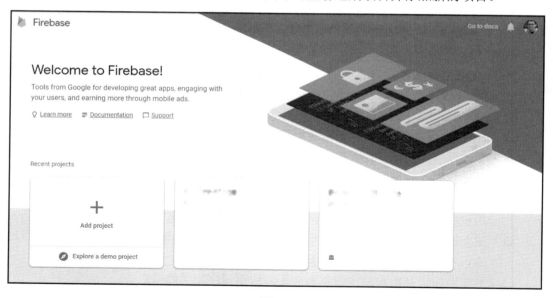

图 8.1

（2）初始化 Firebase 项目较为简单且易于理解，如图 8.2 所示。

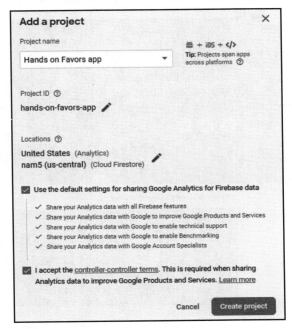

图 8.2

（3）稍后，项目将生成如图 8.3 所示的画面。

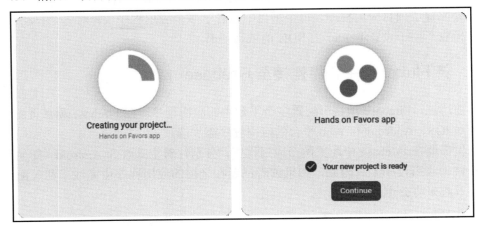

图 8.3

（4）在项目创建完毕后，将重定向至如图 8.4 所示的页面。

图 8.4

（5）图 8.5 显示了与项目相关的所有选项，以及项目设置的快捷方式。

此处配置了项目应用程序，每个项目中包含了多个应用程序（针对每个移动平台）；另外还检查了用于设置 Flutter 上 SDK 的项目证书。

8.1.2　将 Flutter 应用程序连接至 Firebase

如前所述，Firebase 项目可配置多个平台中的应用程序。在 Firebase 项目页面中，包含了针对 iOS、Android 和 Web 平台的应用程序添加选项。

这里需要在 Firebase 中配置两个应用程序，分别针对于 iOS 和 Android（即使正在开发本地移动应用程序）。因此，如果读者已经在之前的应用程序中完成了相关配置，下列内容看起来将会十分熟悉。

1. 配置 Android 应用程序

通过之前通用项目页面中的 Android 配置辅助快捷方式，即可对 Android 应用程序进行配置，如图 8.6 所示。

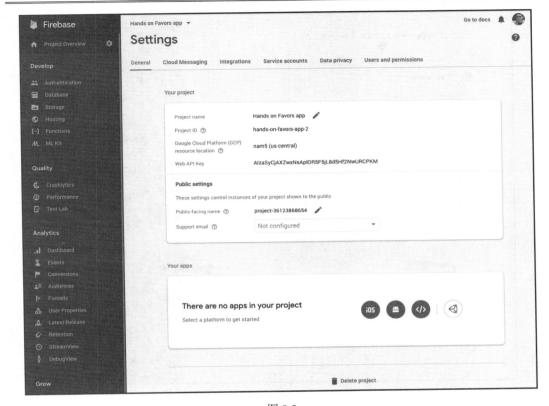

图 8.5

图 8.6

　　这将显示 Android 应用程序配置页面，如图 8.7 所示。

　　其中，较为重要的设置项是 Firebase SDK 中检查的包名；另外，对于 Auth 来说，该签名证书同样十分重要。

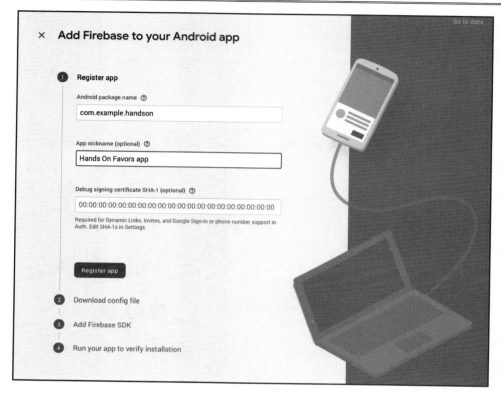

图 8.7

ℹ **注意:**

读者可在 android/app/build.gradle 文件中通过 applicationId 属性查看 Android 应用程序的包名。

注册后,将生成一个 google-services.json 文件,应将其添加至应用程序项目中。在 Android 中,该文件应位于 android/app 目录下。

最后一步是将 Firebase SDK 添加至 Gradle 文件中。在 Android 中,Gradle 可视为 Flutter 中的 pubspec 文件,其主要责任之一是管理应用程序的依赖关系。

(1)首先向 android/build.gradle 文件中的 classpath 添加 google-services 依赖关系,如下所示。

```
buildscript {
    repositories {
        google() // add this if not present
        ...
```

```
    }

    dependencies {
        ...
        classpath 'com.google.gms:google-services:3.2.1'    // add
                                                            // this
                                                            // line
    }
}
```

（2）在 android/app/build.gradle 中，需要激活插件，并在'androidx.annotation' lib 上添加一项依赖关系，如下所示。

```
// part of android/app/build.gradle
...
dependencies {
    implementation 'androidx.annotation:annotation:1.0.2'
    ...
}

// firebase
// Add the following line to the bottom of the file:
apply plugin: 'com.google.gms.google-services'
```

ℹ️ 注意：

androix.annotation 库并未与 Firebase 直接关联，因而需要对其进行添加，以供某些库于内部使用。

（3）运行下列命令，以实现 Android 环境的配置工作。

```
flutter packages get
```

2．配置 iOS 应用程序

对于 iOS 平台，处理过程与 Android 平台类似。首先需要在 Firebase console 中进行配置，并像之前 Android 平台那样配置包名。

随后可下载生成的 GoogleService-Info.plist（等价于 google-services.json），并将其添加至 iOS 项目的 ios/Runner 目录中。在 Xcode 中，打开 iOS 项目并将文件拖曳到 Xcode 中，以便在构建过程中注册包含项，这一点对于 Xcode 来说非常重要。

ℹ️ 注意：

根据 Flutter 插件的版本，GoogleService-Info.plist 文件的添加步骤可能会有所变化。对此，读者可访问 https:// firebase.google.com/docs/flutter/setup 以查看详细信息。

与 Android 不同，这里无须针对 Firebase 添加特定的 iOS 依赖关系。

3. FlutterFire

Flutter 应用程序依赖于一组 Flutter 插件以访问 Firebase 服务。针对目标 iOS 和 Android 平台，FlutterFire 包含了特定的实现。

💡 提示：

关于 Firebase 插件的最新版本，读者可访问 https://firebaseopensource.com/projects/flutter/plugins/以了解更多信息。

下列代码将核心插件添加至当前项目中，并作为初始基本依赖关系。

```
# part of pubspec.yaml
dependencies:
  ...
  firebase_core: 0.2.5 # Firebase Core
```

除此之外，还可在必要时添加任意 Firebase 依赖关系。进一步讲，当前需要加入 firebase_auth，并与电话号码身份验证协同工作，如下所示。

```
# part of pubspec.yaml
dependencies:
  ...
  firebase_core: 0.3.4 # Firebase Core
```

ℹ️ 注意：

鉴于我们使用了 Firebase 插件的最新版本（基于依赖关系的 AndroidX 版本），当前应用程序项目已迁移至 AndroidX。考虑到 AndroidX 的兼容性问题，建议读者访问 https://flutter.dev/docs/development/packages-and-plugins/androidx-compatibility 以了解更多信息。

运行 flutter packages get 命令并结束设置过程。也就是说，当前，我们可与插件协同工作。

💡 提示：

关于 Flutter 中 Firebase 的初始化问题，读者可查看 Firebase 的官方文档，对应网址为 https://firebase.google.com/docs/flutter/setup。

8.2　Firebase 身份验证

如前所述，Firebase 可视为一类技术集合，且需要进行适当的配置。本节将对应用程序的身份验证层进行配置。身份验证对于应用程序来说十分重要，具体来说，用户将向其朋友发出帮助任务请求，对此，可将用户的电话号码作为某种身份以执行身份验证操作，具体各项操作步骤如下。

（1）向当前项目中添加 Firebase auth 插件。

（2）如前所述，可向 pubspec 中添加 firebase_auth 插件依赖关系，如下所示。

```
# part of pubspec.yaml
dependencies:
...
firebase_core: 0.3.4 # Firebase Core
firebase_auth: 0.8.4+5 # Firebase Auth // add this
```

（3）在 Firebase console 中，针对 Firebase 项目启用电话号码身份验证。

（4）创建 auth 屏幕。

（5）检查用户是否登录。若未登录，则重定向至登录页面。

8.2.1　在 Firebase 中启用身份验证服务

当启用 Firebase 中的 Authentication 服务时，需要在 Firebase console 中访问 Authentication 部分，如图 8.8 所示。

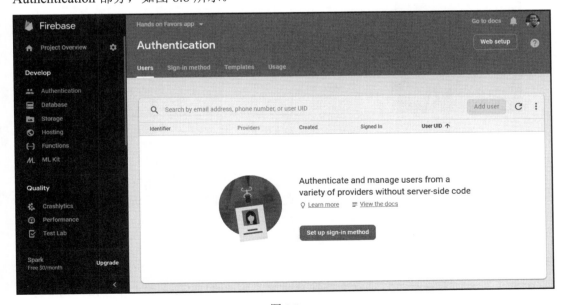

图 8.8

　　随后，可在开发期间添加电话号码测试功能，且不会对其他用户的资源应用产生影响，如图 8.9 所示。

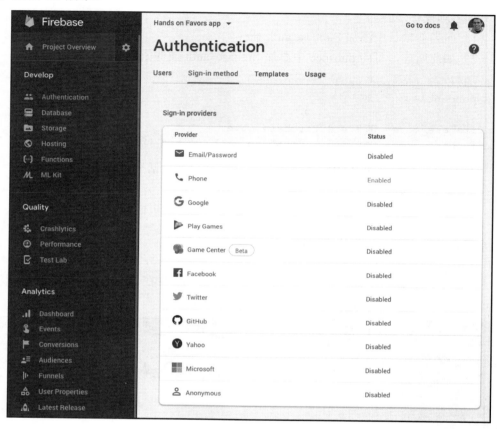

图 8.9

　　设置电话号码测试并对其进行验证是十分重要的。在开发期间，Android 应用程序通过 Debug 证书进行签名。通过这种方式，在登录页面中，当提示输入电话号码时，将仅与之前列出的电话号码协同工作。另外，此处不会接收验证码，只是简单地输入注册后的电话号码即可。

　　设置完毕后，即可开始处理 Flutter 代码。

🛈 注意：

　　对于真实的电话号码验证以及验证码接收，需要在 release 模式下签名应用程序。关于 release 模式的更多内容，读者可参考第 12 章。

8.2.2　身份验证屏幕

在身份验证屏幕中，我们将讨论布局的细节内容，如图 8.10 所示。此处新添加了 Material Design 中的 Stepper 插件。具体过程可描述为，用户输入电话号码、接收一个验证码，并在确认后进行登录。此外，我们还将使用第 5 章介绍的自定义输入微件。

图 8.10

不难发现，相应的布局较为简单，Stepper 微件可帮助我们实现登录工作流，如下所示。

（1）用户填写电话号码。

（2）用户填写验证码（通过 SMS 接收）。

（3）用户填写名称并上传个人照片。

ℹ️ 注意：

关于 Stepper 微件，读者可查看其 material.io 页面，对应网址为 https://material.io/archive/guidelines/components/steppers.html。

8.2.3　利用 Firebase 进行登录

考查 hands_on_firebase 项目中的全屏模式代码，其中包含了 LoginPageState 中的两个主要函数：_sendVerificationCode()和_executeLogin()。

可以看到，其中向 Stepper 微件中添加了两个<Step>。

（1）发送验证码：用户填写电话号码后将接收到一个验证码。

（2）输入接收到的 6 位验证码：用于确认用户的身份。随后，用户可执行登录操作。

除了 Stepper 微件属性之外，还应留意 onStepContinue 字段，如下所示。

```
// part of LoginPageState build method. The Stepper callback:
onStepContinue: () {
    if (_currentStep == 0) {
        _sendVerificationCode();
    } else if (_currentStep == 1) {
        _executeLogin();
    } else {
        _saveProfile();
    }
},
```

该字段期望接收一个回调方法，并在用户每个步骤中单击 Continue 按钮时被调用。由于在_currentStep 字段中保留了当前活动步骤，因而我们将知晓所执行的动作。下面考查每项动作的实现方式。

ℹ 注意：

之前曾自定义了各步骤动作的外观，读者可参考 LoginPageState 类中的 _stepControlsBuilder 方法并查看详细内容。此外，还可参考 Stepper 属性的相关文档以了解更加丰富的内容，对应网址为 https://docs.flutter.io/flutter/material/Stepper/controlsBuilder.html。

1．发送验证码

电话号码身份验证的第一阶段是，服务器（在当前示例中为 Firebase）通过 SMS 向用户输入的电话号码发送一个验证码。

这可通过 Firebase SDK 的 verifyPhoneNumber()方法予以实现，进而请求服务器启动电话号码身份验证操作，如下所示。

```
// _sendVerificationCode method (LoginPageState) login_page.dart

void _sendVerificationCode() async {
```

```
final PhoneCodeSent codeSent = (String verId, [int forceCodeResend]) {
  _verificationId = verId;
  _goToVerificationStep();
};

final PhoneVerificationCompleted verificationSuccess = (FirebaseUser
user) {
  _loggedIn();
};

final PhoneVerificationFailed verificationFail = (AuthException
exception) {
  goBackToFirstStep();
};

final PhoneCodeAutoRetrievalTimeout autoRetrievalTimeout = (String verId)
{
  this._verificationId = verId;
};

await FirebaseAuth.instance.verifyPhoneNumber(
  phoneNumber: _phoneNumber,
  codeSent: codeSent,
  verificationCompleted: verificationSuccess,
  verificationFailed: verificationFail,
  codeAutoRetrievalTimeout: autoRetrievalTimeout,
  timeout: Duration(seconds: 0),
);
}
```

🛈 注意：

verifyPhoneNumber()方法以异步方式执行（使用异步方法并返回 Future），因此需要在调用前使用 await 关键字。

在上述代码中，需要注意以下内容。

❑ FirebaseAuth.instance 表示 Firebase auth SDK 的单一实例，并在 Flutter 和本地 Firebase auth 库之间实现了桥接方式。

❑ 存在多个需要实现的回调，以及多个在身份验证 API 上设置的属性，如下所示。

  ➢ phoneNumber：接收验证码的电话号码。

  ➢ codeSent：当代码发送至 phoneNumber 时被调用。

> ➢ verificationCompleted：当代码通过 Firebase auth SDK 自动接收时被调用。
> ➢ verificationFailed：当电话号码在验证过程中出现错误时被调用。
> ➢ timeout：自动接收时最大的库等待时间。其中，0 表示禁用。
> ➢ codeAutoRetrievalTimeout：当到达指定的超时限定时被调用，这意味着自动检索无法正常工作（除非将其设置为0）。

❑ 当 codeSent 回调被调用时，将使 Stepper 返回至前述步骤（2），用户将输入接收到的验证码。

ⓘ **注意：**

读者应随时查看 FlutterFire 网站以了解详细信息；另外，对于上述各属性，建议读者参考 firebase_auth 插件的文档，对应网址为 https://pub.dartlang. org/packages/firebase_auth。

在本书编写过程中，自动接收功能仍处于禁用状态。对此，可尝试对回调方法进行调整和测试。

2. 验证 SMS 码

第二步是验证用户接收的验证码。对此，需登录当前应用程序，这可通过 signInWithCredential 方法予以实现，如下所示。

```
// _executeLogin method (LoginPageState) login_page.dart

 void _executeLogin() async {
   setState(() {
     _showProgress = true;
   });

   await FirebaseAuth.instance.signInWithCredential(
       PhoneAuthProvider.getCredential(
           verificationId: _verificationId, smsCode: _smsCode,
   ));

   FirebaseAuth.instance.currentUser().then((user) {
     if (user != null) {
       goToProfileStep();
     }
   });
 }
```

可以看到，这是 Firebase auth 插件中一个简单的 signInWithCredential 方法调用，并期望接收以下两个参数。

❑ verificationId：表示整体登录过程中的标识符。前述介绍的回调方法将接收该标识符，并对其予以保存以供后续操作加以使用。该参数负责标识当前登录，且无须再次发送所有信息（在当前示例中为电话号码）。

❑ smsCode：用户输入的验证码。如果用户和验证码均有效，则登录成功。

ⓘ 注意：

当执行某些测试时，将会发现应用程序并未向用户显示登录错误消息（如错误的验证码）。在实际的应用程序中，这一结果难以令人满意。对此，读者可查看回调方法并尝试对其改进。

3．更新配置和登录状态

Firebase 用户对象不仅包含电话号码，同时还包含了针对另一种登录方法的一组信息，如电子邮件。此外，该对象还涵盖了有助于定义用户配置文件的相关属性，如显示名称和照片 URL。在登录过程的最后一步，可以保存用户配置文件及其 displayName，以便其他用户可以方便地予以识别。这可通过_saveProfile()方法予以实现，如下所示。

```
// part of LoginPageState class
void _saveProfile() async {
  setState(() {
    _showProgress = true;
  });

  final user = await FirebaseAuth.instance.currentUser();

  final updateInfo = UserUpdateInfo();
  updateInfo.displayName = _displayName;

  await user.updateProfile(updateInfo);

  // ... the last part is explained below
}
```

currentUser()方法对于与用户登录相关的动作十分有用。在当前示例中，我们将获取并更新请求信息（当前为显示名称）。

UserUpdateInfo 定义为一个辅助类以存储更新信息。稍后还将使用多个属性存储用户的个人照片 URL。

当用户处于登录状态时，可利用 Navigator 将其重定向至 Favors 页面，如下所示。

```
// final part of _saveProfile() LoginPage
Navigator.of(context).pushReplacement(
```

```
MaterialPageRoute(
    builder: (context) => FavorsPage(),
  ),
);
```

　　Favors 页面是应用程序的开始页面。然而，我们不应每次均请求用户填写相应的信息。在此之前，需要检查用户是否处于登录状态，若是，则简单地执行前述重定向操作。对此，可再次使用 FirebaseAuth.instance.currentUser() 方法。相应的检查工作位于LoginPageState 类的 initState() 方法中，如下所示。

```
// part of login_page.dart
class LoginPageState extends State<LoginPage> {
...
  @override
  void initState() {
    super.initState();

    FirebaseAuth.instance.currentUser().then((user) {
      if (user != null) {
        Navigator.of(context).pushReplacement(
          MaterialPageRoute(
            builder: (context) => FavorsPage(),
          ),
        );
      }
    });
  }
...
}
```

　　不难发现，如果当前 Firebase 用户不为 null，则可将导航重定向至下一个屏幕。

🛈 注意：
　　如果当前用户为 null，应考虑提供适当的用户返回信息。

　　至此，电话号码的身份验证暂告一段落，接下来将考查在 Cloud Firestore 后端存储帮助任务。

8.3　基于 Cloud Firestore 的 NoSQL 数据库

　　Firebase 中的 Cloud Firestore 是一类灵活、可伸缩的 NoSQL 云数据库，可帮助我们开发实时应用程序；而客户端的同步技术则有助于实现快速且兼顾功能性的应用程序。

本章将尝试对 Favors 应用程序进行适当的调整，并执行下列任务。

❏　将 Favors 列表转移至 Firebase 中。

❏　考查如何添加规则，以使用户无法访问另一个用户的任务表。

❏　向 Cloud Firestore 中的另一位用户/朋友发送/存储一项任务请求。

8.3.1　启用 Firebase 上的 Cloud Firestore

第一步是启用 Firebase 上的所需服务。在当前示例中，将启用 Firebase 上的 Cloud Firestore 技术，如图 8.11 所示。

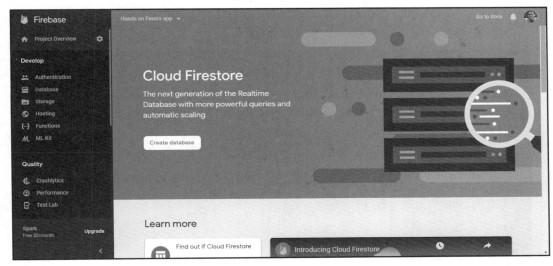

图 8.11

这里，与数据相关的重要事项是安全性。Firebase 提供了规则机制，以便可配置存储于数据库中的任何信息的访问级别。在创建提示中，这也是唯一需要配置的内容，如图 8.12 所示。

在当前应用程序中，出于简单考虑，我们可配置任何规则，这也是选择 test 模式的原因，如图 8.13 所示。对于实际的应用程序，建议读者了解与规则相关的详细内容，对应网址为 https://firebase.google.com/docs/firestore/security/rules-structure?authuser=0。

随后，即可启用 Cloud Firestore 并存储和加载帮助任务。

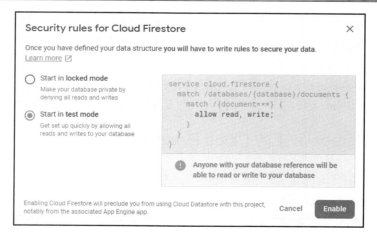

图 8.12

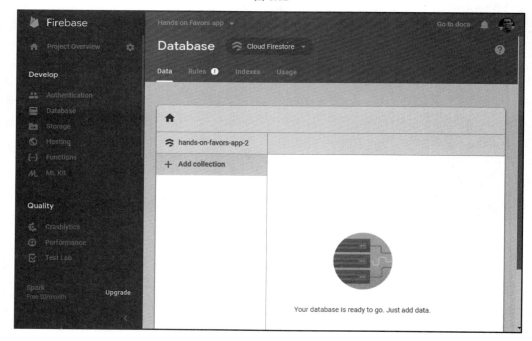

图 8.13

8.3.2　Cloud Firestore 和 Flutter

如前所述，FlutterFire 针对不同的技术提供了一组插件，对于 Cloud Firestore 插件来说也是如此。因此，首先需要向 pubspec.yaml 文件中添加必要的依赖关系，如下所示。

```
dependencies:
  cloud_firestore: ^0.9.5 # Cloud Firestore
```

在利用 flutter packages get 命令获取必要的依赖关系后，即可开始修改帮助任务的存储机制。

8.3.3　从 Firestore 中加载帮助任务

这里，需通过 cloud_firestore Dart 库中的 Firestore 类使用 Firestore。在 FavorsPageState 的 initState()函数中，可向 watchFavorsCollection()添加一个调用。

ⓘ 注意:

集合可视为一组文档。当前应用程序持有一个称作 favors 的单集合，用于存储应用程序中的所有帮助任务文档。这里，"文档"是指集合中的一项记录，通常表示为一个 JSON 对象。

在 watchFavorsCollection()方法中，可开始加载 Firebase 中的帮助任务，如下所示。

```
// part of favors_page.dart watchFavorsCollection
class FavorsPageState extends State<FavorsPage> {

  @override
  void initState() {
    super.initState();
    ...
    pendingAnswerFavors = List();
    acceptedFavors = List();
    completedFavors = List();
    refusedFavors = List();
    friends = Set();

    watchFavorsCollection();
  }
  ....
  void watchFavorsCollection() async {
    final currentUser = await FirebaseAuth.instance.currentUser();

    Firestore.instance
      .collection('favors') // 1
```

```
    .where('to', isEqualTo: currentUser.phoneNumber) // 2
    .snapshots() //3
    .listen((snapshot) {}) //4
  ...
  }
}
```

典型的 Firebase 查询涵盖了多种格式，并执行下列任务。

（1）指定目标集合，即 Favors。

（2）添加 where 条件，并筛选仅发送至当前用户电话号码的帮助任务。

（3）snapshots()生成一个快照（snapshot）流。

（4）listen((snapshot) {})用于监听快照上的变化。也就是说，订阅快照的变化行为。
影响查询的数据库上的每次变化都将调用传递至 listen()函数中的函数。listen()函数的回
调代码如下所示。

```
// part of watchFavorsCollection
void watchFavorsCollection() async {
final currentUser = await FirebaseAuth.instance.currentUser();

Firestore.instance
    .collection('favors')
    .where('to', isEqualTo: currentUser.phoneNumber)
    .snapshots()
    .listen((snapshot) {
        List<Favor> newCompletedFavors = List();
        List<Favor> newRefusedFavors = List();
        List<Favor> newAcceptedFavors = List();
        List<Favor> newPendingAnswerFavors = List();
        Set<Friend> newFriends = Set();

        snapshot.documents.forEach((document) {
          Favor favor = Favor.fromMap(document.documentID,
          document.data);
          if (favor.isCompleted) {
            newCompletedFavors.add(favor);
          } else if (favor.isRefused) {
            newRefusedFavors.add(favor);
          } else if (favor.isDoing) {
            newAcceptedFavors.add(favor);
          } else {
            newPendingAnswerFavors.add(favor);
          }
```

```
    newFriends.add(favor.friend);
  });

  // update our lists
  setState(() {
    this.completedFavors = newCompletedFavors;
    this.pendingAnswerFavors = newPendingAnswerFavors;
    this.refusedFavors = newRefusedFavors;
    this.acceptedFavors = newAcceptedFavors;
    this.friends = newFriends;
  });
});
}
```

可以看到，通过帮助任务的插入、编辑和删除，每当查询的集合部分发生变化时，即会调用回调并执行下列任务。

❏　创建每种任务类型的新列表。

❏　通过新的 fromMap 定义的构造方法生成一项帮助任务，如下所示。

```
Favor.fromMap(String uid, Map<String, dynamic> data)
    : this(
      uuid: uid,
      description: data['description'],
      dueDate: DateTime.fromMillisecondsSinceEpoch
      (data['dueDate']),
      accepted: data['accepted'],
      completed: data['completed'] != null
          ? DateTime.fromMillisecondsSinceEpoch
            (data['completed'])
          : null,
      friend: Friend.fromMap(data['friend']),
      to: data['to'],
    );
```

fromMap 构造方法接收一个 ID（文档 ID），以及一个包含对应字段的 Map 实例。可以看到，这是默认构造方法的一个简单应用，其中包含了源自 Firebase 数据的参数。

ⓘ 注意：

对于 Friend 对象来说，情况基本相同。读者可查看对应示例中的 Favor 类。

❏　取决于 favor 的状态，任务将被插入对应的列表中。

❑　除此之外，还将创建多名朋友用户，任务中的每位朋友将被添加至对应的集合中。由于 Set 仅支持每个对象的单次出现，因而不会显示重复的朋友用户。

🛈 注意：

查看 Friend 类。对于 Set 集合，等号（==）和 hashCode 方法将针对正确的评估行为进行重载。

❑　最后，更新 State 实例的列表，进而使布局被重新构建。

8.3.4　更新 Firebase 中的帮助任务

之前，当使用模拟数据时，仅需修改内存中的列表即可。当前，则需要更新 Firebase 中对应的帮助任务文档，以便触发之前定义的回调，这将导致布局的重建和更新操作。

对此，我们定义了一个新方法_updateFavorOnFirebase()用于每次任务变化，如下所示。

```
void _updateFavorOnFirebase(Favor favor) async {
  await Firestore.instance
    .collection('favors') // 1
    .document(favor.uuid) // 2
    .setData(favor.toJson()); // 3
}
```

Firestore 调用的开始阶段基本相同，即获取 Firestore 实例并执行下列各项步骤。

（1）访问帮助任务集合。

（2）获取需要更新的帮助任务文档的引用。

（3）将 JSON 格式的数据发送到相应的文档中进行更新。toJson()方法是一个简单的转换器，并可以存储在 Firebase 上。

🛈 注意：

关于 Firebase 间的转换，读者可参考 hands_on_firebase 以查看完整的源代码。

_updateFavorOnFirebase()方法用于之前定义的各方法中，包括 complete()、giveUp()、acceptToDo()和 refuseToDo()。这即是需要在 Firebase 上更新并反映应用程序布局变化的全部内容。

8.3.5　在 Firebase 上保存一项帮助任务

在 RequestFavorPageState 类中，需要添加相应的代码，并向 Firestore 的帮助任务集合中插入一项新的帮助任务。这可在之前的_save()方法中予以实现。目前，该方法尚未保存任何内容。

```
// part of request_favors_page.dart file
  void save(BuildContext context) async {
    if (_formKey.currentState.validate()) {
    _formKey.currentState.save(); // 1
    final currentUser = await FirebaseAuth.instance.currentUser();
    //2

    await _saveFavorOnFirebase(
      Favor(
        to: _selectedFriend.number,
        description: _description,
        dueDate: _dueDate,
        friend: Friend(
          name: currentUser.displayName,
          number: currentUser.phoneNumber,
          photoURL: currentUser.photoUrl,
        ),
      ),
    ); //3

    Navigator.pop(context); //4
  }
}
```

保存过程的定义方式如下所示。

（1）验证并保存 Form 字段。也就是说，将描述信息的文本字段值、过期时间和朋友保存为变量以供后续操作使用。当然，还存在获取 Form 字段值的其他操作方式，但当前方法更为简单、清晰。

（2）获取当前处于登录状态的用户，因为需要通过当前用户信息填写帮助任务请求，以便使其他朋友知道谁在请求一项帮助任务。

（3）调用新的_saveFavorOnFirebase()工具方法生成 Firebase 调用，并使用来自 Form 的值创建一个新的 Favor 实例，如下所示。

```
_saveFavorOnFirebase(Favor favor) async {
  await Firestore.instance
      .collection('favors')
      .document() // without passing any document id
      .setData(favor.toJson());
}
```

不难发现，当前调用与之前的更新代码十分类似，唯一的差别在于，此处并未在 document()方法调用上访问特定的文档。这将导致 Firestore 生成唯一的新 ID，并于随后映射至一个新文档，稍后将在该文档中设置数据。

（4）在保存操作结束后，将弹出当前路由，并返回至之前的屏幕。

ⓘ注意：

或许，我们还可以进一步处理保存过程中发生的任何错误，以供用户在后续操作过程予以参考。因此，代码还具有一定的改进空间。

综上所述，当前，我们可从 Cloud Firestore 中存储和获取帮助任务，如图 8.14 所示。

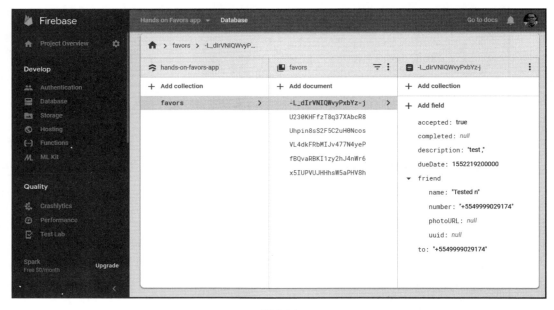

图 8.14

截至目前，我们尚未编写后端代码，但应用程序中也体现了某些实时变化，这对于涉及多个用户的上下文非常有用。

8.4　基于 Firebase Storage 的 Cloud Storage

对于云上的文件存储，Firebase Storage 是一个较好的平台。其中，较为典型的用例是存储用户的图像和视频，但并没有具体的限制，并可存储应用程序所需的任何数据类型。Firebase Storage 强大的存储机制可满足应用程序的各种需求。

8.4.1　Firebase Storage 简介

类似于之前所讨论的服务，Firebase Storage 包含了一个简介页面，并于其中解释了一些安全数据所需的前提条件，如图 8.15 所示。

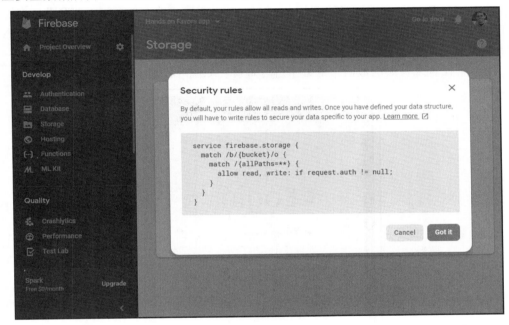

图 8.15

相应地，可利用默认的规则定义和启用存储服务。其中，仅授权的请求可读、写调用，这对于当前应用程序来说已然足够。

💡注意：

再次强调，对于真实的应用程序，建议创建能够帮助保护特定用户数据的最佳规则。读者可访问 https://firebase.google.com/docs/storage/security 以了解更多信息。

8.4.2　添加 Flutter 存储依赖关系

除了之前讨论的插件之外，FlutterFire 针对 Firebase Storage 提供了一个插件，首先需要向 pubspec.yaml 文件添加依赖关系，如下所示。

```
dependencies:
  firebase_storage: ^2.1.0 # Cloud Firestore
```

在通过 flutter packages get 命令获取依赖关系后，即可在项目中使用 Firebase Storage。

8.4.3　向 Firebase 上传文件

本节将向 Favors 应用程序的 Firebase Storage 中添加文件上传功能。在登录处理操作的 Profile 部分中，在用户成功登录后，可添加一个特性，以使用户可向其配置项中添加一幅图像。

用户可在登录页面的最后一部分中进行查看，如图 8.16 所示。

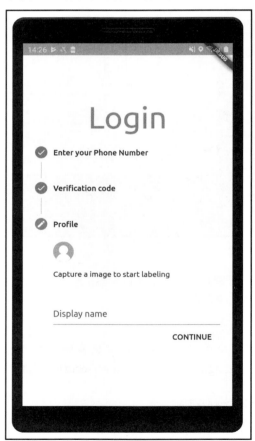

图 8.16

除此之外，此处还将向依赖关系中添加另一个有用的库，即 image_picker，以便可从相机中获取一幅图像，并将其上传至 Firebase Storage 以用作用户的个人照片。

注意：
第 10 章详细介绍了相机的应用和 image_picker。

此时，需要调整登录页面中的_saveProfile()方法，将所选图像上传至 Firebase Storage 中，并于随后将 URL 存储在用户的配置文件信息中，如下所示。

```dart
// part of login_page.dart

void _saveProfile() async {
    setState(() {
      _showProgress = true;
    });

    final user = await FirebaseAuth.instance.currentUser();

    final updateInfo = UserUpdateInfo();
    updateInfo.displayName = _displayName;
    updateInfo.photoUrl = await uploadPicture(user.uid);

    await user.updateProfile(updateInfo);

    Navigator.of(context).pushReplacement(
      MaterialPageRoute(
        builder: (context) => FavorsPage(),
      ),
    );
}
```

其中，仅通过 photoUrl 属性修改了 updateInfo 对象，而保存部分则保持不变。注意，应该对 uploadPicture()方法给予足够的重视，如下所示。

```dart
uploadPicture(String userUid) async {
  StorageReference ref = FirebaseStorage.instance
      .ref()
      .child('profiles')
      .child('profile_$userUid'); // 1
```

```
    StorageUploadTask uploadTask = ref.putFile(_imageFile,
StorageMetadata(contentType: 'image/png')); // 2

    StorageTaskSnapshot lastSnapshot=await uploadTask.onComplete; // 3

    return await lastSnapshot.ref.getDownloadURL(); // 4
  }
```

Firebase Storage 划分为以下几个步骤。

（1）需创建一个指向 Storage 上新对象的引用。可以看到，代码中创建了一个名为 profiles 的文件夹和名称中包含了用户 ID 的文件。

（2）创建存储上传任务，进而初始化 Firebase 的上传操作。此处应注意 StorageMetadata 参数，由于这是一幅被存储的图像，因而我们定义了一个图像内容类型。

（3）等待上传任务的 Future 引用，同时获取当前任务的最新快照（即最终结果）。

（4）获取文件 URL，即 Firebase 文件的下载 URL，以便可从 Storage 中访问文件。

在 Firebase console 中，可访问文件列表，如图 8.17 所示。

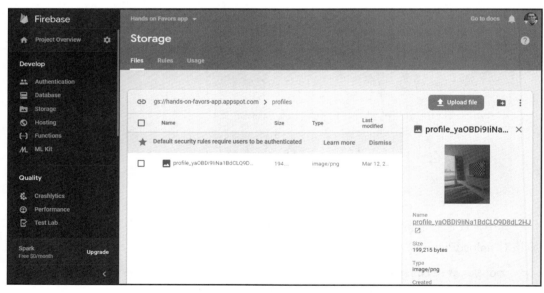

图 8.17

Favors 页面则无任何变化。如前所述，当给定某位朋友的 photoURL 属性（非 null）时，个人照片将通过 NetworkImage 载入 CircleAvatar 中。

```
// part of favors page FavorCardItem class
      CircleAvatar(
        backgroundImage: favor.friend.photoURL != null
          ? NetworkImage(
              favor.friend.photoURL,
            )
          : AssetImage('assets/default_avatar.png'),
      ),
```

不难发现，对于未设置 geranium 照片的用户，将产生一个回退。

至此，我们介绍了 Favors 应用程序中的存储内容，该程序仍有较大的改进空间。接下来将考查 Firebase AdMob 插件。

8.5　Firebase AdMob 和广告

Google AdMob 是一种通过移动宣传来获取收益的技术。向应用程序中添加广告是一种常见的盈利方法，也是免费应用程序的一个很好的解决方案。

利用 FlutterFire 插件，可以方便地将 AdMob 集成至应用程序中。AdMob 的注册和使用方式和之前介绍的插件有所不同。对此，需要创建另一个账户。

8.5.1　AdMob 账户

实际上，AdMob 与 Firebase 控制台是分开的。虽然控制台中涵盖了 AdMob 部分，但与 AdMob 文档和开始页面相比，其链接数量较少，如图 8.18 所示。

在 apps.admob.com 页面中，可管理所有的应用程序。

ℹ️ 注意：

在手动链接应用程序和 Firebase 项目/应用程序之前，不会显式地连接 Firebase 项目和 AdMob 应用程序。在后续章节中，这种情况将有所改观。当前，一切事物均处于分离状态：AdMob 中的应用程序与 Firebase 是分开注册的，且需要对其进行手动链接。

8.5.2　创建一个 AdMob 账户

在图 8.18 所示的链接中，可创建 AdSense 和 AdMob 账户。在图 8.19 中，可遵循页面中的相关步骤创建一个新的账户。

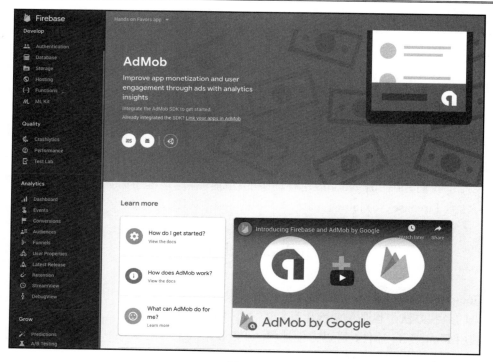

图 8.18

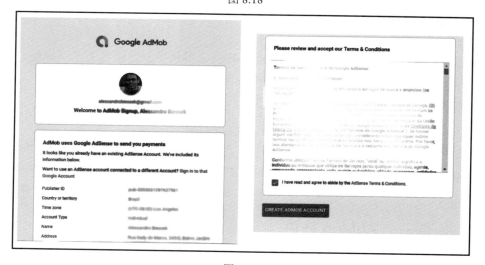

图 8.19

随后，即可对应用程序加以管理。在当前 Flutter 示例中，我们创建了两个应用程序，分别针对于 Android 和 iOS 平台，如图 8.20 所示。

图 8.20

其中，我们可管理相应的应用程序，并为每个应用程序获取唯一的应用程序 ID。

注意:

只需按照相应的配置步骤即可在 AdMob 门户中创建应用程序，同时确保为每个平台创建一个应用程序。

在成功地向 AdMob 中添加了应用程序后，将显示一个如图 8.21 所示的窗口。

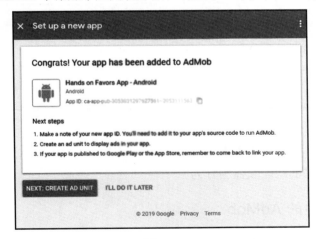

图 8.21

我们将使用这一类应用程序 ID 在应用程序中添加多个广告横幅。

在生成了 AdMob 之后，即可在 Google AdMob 门户中链接该应用程序，如图 8.22 所示。

图 8.22

按照对话框中的工作流程，将 iOS/Android AdMob 应用程序与项目中对应的 Firebase 应用程序进行链接，如图 8.23 所示。

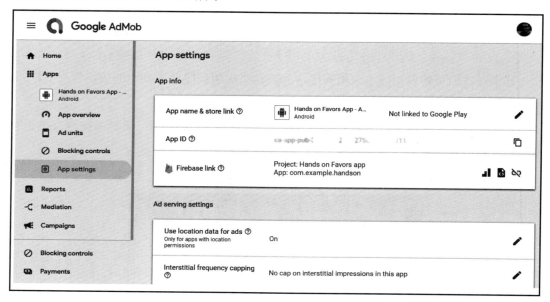

图 8.23

这意味着在 Firebase 上收集的分析数据将对 AdMbo 有所帮助，可使分析数据流向 AdMob，以提升产品的功能和盈利行为。

8.5.3　Flutter 中的 AdMob

与之前的 FlutterFire 类似，需要向 pubspec.yaml 文件中添加 AdMob 依赖关系，如下所示。

```
dependencies:
  firebase_admob: ^0.8.0+4 # AdMob
```

在通过 flutter packages get 命令获取了依赖关系后，即可在项目中使用 Firebase AdMob。

Firebase AdMob 可视为起始点，随后可向应用程序中添加广告横幅。与之前看到的从 google-services.json（Android）和 GoogleService-info.plist（iOS）中获取全部运行信息的 Firebase 插件不同，在当前示例中，需要额外的设置方可有效地使用插件。

这里，需要利用应用程序 ID 以手动方式初始化插件（可在任何时候完成）。在 Favors 应用程序中，可在 main()方法中实现这一任务，如下所示。

```
void main() {
  FirebaseAdMob.instance.initialize(
    appId: Platform.isAndroid
        ? 'ca-app-pub-3940256099942544~3347511713' // replace with your
Android app id
        : 'ca-app-pub-3940256099942544~1458002511', // replace with your
iOS app id
  );
  runApp(MyApp());
}
```

可以看到，通过提供注册后的应用程序 ID（对于发布应用程序来说十分重要），此处初始化了插件。在上述示例中，我们仅使用了测试 ID，其值等同于对应库中的 FirebaseAdMob.testAppId 属性。通过以下两种方式，可对广告横幅进行测试。

❑ 使用谷歌提供的测试广告。据此，将使用一组模拟广告，且应用程序广告中不包含真实的浏量。

ⓘ注意：

由于生成无效的应用程序流量将导致账户失效，因而上述设置行为十分重要。因此，应确保在开发期间使用测试广告。对此，读者可访问 https://developers.google.com/admob/android/test-ads 以了解更多信息。随后，可在测试设备上修改为真实的应用程序 ID。

❑ 通过添加包含真实 ID 的测试设备，即意味着拥有了实际的广告外观。当然，这是一类可选方案。

提示：

　　当使用 Android 模拟器或 iOS 模拟器时，将自动配置为测试设备。对于真实的设备，当首次运行配置好的 AdMob 应用程序时，测试设备 ID 将显示于 LogCat（Android）或 Console 日志（iOS）中，并使用该 ID 将设备标记为测试设备。读者可访问 https://developers. google.com/admob/ios/test-ads 和 https://developers.google.com/admob/android/test-ads 以了解更多信息。

1．Android 上的边注

　　在 Android 中，还需要一个额外的步骤。通过下列代码，可将用于初始化 FirebaseAdMob 插件的同一 AdMob 应用程序 ID 添加至 AndroidManifest.xml 文件中。

```
<!-- AndroidManifest.xml -->
   <application>
       <meta-data
           android:name="com.google.android.gms.ads.APPLICATION_ID"
           android:value="ca-app-pub-3940256099942544~3347511713"/>
   </application>
```

这是通过添加<meta-data>值加以实现的，该值包含了之前配置的同一应用程序 ID。

2．iOS 上的边注

　　在 iOS 中，也需要将初始化 FirebaseAdMob 插件的同一 ID 添加至 Info.plist 文件中，如下所示。

```
<!-- Info.plist -->
<plist version="1.0">
<dict>
...
  <key>GADApplicationIdentifier</key>
  <string>ca-app-pub-3940256099942544~1458002511</string> // replace with
                                                          // your iOS app
                                                          // id
...
</dict>
```

这是通过向<dict>部分添加一项内容来实现的，其中包含了之前为 iOS 配置的应用程序 ID。

8.5.4　在 Flutter 中显示广告

　　在正确地配置完 AdMob 插件后，即可显示不同种类的广告，如广告横幅。与其他

Flutter 视图不同，广告的显示方式与微件有所不同，且在树结构中不包含任何节点。

这里将调整 RequestFavorPageState 以显示广告内容。具体来说，将在屏幕下方显示一个 BannerAd，并在保存请求后显示一个全屏的 InterstitialAd。

相应地，应持有一个指向广告的应用，以便在后续操作过程中对广告进行显示。因此，首先可将其作为字段添加至当前状态中，如下所示。

```
// RequestFavorPageState class

  InterstitialAd _interstitialAd;
  BannerAd _bannerAd;
```

在 initState()函数中，可通过下列方式准备广告内容：

```
_bannerAd = BannerAd(
  adUnitId: BannerAd.testAdUnitId,
  size: AdSize.banner,
)
  ..load()
  ..show();

_interstitialAd = InterstitialAd(
    adUnitId: InterstitialAd.testAdUnitId,
)..load();
```

❗ 注意：

关于广告类型，读者可访问 https://pub.dartlang.org/packages/firebase_admob 以了解更多内容。

当定义广告时，需要注意以下事项。

❑　adUnitId 表示广告的主要属性。以下内容引自 AdMob 文档：

"一个广告单元表示一个或多个显示为 AdSense 广告代码的 Google 广告。"

❗ 注意：

可使用 Ad 类中的 testAdUnitId 创建模拟广告，即简单的测试广告。另外，还可在 AdMob 门户上创建/配置广告单元。

❑　load()函数表示为广告的初始调用，以使广告处于可显示状态。

❑　show()函数使得广告内容可见（load()函数需执行完毕）。

❑　targetingInfo 则是另一个较为重要的属性，用于定位广告。关于更多信息，读者可查看 MobileAdTargetingInfo。另外，该类还定义了测试设备（参见 7.5.3 节）。

相应地，一旦加载过程结束，即可显示广告横幅。稍后，在 save()方法中，还可通过下列代码形成间隙广告：

```
// save method
await _interstitialAd.show();
```

如图 8.24 所示，广告中包含了测试标记。通过创建 Ad 单元并使用真实的设备，即可生成真实的广告内容。

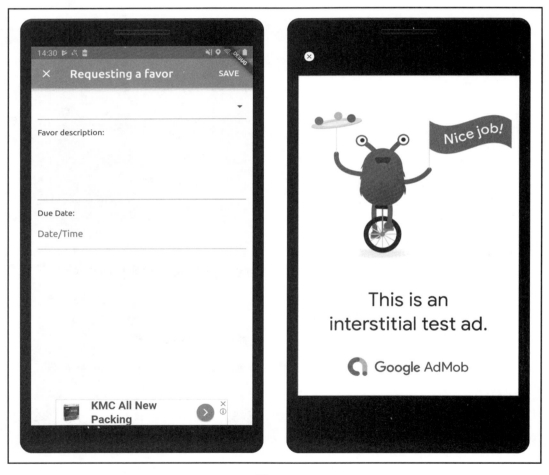

图 8.24

接下来将介绍 Firebase ML Kit，进而在应用程序中集成机器学习工具。

8.6　基于 Firebase ML Kit 的机器学习

Firebase ML Kit 可向应用程序中添加机器学习（ML）特性，读者无须具备 ML、神经网络或模型优化方面的背景知识。

Firebase ML Kit 提供了多种工具，其中包括以下方面。

- ❑ 文本识别（OCR）：识别照片中的文本内容（基于设备和云）。
- ❑ 面部识别：检测图像中的人脸、识别重要的面部特征，进而获取检测后的人脸轮廓（基于设备）。
- ❑ 条形码扫描：扫描多种类型的条形码（基于设备）。
- ❑ 图像标记：识别图像中的实体（基于设备和云）。
- ❑ 地标识别：识别图像中的著名地标（基于云）。
- ❑ 语言识别：确定文本字符串的语言（基于设备）。
- ❑ 自定义模型接口：使用基于 ML Kit 的自定义 TensorFlow Lite（https://www.tensorflow.org/lite）模型（基于设备）。

基于设备的工具是指离线运行并快速处理数据的 API；另外一方面，基于云的 API 则依赖于谷歌云平台提供高精度的结果。

8.6.1　向 Flutter 中添加 ML Kit

与之前的 FlutterFire 插件类似，需要向 pubspec.yaml 文件中添加 ML Kit 依赖关系，如下所示。

```
dependencies:
  firebase_ml_vision: ^0.6.0 # ML Vision
```

当利用 flutter packages get 命令获取依赖关系后，即可在项目中使用 Firebase ML Kit。

8.6.2　在 Flutter 中使用标记检测器

前述内容介绍了 Firebase ML Kit 提供的多种工具。在当前示例中，将在图像上运行标签检测器，以便解析图像并返回图像信息，这对于图像的预处理和筛选是十分有用的。

取决于希望使用的服务，需要在系统级别添加特定的库。对于图像标记机制，需要在本地项目级别添加标记库（OCR）。

在 Android 中，这是在 android/app/build.gradle 文件中完成的，即下载支持图像实体分辨率的本地代码，如下所示。

```
dependencies {
    ...
    api 'com.google.firebase:firebase-ml-vision-image-label-model:16.2.0'
}
```

这是一个可选的步骤，并可添加至 AndroidManifest.xml 文件中，如下所示。

```
<application ...>
  ...
  <meta-data
    android:name="com.google.firebase.ml.vision.DEPENDENCIES"
    android:value="ocr" />
  <!-- To use multiple models: android:value="ocr,label,barcode,face" -->
</application>
```

在 iOS 中，情况也基本类似。但需要通过 pods 执行添加操作（pods 等同于 Flutter 中的插件）。

在 ios 目录中，如果为包含 Podfile 文件，则可运行 pod init 命令。

🛈 注意：

如果尝试在 iOS 中运行 Flutter，Podfile 很可能已经存在——在构建过程中，它会为 Flutter 插件获取相应的 pods。因此，Podfile 很可能已经包含了某些内容。

随后，利用下列命令在 Podfile 中添加图像标记的依赖关系：

```
pod 'Firebase/MLVisionLabelModel'
```

接下来执行下列命令：

```
pod install
```

🛈 注意：

读者可访问 https://pub.dartlang.org/packages/firebase_ml_vision 查看每种技术的具体配置信息。

在添加了依赖关系后，即可检测图像中的实体。

作为一个简单的示例，下面将检测用户个人照片中的标记。对此，可调整捕捉按钮的行为。在捕获图像后，可运行_labelImage()方法中的代码。

_labelImage()方法如下所示。

```
// part of login_page.dart

_labelImage() async {
   if (_imageFile == null) return;

   setState(() {
     _labeling = true;
   });

   final FirebaseVisionImage visionImage =
       FirebaseVisionImage.fromFile(_imageFile); //1

   final LabelDetector labelDetector =
   FirebaseVision.instance.labelDetector(); //2

   List<Label> labels = await labelDetector.detectInImage(visionImage);
   //3

   setState(() {
     _labels = labels;
     _labeling = false;
   });
}
```

当检测实体时，可执行下列各项操作步骤。

（1）从捕获的图像中实例化 FirebaseVisionImage。

（2）实例化一个 Firebase LabelDetector。

（3）利用 LabelDetector 处理图像，这将返回一个稍后显示的 Label 对象集合。

🛈 注意：

　　所有处理过的信息都包含一个与之关联的置信度值。

　　在配置了一些家具的房间中，当使用 Android 模拟相机拍摄一幅简单的图像后，将得到如图 8.25 所示的标记。

　　可以看到，这可以检测到图像中许多具有高置信度值的实体。同时，这也是机器学习中的重要信息，所有的计算值都包含一个置信度值。

　　在此基础上，我们即完成了应用程序中的图像标记整合工作。

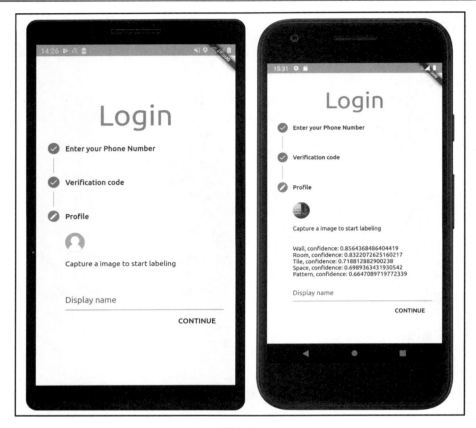

图 8.25

8.7　本 章 小 结

　　本章介绍了 Firebase 工具，并通过高级技术开发全功能的应用程序。通过 Firebase auth 插件，我们利用 SMS 验证码向应用程序中加入了身份验证机制，并于随后调整了任务列表，以便请求能够发送至 Cloud Firestore 服务中。Firebase Storage 则用于将用户个人照片发送至 Firebase Storage 后端，进而存储应用程序中各种类型的文件。最后，本章讨论了基于 Firebase AdMob 插件的 AdMob 服务，以及基于 Firebase ML 插件的 ML Kit，同时还考查了如何配置和管理 Firebase console 和 AdMob 门户中的应用程序。

　　除此之外，本章还创建了自己的插件并用于 Flutter 应用程序中。第 9 章将探讨插件的创建过程，包括 pub 存储库中插件的实现和发布过程。

第9章　构建自己的 Flutter 插件

如同使用社区提供的插件一样，开发人员可能需要通过社区共享某些可用的模块代码，或者将其置于自己的工具箱中。通过这种方式，Flutter 框架方便地创建和共享包。本章将学习如何创建小型插件项目及其处理过程中的基本知识、添加文档并将插件发布至社区中。

本章主要涉及以下主题：
- ❑　创建包/插件项目。
- ❑　插件项目结构。
- ❑　包中的文档。
- ❑　发布一个包。
- ❑　插件开发中的一些建议。

9.1　创建包/插件项目

如前所述，开发全功能的 Flutter 应用程序有时会依赖于 Flutter/Dart 生态环境中的社区共享包。对于大多数应用程序来说，从头开发往往不切实际，这会导致重复性地开发特定于平台的代码，从而延长研发周期并导致进度缓慢。

Flutter 和 Dart 生态系统提供了相关工具可简化这一发布任务，包的开发和发布可在 Flutter 环境中完成。

本章将尝试生成一个简单的 Flutter 插件项目，并分析其中的相关结构。生成后的插件包含了 Flutter 示例，其中定义了一个方法可获取平台版本，即当前运行状态下的操作系统的版本。这一简单的插件并未执行特殊的操作，仅对当前插件项目进行演示。

9.1.1　Dart 包和 Flutter 包

第 2 章介绍了 Dart 包以及如何通过 pub 工具对其进行管理。在 Flutter 中，情况基本相同，Flutter 包仅是包含 Flutter 特定功能的 Dart 包，且与 Flutter 框架间存在某种依赖关系。Flutter 包包含以下两种类型。
- ❑　Dart 包：某些简单的 Dart 包可提供一些较为有用的库，且不依赖于 Flutter 空间，因而可用于任何 Dart 环境中，包括 Web、桌面、服务器等。特定于 Flutter 的包则与 Flutter 框架包含某种依赖关系，因而仅可用于 Flutter 上下文环境中。

❑ 插件包：某些包涵盖了与平台相关的功能实现（如 Android 中的 Java/Kotlin 和 iOS 中的 ObjC/Swift），而 Dart 部分仅是将调用转换为 Flutter 应用程序级别的 API。当查看 Flavors 应用程序中所使用的包时，如 Firebase 包或 image_picker，将会看到它们是一些包含本地平台实现（基于 Dart 中编写的 API）的插件包。

9.1.2　启动一个 Dart 包项目

当在 Flutter 中创建包时，可使用 Flutter create 工具。该工具的参数之一（--template）确定了所生成的包类型，即应用程序包、Dart 包或插件包。下列代码通过--template 创建了一个新的 Dart 包。

```
flutter create --template=package simple_package
```

这将生成一个名为 simple_package 的项目，其中包含一个简单的 Dart 包项目，其项目结构与 Dart 包同样简单，且未涵盖任何与 Flutter 相关的内容，如图 9.1 所示。

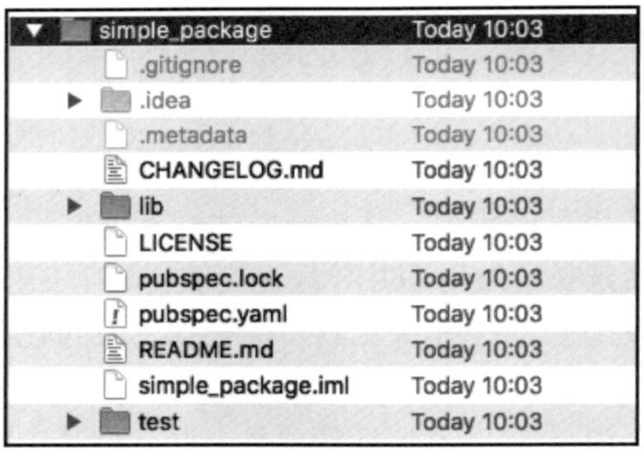

图 9.1

可以看到，其中并未包含典型的 android 和 ios 文件夹，当前 Dart 包示例暂不涉及此类内容。

除了 Flutter sdk 依赖关系之外，甚至 pubspec.yaml 文件中也无须设置任何内容。

```
name: simple_package
description: A new Flutter package project.
version: 0.0.1
author:
homepage:
```

```
environment:
  sdk: ">=2.1.0 <3.0.0"

dependencies:
  flutter:
    sdk: flutter

dev_dependencies:
  flutter_test:
    sdk: flutter

flutter:
...
```

如果打算生成与 Flutter 无关的包，可移除 Flutter 框架部分，并将其用作 Dart 包。例如，与 flutter_test 依赖关系一样，这对于 Dart 包来说并不是必需的。

💡 提示：

对于简单的 Dart 包来说，可使用 https://github.com/dart-lang/stagehand 中的 Dart 项目生成器。因此，当编写简单的 Dart 包时，可使用可管理的、特定于 Flutter 的包，以及 Flutter 生成工具。

此处并不打算详细介绍这一类包的具体实现。接下来将讨论插件包。

9.1.3　Flutter 插件包

当在 Flutter 中创建插件包时，可再次使用基于 plugin 模板的 Flutter create 工具，如下所示。

```
flutter create --template=plugin hands_on_platform_version -a kotlin -i
swift
```

ℹ️ 注意：

默认状态下，plugin 模板针对 iOS 使用 ObjC，而对 Android 则使用 Java。当调整为 Swift 或 Kotlin 时，对于 iOS 语言可使用-i 参数，而对于 Android 语言，则可使用-a 参数。

这将生成一个名为 hands_on_platform_version 的项目，其中包含了 Flutter 包项目。生成后的项目结构类似于 Flutter 应用程序包。

9.2　插件项目结构

前述内容生成了一个插件项目，我们已对此有所分析。本节将查看其中的特定内容。当前项目表示为 Flutter 中的默认插件示例，唯一工作是返回运行设备的平台操作系统的版本号。

下列内容列出了当前项目中的不同之处。

❑　ios/和 android/文件夹中不包含 Flutter 运行期的本地应用程序。相反，这两个文件夹中涵盖了本地类，并作为特定于本地实现的入口点。稍后将对此加以详细讨论。

❑　example/目录是一个简单的 Flutter 应用程序包，即插件包中的子包。

❑　lib/hands_on_show_toast.dart 表示为插件的 Dart API。

```
// pubspec.yaml

name: hands_on_platform_version
description: A new flutter plugin project.
version: 0.0.1
author:
homepage:

environment:
  sdk: ">=2.1.0 <3.0.0"

dependencies:
  flutter:
    sdk: flutter

dev_dependencies:
  flutter_test:
    sdk: flutter

flutter:
 plugin:
 androidPackage: com.example.hands_on_platform_version
 pluginClass: HandsOnPlatformVersionPlugin
```

其中，pubspec 文件与简单的 Flutter 应用程序包类似，唯一的差别在于 flutter 中的

plugin 部分。该部分内容将当前包定义为一个插件包，用于识别构成特定平台上下文中实际实现的本地代码。

9.2.1　MethodChannel 类

客户端（Flutter）和主机（本地）应用程序间的通信出现于平台通道中。MethodChannel 类负责向平台一侧发送消息（方法调用）。在平台一侧，Android（API）上的 MethodChannel 和 iOS（API）上的 FlutterMethodChannel 将启用接收方法调用并返回结果，如图 9.2 所示。

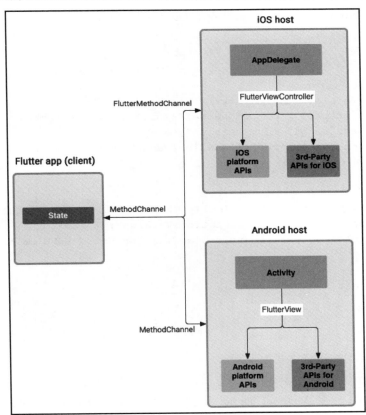

图 9.2

平台通道技术可将 UI 代码从特定于平台的代码中解放出来。其间，主机将监听平台通道并接收消息，并使用平台 API 实现逻辑，同时将响应结果返回客户端，即应用程序的 Flutter 部分。

提示：

读者可访问 https://flutter.dev/docs/development/platform-integration/platform-channels 以进一步了解消息的交换方式，其中包含了与平台通道和消息类型相关的示例。

9.2.2　实现 Android 插件

在前述内容中，默认的项目模板生成了获取平台版本的相关代码，本节将查看 HandsOnPlatformVersionPlugin.kt 中生成的代码，即 Android 子项目中的 com.example. hands_on_platform_version 包，该文件表示为插件的入口点，如下所示。

```kotlin
// HandsOnPlatformVersionPlugin.kt

class HandsOnPlatformVersionPlugin: MethodCallHandler {
  companion object {
    fun registerWith(registrar: Registrar) { // 1
      val channel = MethodChannel(registrar.messenger(),
      "hands_on_platform_version")
      channel.setMethodCallHandler(HandsOnPlatformVersionPlugin())
    }
  }

  override fun onMethodCall(call: MethodCall, result: Result) { // 2
    if (call.method == "getPlatformVersion") { // 3
      result.success("Android ${android.os.Build.VERSION.RELEASE}")
      //4
    } else {
      result.notImplemented() // 5
    }
  }
}
```

插件方法调用的运行方式如下所示。

（1）Flutter 框架使用第一个静态方法，并准备可以从 Dart 上下文中访问的插件。基本上讲，这创建了一个 MethodChannel 实例，并将方法句柄设置为当前类。总之，该过程将设置 Dart 和本地代码之间的链接。

注意：

第 13 章将详细讨论 MethodChannel 类型，并考查如何向应用程序项目中添加本地代码，而不仅是插件包。

（2）当对应的 Dart API 需要运行本地代码时，将调用 onMethodCall()方法。也就是说，在 Dart 一侧，将请求框架运行包含特定注册名称和参数的本地代码。该方法包含了两个参数，如下所示。

❑　MethodCall：对请求进行描述。

❑　Result：向 Dart 上下文传回结果。

（3）运行特定代码的第一步是检查调用者的执行内容。在当前示例中，存在一项方法名检查——一个插件可能会包含多个方法，因而这一检查行为不可或缺。

（4）通过 Result 对象，即可交付方法的对应结果，即采用 success 回调传回请求值。

（5）Result 类中的 notImplemented()回调通知调用者请求方法并未包含对应的实现。同样，对于错误处理，还设置了一个 error 回调。

9.2.3　实现 iOS 插件

在 iOS 中，Swift 代码与 Kotlin 代码类似，如下所示。

```swift
// SwiftHandsOnPlatformVersionPlugin.swift

public class SwiftHandsOnPlatformVersionPlugin: NSObject, FlutterPlugin {
  public static func register(with registrar: FlutterPluginRegistrar) {
  // 1
    let channel = FlutterMethodChannel(name: "hands_on_platform_version",
    binaryMessenger: registrar.messenger())
    let instance = SwiftHandsOnPlatformVersionPlugin()
    registrar.addMethodCallDelegate(instance, channel: channel)
  }

  public func handle(_ call: FlutterMethodCall, result: @escaping
  FlutterResult) {
    result("iOS " + UIDevice.current.systemVersion)
  }
}
```

上述处理过程类似于 Android，但也存在少许不同，如下所示。

❑　iOS 中的 handle()方法等价于 Kotlin 中的 onMethodCall()方法。需要注意的是，该方法并未检查 FlutterMethodCall 参数中的对应方法调用。虽然对于简单的方法插件来说这并不会产生任何问题，但较好的做法是对调用者方法进行检查，以清晰地呈现其处理内容。

❑　FlutterResult 将数据返回至 Dart 上下文环境中。此外，还设置了针对相同错误的常量类型，以及未实现的 FlutterError 和 FlutterMethodNotImplemented。

9.2.4　Dart API

前述内容考查了插件的本地实现，但还需要了解 Dart 上下文中 Flutter 与其之间的通信方式。生成后的 Dart API 文件 lib/hands_on_platform_version.dart 表示为客户应用程序的入口点。客户包将导入该库并使用插件。查看下列 API 文件：

```
// hands_on_platform_version.dart

class HandsOnPlatformVersion {
  static const MethodChannel _channel =
      const MethodChannel('hands_on_platform_version'); // 1

  static Future<String> get platformVersion async { // 2
    final String version = await
_channel.invokeMethod('getPlatformVersion'); // 3
    return version;
  }
}
```

HandsOnPlatformVersion 类定义为公共类，其中包含了一个公开本地实现的方法。

（1）创建 MethodChannel，即 Dart 和本地平台代码间的桥接方式。

（2）platformVersion()方法向使用者公开。

（3）MethodChannel 的 invokeMethod()方法根据名称调用特定的方法，在当前示例中为 getPlatformVersion。另外，该方法解析为包含本地代码结果的 Future。

9.2.5　插件包示例

example/目录中包含了一个依赖于所生成插件的简单 Flutter 应用程序。考查下列pubspec.yaml 文件：

```
// example/pubspec.yaml

name: hands_on_platform_version_example
description: Demonstrates how to use the hands_on_platform_version plugin.
publish_to: 'none'

environment:
  sdk: ">=2.1.0 <3.0.0"
```

```
dependencies:
  flutter:
    sdk: flutter

  cupertino_icons: ^0.1.2

dev_dependencies:
  flutter_test:
    sdk: flutter

  hands_on_platform_version:
    path: ../

flutter:
  uses-material-design: true
```

除了 dev_dependencies 列表中的最后一项之外，这可视为一个较为常见的 pubspec.yaml
应用程序文件。另外，hands_on_platform_version 插件与路径规范变量之间存在依赖关系。

ℹ️ **注意:**

在第 2 章曾有所提及，可从 pub 存储库、路径或源存储库中指定一个插件依赖关系。

9.2.6　使用插件

当使用插件包时，与其他插件一样，可将其导入 Dart 库中，如下所示。

```
import 'package:hands_on_platform_version/hands_on_platform_version.dart';
```

相关应用遵循创建方法调用，如下所示。

```
Future<void> initPlatformState() async { // 1
  String platformVersion;
  try { // 2
    platformVersion = await HandsOnPlatformVersion.platformVersion;
  } on PlatformException {
    platformVersion = 'Failed to get platform version.';
  }

  if (!mounted) return; // 3

  setState(() {
```

```
    _platformVersion = platformVersion; // 4
});
}
```

下列内容列出了一些要点。

❑ 由于平台消息以异步方式呈现，因而方法调用定义为 async。

❑ 平台消息可能会失败，因而可借助于 try/catch PlatformException 查看信息。

❑ 如果此时微件已从树结构中移除，那么这一检查行为将有助于丢弃某些来自平台的结果。

❑ 状态更新后，微件将被重新构建，并显示从插件中检索到的平台版本。

9.3   向包中添加文档

Flutter 插件是应用程序开发中的重要部分。Flutter 生态圈处于快速增长中，社区每天都会分享大量的新插件。然而，可用插件需清晰地描述其正确的使用方式，这需要借助于文档加以实现。

9.3.1   文档文件

当查看 pub 存储库网站（pub.dev）时，将会看到与包相关的主要信息，此类信息收集于项目的特定文件中，如下所示。

❑ pubspec.yaml：该文件包含了与包相关的详细信息。

```
name: hands_on_platform_version_example
description: Demonstrates how to use the hands_on_platform_version
plugin.
version: 0.0.1
author: Alessandro Biessek <alessandrobiessek@gmail.com>
# homepage: the plugin homepage
....
```

上述信息十分有用，库的客户端将了解创建作者和执行的具体内容。

❑ README.md：这是一个与包使用方式和导入事宜相关的小型文档。

❑ LICENSE：包的使用许可证。

❑ CHANGELOG.md：记录包每个版本中的变化内容。

❑ example/：关于如何使用包的示例。

9.3.2　库文档

包文档中的另一项重要内容则位于 Dart 级别上。使用者需要了解每个可用的方法、参数和返回类型，进而对库予以充分利用。

通过在库指令中使用///语法添加文档注释（参见第 2 章），可在 Dart API 中创建库文档，如下所示。

```
/// This is a doc comment and may be added to any member of a library.
```

同样，该过程也适用于库成员，如方法、变量和类。甚至私有成员也可包含文档注释，这将有助于理解库中的不同组成部分。

💡 提示：

针对 Flutter 包，读者可参考官方文档以了解如何编写良好的文档，对应网址为 https://www.dartlang.org/guides/language/effectivedart/documentation。

9.3.3　生成文档

当发布包时，API 文档将自动生成（需使用前述注释类型）并发布至 dartdocs.org。必要时，还可以本地方式生成 API 文档。

对此，首先需要通过下列方式配置 Flutter 根环境。

```
export FLUTTER_ROOT=~/dev/flutter (on macOS or Linux)

set FLUTTER_ROOT=~/dev/flutter (on Windows)
```

运行下列命令将生成包文档。

```
cd ~/dev/mypackage

$FLUTTER_ROOT/bin/cache/dart-sdk/bin/dartdoc (on macOS or Linux)

%FLUTTER_ROOT%\bin\cache\dart-sdk\bin\dartdoc (on Windows)
```

ℹ️ 注意：

在本书编写时，上述 Windows 命令还存在一个尚未解决的问题，读者可访问 https://github.com/dart-lang/dartdoc/issues/1949 以了解更多信息。

默认状态下，文档作为静态 HTML 文件生成于 doc/api 目录中。

9.4 发 布 包

最后一步是发布包以供 Flutter 社区使用，整个发布过程可通过 pub 工具实现，发布命令如下所示。

```
flutter packages pub publish --dry-run
```

-dry-run 参数的工作方式类似于发布前的步骤，其中，pub 工具将执行一个验证过程，但实际上并未上传包。待一切就绪后，即可移除--dry-run 部分，如下所示。

```
flutter packages pub publish
```

这将把包发布至 pub 网站，以便每个源代码发布至 pub 存储库中。其间，仅隐藏文件和被忽略的文件（在使用 Git 的情况下）未被上传。

💡 提示：

关于 publish 命令，读者可访问 https://www.dartlang.org/tools/pub/publishing 以了解更多信息。

9.5 插件开发中的一些建议

Flutter 插件以及社区共享插件为加速应用程序开发提供了巨大的帮助。然而，当计划发布一个插件并被人们所接受时，需要考虑以下几项内容。

❑ 支持多平台：单一平台的插件在开始阶段即应禁止。Flutter 是一种跨平台框架，插件应被用于创建运行于多个平台上的应用程序。

❑ 编写良好的文档：Flutter 提供了相关工具可简化包的创建和发布过程，其中包含了全部文档。这里，唯一的任务即是编写文档内容。

❑ 首先搜索已有的插件：当在 Flutter 上考虑开发另一个插件时，应首先搜索 pub 以查看相关插件是否已经存在，如图 9.3 所示，以便对其直接加以使用。

编写良好的专用插件对于其他开发人员来说同样十分重要，建议读者深入考查现有的插件源代码，并学习如何为社区开发出色的工具。

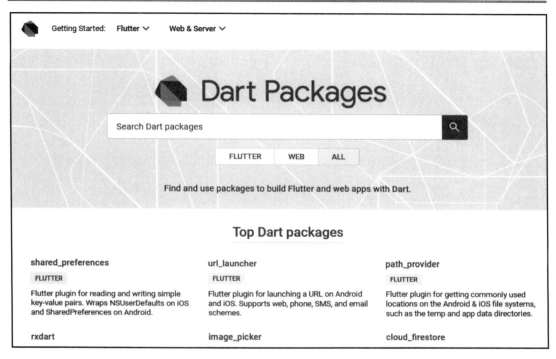

图 9.3

9.6　本　章　小　结

本章讨论了 Flutter 插件包，及其与 Flutter 应用程序和简单的 Dart 包之间的不同之处。我们已经看到，Flutter 插件通过 MethodChannels 深入本地代码，同时提供了与系统直接交互的良好机制。

除此之外，本章还介绍了如何在 Flutter 中构造一个插件包项目，以及如何编写良好的文档，以供社区用户了解和使用。最后，本章还学习了 pub 存储库的公共包，以供其他开发人员使用。

第 10 章将继续介绍特定的平台代码，并将不同的特性集成至每个系统中，如导入联系人、使用相机以及管理应用程序权限。

第 10 章 从 Flutter 应用程序访问设备功能

移动应用程序并不单独存在于设备和用户上下文中，这适用于所有级别的应用程序，包括简单的单功能应用程序和复杂的应用程序。相应地，应用程序可能需要访问硬件功能，如蓝牙、摄像头、导入联系人，以使用户可与其他人进行交互。因此，开发人员需要使应用程序了解用户和设备。

本章将学习如何将应用程序集成至用户上下文中，如显示和启动一个 URL、管理平台权限、开启手机的相机功能以及导入联系人。

本章主要涉及以下主题：
- ❑ 从应用程序启动一个 URL。
- ❑ 管理应用程序权限。
- ❑ 导入联系人。
- ❑ 整合手机摄像头功能。

10.1 从应用程序启动一个 URL

前述内容讨论了如何通过 Flutter 应用程序将特定功能添加至应用程序中。例如，在 Favors 应用程序中，针对用户的个人照片，我们使用了一个启动相机应用程序并等待接收图像文件的插件，即 image_picker 插件。该插件起到了桥梁的作用，相机应用程序是独立于底层系统的，用户无须了解如何启动相机应用程序，以及如何获取图像文件，而只需要让它执行相关工作即可。

拍摄个人资料照片是插件的一个较好的应用，在应用程序的后续版本中，还将支持图像的图库导入操作，并以相同的方式使用图像。image_picker 插件负责完成这一项工作。

下面考查另一个用例：用户向另一位朋友请求帮助任务。其间涉及 URL 的访问，并获取与帮助任务相关的上下文。例如，如果某人请求你在电子商务网站上购物，则可通过共享商品链接的方式准确地表达购物需求。

添加开放链接功能可借助于 url_launcher 插件实现。这里的关键点是，针对应用程序的多项功能，无须了解平台底层工作方式，我们可使用多种可用的 Flutter 插件。

ⓘ **注意：**

读者可访问 GitHub 查看与应用程序中启用 URL 相关的源代码（位于 Chapter11/hands_on_url_handler 目录中）。

10.1.1　显示链接

要启动 URL，首先必须在文本中标识可单击的链接。在移动上下文环境中，出于简单考虑，不应向帮助任务请求中添加另一个字段以实现任务链接的添加操作。

对于聊天应用程序来说，可向其中输入一个 URL，在将其发送至另一位用户时，将自动显示为可单击的文本。

在应用程序中实现这一操作的最佳方式是 URL 链接，该链接添加至任务描述中后可转换为任务卡中可单击的链接。此时，读者可能在思考：如何编写此类功能代码，进而实现以下内容？

❑　将任务描述解析为链接。

❑　创建多个 TextSpan 调整样式。

❑　利用 Flutter 手势处理单击操作。

ⓘ **注意：**

当对文本的不同部分应用不同的样式时，可使用 TextSpan。关于 TextSpan 的更多信息，读者可参考官方文档，对应网址为 https://api.flutter.dev/flutter/painting/TextSpan-class.html。

尽管上述过程并不复杂，但编写代码仍会花费一定的时间，因而应尽可能地使用插件以提高生产效率。

对此，flutter_linkify 插件负责处理文本中的样式链接，并通过 Linkify 实现前述各项任务。Linkify 微件解析链接的文本信息，使用 span 区分简单的文本和链接，同时还公开了许多有用的特性。

❑　onOpen 属性：期望接收一个回调，进而处理链接中的单击操作。

❑　humanizing 属性：显示一个没有 HTTP/HTTPS 的链接。

接下来将修改 Favors 应用程序，以显示任务卡中源自请求描述的链接。

ⓘ **注意：**

鉴于用户一般在文本中进行单击操作，因而请求部分无须执行任何修改工作。

显示链接并使其处于可单击状态并未涉及太多内容，具体的操作步骤如下所示。

（1）作为依赖关系添加插件，如下所示。

```
dependencies:
  flutter_linkify: ^2.1.0 # Flutter Linkify plugin
```

（2）在 FavorCardItem 微件中，将其描述文本子对象交换至新的 Linkify 微件中。
原始的代码内容如下所示。

```
// in the build method of FavorCardItem class, favor description
  Text(
      favor.description,
      style: bodyStyle,
  ),
```

经适当调整后，最终的代码如下所示。

```
import 'package:flutter_linkify/flutter_linkify.dart'; // import
// plugin library

// in the build method of FavorCardItem class, favor description
  Linkify(
      text: favor.description,
      humanize: true,
  ),
```

这将以不同的样式显示可单击的链接，如图 10.1 所示。

其中，起始于 http://或 https://的文本将显示为一个链接并处于可单击状态。接下来处
理单击操作并打开目标 URL。

10.1.2　打开一个链接

前述内容介绍了应用程序中的链接显示及其相关操作，本节将讨论如何使链接正常
地工作。Android 或 iOS 开发人员一般都会了解如何启动一个 URL 及其有效的解决方案
和实现过程；而在 Flutter 中，这一功能需以平台相关的方式加以处理。

🛈 注意：
　　读者可访问下列网址查看各种平台所支持的 URL 方案。iOS 平台：https://developer.
apple.com/library/archive/featuredarticles/iPhoneURLScheme_Reference/Introduction/Introduction.
html；Android 平台：https://developer.android.com/guide/components/intents-common.html。

图 10.1

再次强调，正是由于 Flutter 社区所付出的努力，我们才可借助于 url_launcher 插件实现应用程序级别的整合工作。

url_launcher 插件针对本地平台链接处理程序扮演了桥接的角色，因而无须担心平台级别的细节内容。

具体来说，插件的应用已减至少量的函数调用。其中，launch()定义为主函数。launch()函数接收一个参数 URL，并关注于与每个平台相关的启动工作。

在 Android 平台中，这将针对具体系统构建一个意图（intent），并通过浏览器应用程序进行处理（如果 forceWebView 设置为 true，将对 Web 方案显示一个 Web 视图）。在 iOS 平台中，基于 Web 方案的 URL 默认状态下通过应用程序持有的视图控制器进行处理。

FavorCardItem handleLinkClick()函数中集成了当前插件。其中，可简单地调用 launch()

函数,并传递源自 Linkify 回调中的 URL,如下所示。

```
// description element
Linkify(
    text: favor.description,
    humanize: true,
    onOpen: handleLinkClick,
),
...
// click handling
handleLinkClick(LinkableElement link) async {
    if (await canLaunch(link.url)) { // 1
      await launch(link.url); // 2
    }
}
```

可以看到,插件为我们抽象了大部分工作。相应地,仅需要通过正确的函数调用相关函数即可。

(1)检查设备是否能够通过 canLaunch()函数启动 URL,从而确定设备是否已经安装了能够处理 URL 方案的应用程序。

(2)启动 URL,这将向对应的平台分发意图。

ⓘ注意:

在了解了每种系统的底层实现后,建议查看插件源代码中与本地实现相关的内容。

10.2 管理应用程序权限

Android 和 iOS 系统包含了与用户信息和设备硬件相关的自身的安全策略。应用程序权限主要是为了保护用户的隐私信息,应用程序(无论是本地应用程序还是非本地应用程序)需请求访问用户数据的权限,如相机。

在 iOS 的最新版本中,针对应用程序需访问的数据类型,需要在 ios/Runner/Info.plist 文件密钥中包含一个应用描述,否则应用程序将崩溃。例如,当访问相机设备时,需要包含 NSCameraUsageDescription。

🔵提示:

针对 iOS 平台,读者可访问 https://developer.apple.com/library/archive/documentation/General/Reference/InfoPlistKeyReference/Articles/CocoaKeys.html#//apple_ref/doc/uid/TP40009251-SW1 以查看相关权限。

在 Android 平台中，android/app/src/main/AndroidManifest.xml 文件列出了相关的权限。除了用户权限之外，Android 还包含了系统权限这一概念。例如，针对访问互联网的应用程序（从 Firebase 中获取数据），需在 Flutter 模板中默认添加 android.permission.INTERNET。

💡 提示：

读者可参考 Android 官方文档，并查看权限在系统上的工作方式，对应网址为 https://developer.android.com/guide/topics/permissions/overview。

二者的关键差别在于：在 Android 系统中，每个用户资源均包含权限，需要将其添加至 manifest 文件中，并利用系统提供的 API 请求权限；而在 iOS 平台中，则需要针对 Info.plist 中的每项用户敏感资源添加一个描述。据此，系统将会显示一个提示，以通知用户接受或拒绝。

10.2.1　管理 Flutter 上的权限

Android 和 iOS 系统均包含自己的权限管理机制，在使用受保护的资源时需考虑到这一点。在 Flutter 中，可降至平台级别以请求所需的权限。

截至目前，Favors 应用程序中尚未涉及任何权限问题，与此相关的唯一设置项是文件中的下列链接：

```
<manifest xmlns:android="http://schemas.android.com/apk/res/android"
    package="com.example.handson">
  <uses-permission android:name="android.permission.INTERNET"/>
  ...
</manifest>
```

ℹ 注意：

默认状态下，互联网权限并未添加至 AndroidManifest 文件中，Flutter 框架根据这一权限处理调试和热重载问题。

借助于 Flutter 社区，一些插件可帮助我们处理此类任务，如 permission_handler 插件。

10.2.2　使用 permission_handler 插件

permission_handler 插件提供了高级的 API，进而请求和检查授权的状态。该插件在 PermissionGroup 枚举中公开了一组权限，从而简化了与每种平台相关的内容。相应地，每种授权组向下映射至系统中的对应权限。permission_handler 插件提供了下列主要方法。

- ❑ requestPermissions：请求特定的资源访问。
- ❑ checkPermissionStatus：检查与特定资源相关的访问状态。
- ❑ openAppSettings：打开应用程序设置，用户可查看、修改某种特定的资源。

需要注意的是，Android 中还定义了一个 shouldShowRequestPermissionRationale 方法。

💡 提示：

读者可访问 https://pub.dartlang.org/packages/permission_handler 以查看插件中的可用方法和权限映射机制。

10.3　导入联系人

从用户角度来看，通过手动方式添加电话号码并不是一种常见操作，因为该过程很容易出现错误。

从用户电话中导入联系人是一种与平台相关的操作，且平台间具有一定的相似性。其间，核心操作是开启平台的联系人选择程序并从中获取某位联系人。

pub 存储库包含了一组插件，可帮助我们实现这一任务。下面列出了其中的一些方法。

- ❑ contact_picker：从电话的联系人列表中选择一个电话号码。
- ❑ contacts_service：提供了一个 API，可选择一位联系人并对联系人进行管理。

回忆一下，通过添加某位朋友的电话号码，用户可向另一位用户请求一项帮助任务。对此，较好的方式是从电话号码列表中导入联系人。

10.3.1　利用 contact_picker 导入联系人

针对当前任务，contact_picker 插件将把联系人导入任务请求阶段。

第一步是在 pubspec.yaml 文件中作为依赖关系包含插件，并运行 flutter packages get 命令，如下所示。

```
dependencies:
    contact_picker: ^0.0.2
```

接下来修改 Requesting a favor 屏幕，并在用户下拉列表的右侧添加 Import 按钮，如图 10.2 所示。

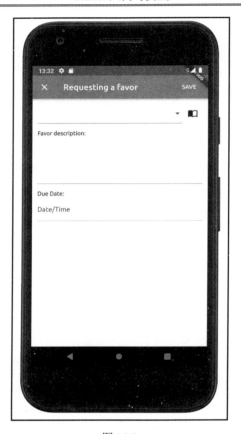

图 10.2

在导入按钮的 onPressed 动作中，用户将被重定向至联系人页面，以便从中选取一位联系人。

在实现代码中，向 RequestFavorPageState 类中添加以下两个字段。

```
// request_favors_page.dart

class RequestFavorPageState extends State<RequestFavorPage> {
  final ContactPicker _contactPicker = ContactPicker();
  Friend _importedFriend;
  ...
}
```

这两个字段的具体解释如下所示。

❏ _contactPicker 提供了插件功能。

❑　_importedFriend 存储从联系人列表中导入的一名用户（如果存在）。

据此，可方便地导入一位联系人。随后，可针对 Import contact 按钮添加 onPressed
回调，如下所示。

```
onPressed: () {
    _importContact();
},
```

接下来，利用_importContact()方法导入一位联系人，如下所示。

```
void _importContact() async {
    Contact contact = await _contactPicker.selectContact(); // 1
    if (contact != null) {
        setState(() {
            _importedFriend = Friend(
                name: contact.fullName,
                number: contact.phoneNumber.number,
            ); // 2
        });
    }
}
```

联系人的导入行为涉及多个步骤，如下所示。

（1）利用 ContactPicker 插件的 ContactPicker 类中的 selectContact 方法启动联系人选
择器。

（2）在检测到用户选取了一位联系人后（contact!= null），可根据所选的联系人信
息创建一个新的 Friend 实例。

最后一步是处理帮助任务的保存工作，其中需要从 _importedFriend 中获取朋友的信
息，就像从朋友的下拉列表中获取 _selectedFriend 一样，如下所示。

```
void save(BuildContext context) async {
    ...
    await _saveFavorOnFirebase(
        Favor(
            to: _importedFriend?.number ?? _selectedFriend?.number,
            ...
        )
    )
    ...
}
```

此处唯一修改之处是最新 Favor 中的 to 属性，该属性指向_importedFriend 或

_selectedFriend 值。

读者可能会思考，电话中的联系人信息是一类用户资源，因而是一类受保护的信息。这里，用户应允许应用程序读、写联系人信息。

10.3.2　基于 permission_handler 的联系人权限

虽然联系人信息是一类受保护的用户资源，但并不需要特定的权限并可利用 contact_picker 插件导入某位联系人，其原因在于，可通过与平台相关的 API 对其进行读取，而非直接读取。

接下来考查请求权限与联系人之间的应用方式，这在后续操作过程中将十分有用。

回忆一下，每种平台均包含了自己的方式处理权限问题，并以此实现权限请求。

1. Android 上的联系人权限

在 Android 平台中，需要在 AndroidManifest 文件中添加联系人权限。对此，需调整 android/app/src/(main|debug|profile)/AndroidManifest.xml 文件，如下所示。

```
<manifest xmlns:android="http://schemas.android.com/apk/res/android"
    package="com.example.handson">
  ...
  <uses-permission android:name="android.permission.READ_CONTACTS" />
  <uses-permission android:name="android.permission.WRITE_CONTACTS" />
</manifest>
```

通过添加 READ_CONTACTS 权限，我们向 Android 系统声明需要访问用户联系人列表。相信读者已做出推断，WRITE_CONTACTS 声明了这一需求，并将新的联系人写入系统中。

🛈 注意：

这一记录行为取决于安装应用程序所使用的系统版本。读者可访问 https://developer.android.com/training/permissions/requesting 以了解更多内容。

2. iOS 上的联系人权限

在 iOS 平台中，需要提供适宜的 Info.plist 文件描述，以便用户了解应用程序使用请求权限的原因，这可通过 ios/Runner/Info.plist 文件实现，如下所示。

```
<dict>
  ...
  <key>NSContactsUsageDescription</key>
```

```
<string>You can import a friend from a list of contacts.</string>
</dict>
```

当应用程序尝试在 iOS 平台中访问联系人时，系统将向用户请求权限，同时显示所提供的描述信息以帮助执行接收或拒绝操作。

3．在 Flutter 中检查和请求权限（permission_handler 插件）

假设应用程序需要某种权限访问联系人，进而生成帮助任务请求（也就是说，可在应用程序中显示所有联系人以供用户选择）。对此，可定义一个_checkPermissions()函数，并在必要时检查和请求该权限，相关步骤如下所示。

（1）从 API 中获取权限状态。

```
void _checkPermissions() async {
    PermissionStatus status = await PermissionHandler()
        .checkPermissionStatus(PermissionGroup.contacts);
```

（2）测试当前状态与授予状态是否不同（即用户尚未授权）。

```
if (status != PermissionStatus.granted)
```

（3）若未授权（status != PermissionStatus.granted），则对其执行请求操作。

```
await
PermissionHandler().requestPermissions([PermissionGroup.contacts]);
}
```

综上所述，_checkPermissions()负责获取当前权限状态。如果尚未授权，则请求权限。相应地，可在 Contact import 按钮中调用上述函数，并于随后导入联系人，如下所示。

```
void _importContact() async {
  await _checkPermissions();
  ...
}
```

在当前示例中，由于不需要使用任何权限，因而_checkPermissions()的结果仅用于展示目的。

10.4　集成相机设备

许多应用程序均设置了相机功能，其集成操作可通过多种方式实现。例如，可亲自

编写相关代码。但借助于社区，Flutter 提供了多个插件可访问相机设备，其中包括以下
方面。

- ❑　camera：据此，可直接在 Flutter 上显示相机预览图像、拍摄照片或录制视频。
- ❑　image_picker：该插件将任务简化为从相机设备或照片库中获取一幅照片，该插
　　件处理其他工作。

回忆一下，在第 8 章中，我们将用户的个人资料照片发送至 Firebase Storage 中，
并使用了 image_picker 插件从相机设备中获取一幅图像。下面详细讨论这一过程的工作
方式。

10.4.1　利用 image_picker 拍摄照片

Flutter 并未与相机 API 直接通信，这是一类平台级别的资源。顾名思义，image_picker
插件可帮助我们选取一幅图像。具体来说，可从图片库中导入图像，或者通过相机拍摄
新的照片。

对此，可向 pubspec.yaml 文件中添加依赖关系，并通过 flutter packages get 获取该依
赖关系，如下所示。

```
dependencies:
  image_picker: ^0.5.0 # Image picker
```

在 Stepper 微件的最后一步，当用户在登录后输入其显示名称时，可在相同位置控制
图像的选取操作。当用户按下头像图标时，即可打开相机并执行照片的拍摄工作。

```
// login_page.dart

// part of LoginScreenState class
void _importImage() async {
    final image = await ImagePicker.pickImage(source: ImageSource.camera);
    setState(() {
      _imageFile = image;
    });
}
```

这可通过 ImagePicker 类予以实现。其中，可使用该类中的 pickImage()方法启动相机
设备并拍摄一幅照片（全部由插件进行管理），随后将拍摄的图像解析为一个文件以供
使用。

ℹ 注意：

关于如何使用 image_picker 插件，读者可访问 GitHub 并查看 login_page.dart 中的源代码。此外，读者还可参考该插件的文档以了解相关配置工作，对应网址为 https://pub.dartlang.org/packages/image_picker。

10.4.2　基于 permission_handler 的相机权限

permission_handler 插件自身可处理权限请求操作，但在当前示例中，需要再次使用 permission_handler 插件检查和请求相机权限。

1．Android 上的相机权限

在 Android 平台中，与前述联系人示例类似，需要在 AndroidManifest 文件中声明相机权限。因此，需要修改 android/app/src/(main|debug|profile)/AndroidManifest.xml 文件，如下所示。

```
<manifest xmlns:android="http://schemas.android.com/apk/res/android"
    package="com.example.handson">
 ...
 <uses-permission android:name="android.permission.CAMERA" />

</manifest>
```

通过添加 CAMERA 权限，将向 Android 系统声明需要访问相机设备。除此之外，还可使用另一个 Android manifest 标签，如下所示。

```
<manifest ...>
 <uses-feature
    android:name="android.hardware.camera"
    android:required="false" />
</manifest>
```

uses-feature 标签将声明，应用程序需要使用到相机设备才能正常工作（在当前示例中，实际情况并非如此。必要时，可将所需参数设置为 true）。如果是这样，当前应用程序仅适用于配置了相机的设备。

2．iOS 上的相机授权

在 iOS 平台中，与前述联系人示例类似，需要在 Info.plist 文件中提供相应的描述信息，以便用户了解应用程序使用相机授权的原因。对此，可参考 ios/Runner/Info.plist 文件中的相关代码，如下所示。

```
<dict>
    ...
    <key>NSCameraUsageDescription</key>
    <string>You can add a profile picture right from the camera</string>
    <key>NSPhotoLibraryUsageDescription</key>
    <string>This app requires access to the photo library.</string>
    <key>NSMicrophoneUsageDescription</key>
    <string>This app does not require access to the microphone.</string>
</dict>
```

当应用程序尝试在 iOS 平台中访问相机设备时，系统将请求用户予以授权，同时显示所提供的描述信息，以便用户授权访问相机设备。

3. 在 Flutter 中请求相机权限（permission_handler 插件）

在登录后的配置设置项中，可添加一幅配置图像。当请求权限并访问相机设备时，具体处理过程与请求访问用户的联系人类似。

必要时，可定义一个函数检查和请求权限，如下所示。

```
void _checkPermissions() async {
    PermissionStatus status = await PermissionHandler()
        .checkPermissionStatus(PermissionGroup.camera); // 1
    if (status != PermissionStatus.granted) { // 2
        await PermissionHandler().requestPermissions([PermissionGroup.
camera]);
        // 3
    }
}
```

上述方法与前述联系人导入示例中的检查行为类似，具体操作步骤如下。

（1）从 API 中获取相机权限的状态。

（2）测试当前状态是否不同于授权状态（尚未被用户授权）。

（3）如果未授权，则请求权限。

调用上述函数的合理位置位于 _importImage()方法中配置图像的选取阶段，如下所示。

```
void _importImage() async {
    await _checkPermissions();
    ...
}
```

尽管需要相机设备权限，但 image_picker 已为我们请求了该权限，因而这种方式也可正常工作。

10.5　本 章 小 结

本章讨论了如何使用插件发挥手机设备的功能，如相机、联系人和打开 URL。针对全部所需功能，其间考查了 Flutter 社区提供的一组插件。

其中，我们采用 url_launcher 和 flutter_linkify 插件在 Favor 应用程序的描述中向用户显示了链接，并于随后添加了 permission_handler 插件以管理应用程序权限。此外，我们还使用了 contact_picker 插件从用户的联系人列表中导入联系人；通过 permission_handler 插件，进一步加入了联系人权限检查和请求操作。

同样，本章还使用了 image_picker 插件检索登录后的用户个人配置照片，并再次使用了 permission_handler 插件检查和请求相机权限。

第 11 章将继续整合 Flutter 插件，并考查如何使用地图，以及地图与 Flutter 应用程序之间的集成。

第 11 章　平台视图和地图集成

地图是现在应用程序中经常出现的一个功能，因为许多移动应用程序依赖于用户定位和位置定位，如查找特定地点、驾驶、骑行、交通和公共交通。本章将学习如何将 Google Maps 集成至 Flutter 应用程序中，并通过 Google Places API 添加标记和交互行为，以使用户可与目标位置进行交互。

本章主要涉及以下主题：

❏　显示一幅地图。
❏　向地图中添加标记。
❏　添加地图交互行为。
❏　使用 Google Places API。

11.1　显示一幅地图

在应用程序中显示一幅地图是地图应用程序中的第一步。本节将创建一个应用程序，用于显示一幅地图，并于随后向其中添加更多特性。Flutter 框架并未在其核心 SDK 中直接包含地图微件，并由官方 google_maps_flutter 插件予以支持。据此，可显示如图 11.1 所示的一幅地图。

在本书编写时，google_maps_flutter 插件仍位于 developers' preview 中。也就是说，该插件依赖于 Flutter 新的 Android 和 iOS 视图嵌入机制。考虑到该机制仍位于 developers' preview 中，因而 google_maps_flutter 插件也处于 developers' preview 中。

在 Flutter 中显示一幅地图需要对默认的应用程序进行适当的调整。接下来首先考查所需修改的内容，并于随后向平台视图中添加各项支持功能。

11.1.1　平台视图

Flutter 中的 PlatformView 微件可嵌入一个 Android/iOS 本地视图，并将其集成至 Flutter 微件树中。平台视图是一类有状态微件，并控制与平台本地视图关联的资源。对于嵌入机制来说，这一类视图代价高昂，所以应该谨慎使用（也就是说，仅在必要时加以使用）。例如，由于 Flutter 自身未包含显示地图的对应插件，因而可以此显示地图。

图 11.1

　　平台视图是 Flutter 框架中的重要组成部分，并在框架的发展过程中填充了某些空白。在使用前，应注意以下几点内容。

- ❑　在 Android 中，需要使用 API level 20 或更高。
- ❑　在 iOS 中，需要某些附加步骤设置相关功能（稍后将对此加以讨论）。
- ❑　再次强调，对于框架来说，嵌入视图代价高昂，因而应谨慎使用。
- ❑　类似于容器微件，PlatformView 用于填充父元素的所有可用空间。
- ❑　与其他微件类似，PlatformView 也置于微件树中。

注意：
　　平台视图特性出现于 Flutter 1.0 中，在本书编写时仍处于发展中（Android 和 iOS 平台）。读者可访问 https://github.com/flutter/flutter/labels/a%3A%20platform-views 以了解更多内容。

　　在平台视图特性的早期版本中，仅 Android 平台对此予以支持。在本书编写时，嵌入 UIKitView 的 iOS 实现仍处于 release preview 中。因此，需要修改应用程序的 ios/Runner/Info.plist 文件，并添加下列特定设置内容。

```
<plist version="1.0">
<dict>
  ...
  <key>io.flutter.embedded_views_preview</key>
  <string>YES</string>
</dict>
</plist>
```

　　这将启用 iOS 应用程序的平台视图功能，进而在应用程序中使用预览特性。

注意：
　　读者可访问 GitHub 查看与嵌入 iOS 视图相关的开放问题列表，对应网址为 https://github.com/flutter/flutter/issues?q=is%3Aopen+is%3Aissue+label%3A%22a%3A+platformviews%22+label%3A%22%E2%8C%BA%E2%80%AC+platform-ios%22。

11.1.2　创建平台视图微件

　　当创建一个平台视图微件时，基本上需要创建一个本地 iOS/Android 视图的 Flutter 封装器。创建平台视图的处理过程与插件类似，且需要向应用程序中添加本地代码。
　　出于简单考虑，我们将在第 9 章示例的基础上创建一个插件项目。在该项目中，将定义一个新视图 HandsOnTextView，这是一个本地文本显示视图，即 Android 平台上的 TextView 和 iOS 平台上的 UITextView。

注意：
　　对于完整的插件代码，读者可访问 GitHub 查看 hands_on_platform_views 文件。

　　待插件创建完毕后，在开始阶段可定义 Dart API，即 Dart 和本地代码间的桥接方式。随后，我们将创建一个 HandsOnTextView 微件。
　　可以看到，构造方法中包含下列重要内容。

❑　取决于平台类型 Theme.of(context).platform，这里将实例化一个 AndroidView 或 UiKitView 微件。

❑　属性间具有相似性 。我们定义了一个希望创建的 viewType 微件、对应参数（creationParams）和参数编码解码器（creationParamsCodec）。

　　➢　viewType：Flutter 平台视图系统所用的视图类型，表明希望使用的本地视图。这与插件系统类似。

　　➢　creationParams：传递至本地视图构造中的参数，在当前示例中为所显示的 Text。

　　➢　creationParamsCodec：在向本地代码发送 creationParams 时，定义了参数数据传输的方法。

上述内容表示为平台视图 Dart 一侧的全部内容。接下来需要在对应的平台中定义视图。

🛈 **注意：**

第 13 章将介绍如何向应用程序中添加本地代码，以及其他一些有用的信息，以帮助读者了解平台视图的工作方式。

1．创建 Android 视图

在每个平台上创建和注册平台视图的过程都是类似的，仅需管理语言和本地视图 API 之间的差异即可。其中，最简单的构建方式是将平台视图注册至平台视图注册表中，这与创建 Flutter 插件类似。除此之外，当处理一个插件项目时，该过程往往是与插件的注册一起完成的。

```
class HandsOnPlatformViewsPlugin{
  companion object {
    @JvmStatic
    fun registerWith(registrar: Registrar) {
      registrar
          .platformViewRegistry()
          .registerViewFactory(
                  "com.example.handson/textview",
                  HandsOnTextViewFactory());
    }
  }
}
```

此处注册了一个视图工厂，并通过类型/键对其进行标识。因此，当实例化一个平台视图时，Flutter 引擎可搜索到对应的工厂，并将视图的构造过程委托至该工厂。另外，视图工厂负责实例化来自特定类型的视图。代码中针对 com.example.handson/textview 类型注册了一个视图工厂。利用 platformViewRegistry()方法可得到一个 PlatformViewRegistry 实例，据此，可将工厂添加至注册表中。相应地，当请求注册的类型时，构造过程将委托至 HandsOnTextViewFactory 工厂实例处。

HandsOnTextViewFactory 如下所示。

```
class HandsOnTextViewFactory :
PlatformViewFactory(StandardMessageCodec.INSTANCE) {

    override fun create(context: Context, id: Int, args: Any): PlatformView
{
        val params = args as Map<String, Any> // 1

        val text = if (params.containsKey("text")) { // 2
            params["text"] as String? ?: ""
        } else ""

        return HandsOnTextView(context, text) // 3
    }
}
```

该工厂类需扩展 PlatformViewFactory，并实现 create 方法。该方法负责构造特定的视图类型，如下所示。

（1）接收 args 参数并以此配置视图。

（2）从参数中接收的 Map 中获取 text 值。

（3）返回 HandsOnTextView 实例。

注意，StandardMessageCodec.INSTANCE 值传递至当前工厂的父类，且必须与在 Dart 中定义的 creationParamsCodec 类型相同，因此框架能够将参数从 Dart 一侧转移到本地端。

HandsOnTextView 类定义为本地视图类，如下所示。

```
class HandsOnTextView internal constructor(context: Context, text: String)
: PlatformView {
    private val textView: TextView = TextView(context)

    init {
        textView.text = text
    }

    override fun getView(): View {
        return textView
```

```
    }

    override fun dispose() {}
}
```

可以看到，此处需实现框架的 PlatformView 实例，对应的接口需定义两个方法，即 getView() 和 dispose() 方法。

❑　getView() 方法需返回一个嵌入 Flutter 上下文中的 Android 视图。

❑　当视图与 Flutter 上下文分离时，将调用 dispose() 方法，并以此清除资源和引用，以防止内存泄露。

2. 创建 iOS 视图

在 iOS 中，视图的创建过程与 Android 类似，仅存在一些语法区别。如前所述，工厂的注册方式如下所示。

```
public class SwiftHandsOnPlatformViewsPlugin: NSObject, FlutterPlugin {
  public static func register(with registrar: FlutterPluginRegistrar) {
    let viewFactory = HandsOnTextViewFactory()
    registrar.register(viewFactory, withId: "com.example.handson/textview")
  }
}
```

接下来定义 HandsOnTextViewFactory，并返回视图的 iOS 版本，如下所示。

```
public class HandsOnTextViewFactory: NSObject, FlutterPlatformViewFactory {

    public func create(
        withFrame frame: CGRect,
        viewIdentifier viewId: Int64,
        arguments args: Any?
        ) -> FlutterPlatformView {
        return HandsOnTextView(frame, viewId: viewId, args: args)
    }

    public func createArgsCodec() -> FlutterMessageCodec & NSObjectProtocol
{
        return FlutterStandardMessageCodec.sharedInstance()
    }
}
```

这里，工厂需实现 FlutterPlatformViewFactory 协议，其中定义了 create() 和 createArgsCodec() 方法。

❑　类似于 Android 中的 getView()方法，create()方法需返回嵌入 Flutter 上下文中的 iOS 视图。

❑　createArgsCodec()方法需返回对应的 creationParamsCodec 版本。如前所述，这里使用了标准的编码解码器，即 iOS 中的 FlutterStandardMessageCodec.sharedInstance()。

在当前示例中，由于仅向本地一侧传递了一个字符串，因而可使用 StringCodec 作为消息编码解码器。但在当前示例中，我们采用了标准的编码解码器。

💡 提示：

对于所有可能的编码解码器类型，读者可参考消息编码解码器的文档以了解更多内容，对应网址为 https://docs.flutter.io/flutter/services/MessageCodec-class.html。

接下来考查如何使用平台微件。

3. 使用平台视图微件

平台微件的使用与一般的微件一样简单。除了之前针对 iOS 平台提供的特定配置内容之外，具体过程基本相同，我们可将其用作常规的微件。

```
@override
Widget build(BuildContext context) {
  return MaterialApp(
    home: Container(
      alignment: Alignment.center,
      color: Colors.red,
      child: SizedBox(
        height: 100,
        child: HandsOnTextView(
          text: "Text from Platform view",
        ),
      ),
    ),
  );
}
```

ℹ️ 注意：

读者可访问 GitHub 上的 hands_on_platform_views 并查看完整的插件代码。

对应的平台与其他微件类似，如图 11.2 所示。

相应地，将平台视图封装至 SizedBox 将会限制其尺寸，否则平台视图会占用所有的可用空间，但这并非强制行为。AndroidView 和 UiKitView 类负责将平台视图呈现至其他微件的微件层次结构中。

图 11.2

❶ 注意：

嵌入的平台视图是一类代价高昂的操作，因为 Flutter 引擎需管理每个平台视图所需的资源。因此，如果存在相应的 Flutter 替代方案，应避免使用平台视图。

11.1.3　google_maps_flutter 插件

如前所述，google_maps_flutter 依赖于平台视图显示 Flutter 应用程序上的地图。

🛈 **注意：**

类似于平台视图功能，该插件仍处于发展过程中，因而读者可访问 https://pub.dartlang.org/packages/google_maps_flutter 查看其变化内容。

google_maps_flutter 插件公开了 GoogleMap，这也是所关注的全部内容。除此之外，该微件还公开了常见的地图功能，这对于自定义行为交互式操作十分重要，如下所示。

❑ mapType：用于调整所显示的地图单元格的样式。例如，MapType.normal 可显示交通和地形信息；MapType.Satellite 则用于显示航拍照片。

💡 **提示：**

读者可访问 https://pub.dartlang.org/documentation/google_maps_flutter/latest/google_maps_flutter/MapType-class.html 以查看 MapType 文档中所有可用的类型。

❑ markers：可在地图上添加标记（参见 11.2 节）。
❑ myLocationEnabled：可启用地图上的 My Location 层，进而在当前设备位置处显示一个标记，以及一个 My Location 按钮，以使用户关注当前已知位置（如果可能）。

🛈 **注意：**

启用 My Location 需要向应用程序的两种本地平台添加位置权限。读者可参考 10.2 节以查看具体实现方式。

❑ initialCameraPosition：配置地图初始状态下的可见部分。
❑ cameraTargetBounds：调整相机目的地的地理包围框，即地图的聚焦部分。
❑ rotateGesturesEnabled、scrollGesturesEnabled、tiltGesturesEnabled 和 zoomGesturesEnabled：启用/禁用相关手势。

google_maps_flutter 插件还公开了某些回调，以响应特定的地图事件，如下所示。

❑ onMapCreated：当地图在结构上处于就绪状态时被调用。
❑ onTap：当执行地图上的单击操作时被调用。
❑ onCameraMoveStarted、onCameraMove 和 onCameraIdle：针对相应的相机事件被调用。

🛈 **注意：**

读者可访问 https://pub.dartlang.org/documentation/google_maps_flutter/latest/google_maps_flutter/GoogleMap-class.html 以查看 GoogleMap 类中全部可用的属性。

11.1.4　利用 google_maps_flutter 显示一幅地图

GoogleMaps 插件可在 Flutter 中显示一幅地图，如图 11.3 所示。

图 11.3

对此，第一步是在 pubspec.yaml 文件中添加插件的依赖关系，并利用 flutter packages get 命令对其进行安装，如下所示。

```
dependencies:
  ...
  google_maps_flutter: ^0.5.3
```

1. 启用 Google Cloud Console 上的 Maps API

在使用 GoogleMap 微件之前，需要从 Google Maps 平台中获取有效的 Maps API 密钥。这一过程可在 Google Cloud Console 上的 Maps Platform 上完成，如图 11.4 所示，对应网址为 https://cloud.google.com/maps-platform。

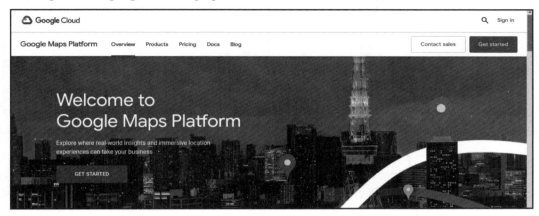

图 11.4

该过程的具体操作步骤如下。

（1）单击 GET STARTED 按钮，并遵循启用 API 的相关步骤。首先可选择需要启用的 API，如图 11.5 所示。

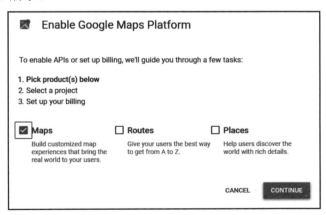

图 11.5

（2）选择需要启用 Maps API 的项目，如图 11.6 所示。

（3）启用账户的计费机制。虽然 Google Maps Platform 可免费使用，但仍然需要一个链接至当前项目的信用卡账户。在创建/启用了项目的信用卡账户后，即可启用 API，如图 11.7 所示。

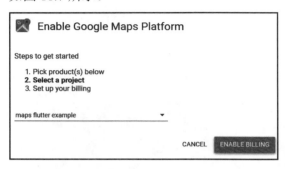

图 11.6　　　　　　　　　　　　　　　　　　　　图 11.7

（4）获取用于移动应用程序中的 API 密钥，如图 11.8 所示。

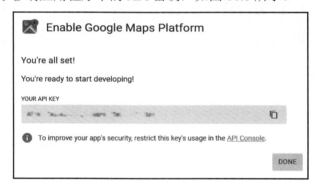

图 11.8

ℹ️ **注意：**

稍后可以在 Google Cloud Console 的 API 资源管理器上访问 API 密钥。

该密钥用于初始化 Android 平台和 iOS 平台上的地图插件，这与之前 AdMob 和 Firebase 的实现方式类似。

2．Android 上的 Google Maps API 集成

对于 Android 平台，需要修改 android/src/main/AndroidManifest.xml 文件，并添加一个 meta-data 标签，该标签包含了从 Maps Console 中获取的 API 密钥，如下所示。

```
<manifest xmlns:android="http://schemas.android.com/apk/res/android"
    package="com.example.hands_on_maps">
```

```
  <application ... >
    <meta-data android:name="com.google.android.geo.API_KEY"
    android:value="YOUR KEY HERE"/>
  </application>
</manifest>
```

3. iOS 上的 Google Maps API 集成

在 iOS 平台中，需要修改 ios/Runner/AppDelegate.swift 文件，并添加相关代码以设置插件上的 API 密钥，如下所示。

```
import UIKit
import Flutter
import GoogleMaps

@UIApplicationMain
@objc class AppDelegate: FlutterAppDelegate {
  override func application(
    _ application: UIApplication,
    didFinishLaunchingWithOptions launchOptions:
    [UIApplicationLaunchOptionsKey: Any]?
  ) -> Bool {
    GMSServices.provideAPIKey("YOUR KEY HERE")
    GeneratedPluginRegistrant.register(with: self)
    return super.application(application,
    didFinishLaunchingWithOptions:launchOptions)
  }
}
```

ℹ️ 注意：

在 iOS 平台上，需要在 Info.plist 文件中添加特定的设置，以选择嵌入视图的预览版本。

4. 在 Flutter 上显示地图

当在 Android 或 iOS 平台上正确地初始化了插件后，即可在应用程序中使用 GoogleMap 微件。在简单的实现中，仅需将该微件添加至布局中即可，如下所示。

```
// part of MapPage widget
@override
Widget build(BuildContext context) {
  ...
  return GoogleMap(
    initialCameraPosition: CameraPosition(
    target: LatLng(51.178883, -1.826215),
```

```
        zoom: 10.0
      ),
   );
    ...
}
...
```

GoogleMap 微件中唯一需要强制设置的属性是 initialCameraPosition，这将在定义于 CameraPosition 实例中的 target 位置处定位地图的可视化内容。此外，CameraPosition 还支持 zoom、tilt 和 bearing 属性。

根据上述设置内容，GoogleMap 的显示结果如图 11.9 所示。

图 11.9

再次看到，该微件填充了全部可用空间，这一行为由 PlatformView 定义。除此之外，在默认状态下，某些地图交互行为处于启用状态，如缩放和移动。通过之前介绍的与手势相关的 GoogleMap 属性，可对此类行为进行调整。

11.2　向地图中添加标记

在应用程序中显示地图仅是地图应用程序开发过程中的起始点。当与地图协同工作时，常见任务之一是添加与位置相关的信息。通过插件提供的 Marker 类，本节将向之前创建的地图中添加标记。

11.2.1　Marker 类

根据文档中的描述，Marker 简单地在地图上标记地理位置，并在地图上添加环境信息，如标识某个位置、检查点或关注点。

一般情况下，Marker 通过图标和 click 事件中的一个或多个动作加以定义。当向地图中添加标记时，下列内容显示了较为常用的属性。

- ❑　position：标识地图上标记的地理位置，这是一个较为常用的属性，但并不是插件的强制属性。
- ❑　icon：BitmapDescriptor 格式的标记图标。

🛈 **注意：**

读者可参考相关文档以了解与 BitmapDescriptor 类相关的更多信息，对应网址为 https://pub.dartlang.org/documentation/google_maps_flutter/latestgoogle_maps_flutter/BitmapDescriptorclass.html。

- ❑　markerId：地图上标记的唯一标识符。
- ❑　infoWindow：单击标记时显示的 Google Maps 信息窗口。

下列内容引自 Marker 文档：

"标记图标是针对设备屏幕而不是地图表面绘制的，也就是说，它不一定会因为地图旋转、倾斜或缩放而改变方向。"

11.2.2　向 GoogleMap 微件中添加标记

如前所述，GoogleMap 微件公开了 markers 属性，并接收一个 Marker 实例 Set。本节将通过设置 markers 属性添加标记。

（1）向 MapPage 类添加_markers 字段，并加载标记的随机集合（Marker 实例）。

```
class MapPage extends StatelessWidget {
  final _markers = {
    Marker(
      position: LatLng(51.178883, -1.826215),
      markerId: MarkerId('1'),
      infoWindow: InfoWindow(title: 'Stonehenge'),
      icon: BitmapDescriptor.defaultMarker
    ),
    Marker(
      position: LatLng(41.890209, 12.492231),
      markerId: MarkerId('2'),
      infoWindow: InfoWindow(title: 'Colosseum'),
      icon: BitmapDescriptor.defaultMarker
    ),
    Marker(
      position: LatLng(36.106964, -112.112999),
      markerId: MarkerId('3'),
      infoWindow: InfoWindow(title: 'Grand Canyon'),
      icon: BitmapDescriptor.defaultMarker
    ),
  };
  ...
}
```

（2）随后仅需设置 GoogleMap 微件上的 markers 属性即可，如下所示。

```
@override
Widget build(BuildContext context) {
  return GoogleMap(
    initialCameraPosition:
        CameraPosition(target: LatLng(51.178883, -1.826215),
        zoom: 10.0),
    markers: _markers,
  );
}
```

当单击标记时，对应的 InfoWindow 对象将显示为 title 集合，如图 11.10 所示。

可以看到，向 GoogleMap 微件添加标记与显示地图一样简单，因为它遵循 Flutter 范式。也就是说，使用其构造中提供的描述（即标记）重新构建微件。

图 11.10

ⓘ 注意：

　　读者可访问 lifehack.org:https://www.lifehack.org/articles/lifestyle/17-stunning-places-visit-with-googlemaps.html 以了解与标记相关的更多技巧。

11.3　添加地图交互行为

向地图中添加标记有助于丰富上下文环境信息，然而，对于真实的地图应用程序来说这远远不够。处理事件或根据用户需求修改地图也是十分重要的。本节考查如何向地图中动态地添加标记，并使用 GoogleMapController 类以编程方式与地图相机进行交互。

11.3.1　动态添加标记

如前所述，需要在 GoogleMap 构造期间传递标记。因此，首先需要将 MapPage 微件设置为 StatefulWidget 微件，并在每次需要添加新的标记时重新构建子树。

随后，可向布局中添加一个按钮，以便在初始构造结束后添加相关标记。该按钮的 onPressed 将调用_addMarkerOnCameraCenter，其工作方式如下所示。

```
void _addMarkerOnCameraCenter() {
  setState(() {
    _markers.add(Marker(
      markerId: MarkerId("${_markers.length + 1}"),
      infoWindow: InfoWindow(title: "Added marker"),
      icon: BitmapDescriptor.defaultMarker,
      position: _cameraCenter,
    ));
  });
}
```

其中使用了 setState()方法重新构建微件，同时向_markers 集合中添加了 Marker。这里，唯一新增内容是 Marker 上的 position: _cameraCenter 赋值行为。

_cameraCenter 值表示状态中的属性，并跟踪 GoogleMap 微件中相机的中心位置，通过微件的 onCameraMove 回调进行检索，如下所示。

```
GoogleMap(
    ...
    onCameraMove: _cameraMove,
),
```

如前所述，该值通过下列方式进行简单的存储。

```
void _cameraMove(CameraPosition position) {
  _cameraCenter = position.target;
}
```

通过这种方式，每次用户按下按钮时，将在地图上的中心目标位置处添加一个标记。尽管这并不是真实用例，但却可视为地图交互行为的起始点。

ℹ️ **注意：**

读者可访问 GitHub 上的 hands_on_maps 示例，进而查看有状态微件 MapPage，以及显示按钮的布局变化。

11.3.2　GoogleMapController

另一种可实现的交互级别由 GoogleMapController 类提供，其工作方式类似于 TextEditingController 这一类控制器。

GoogleMapController 类旨在公开 GoogleMap 微件中的控制方法。当前，可用的方法如下。

- ❑ animateCamera：启用地图相机位置变化的动画效果。
- ❑ moveCamera：调整地图相机的位置，且不包含动画效果。

11.3.3　获取 GoogleMapController

与其他可控制的微件相比，我们并未亲自向 GoogleMap 微件提供一个控制器。相反，这可通过之前讨论的 onMapCreated 回调予以提供。因此，只需执行下列存储操作即可。

```
GoogleMap(
    ...
    onMapCreated: (controller) {
        _mapController = controller;
    },
),
```

_mapController 表示 MapPage 微件的实例字段，用于与地图相机进行交互。

11.3.4　地图相机与位置间的动画效果

前述操作添加了一行按钮，用户可按下按钮并聚焦特定的位置。通过单击某个按钮，将针对 Stonehenge 调用_animateMapCameraTo()方法，如下所示。

```
RaisedButton(
    child: Text("Stonehenge"),
    onPressed: () {
        _animateMapCameraTo(_stonehengePosition);
    },
),
```

该方法负责请求相机更新，如下所示。

```
void _animateMapCameraTo(LatLng position) {
  _mapController.animateCamera(CameraUpdate.newLatLng(position));
}
```

可以看到，通过之前检索到的 GoogleMapController 实例，可将相机动画分发至地图上的新位置。

🛈 注意：

其他按钮代码也基本类似。读者可再次参考 GitHub 上的 hands_on_maps 示例，以查看地图集成的详细信息。

11.4　使用 Google Places API

下列内容引自官方文档（对应网址为 https://developers.google.com/places/web-service/intro）：

"Places API 是一项使用 HTTP 请求返回位置信息的服务。在该 API 中，地点被定义为场所、地理位置或关注点。"

Places API 服务可通过多种方式获取与位置相关的信息。

❑　根据用户的位置或搜索字符串获取地点列表。

❑　获取与特定位置相关的详细信息，包括用户评论。

❑　访问存储于 Google Place 数据库中的数百万张与位置相关的照片。

❑　针对文本地理位置搜索的查询预测服务。当用户输入时返回提示查询内容，并自动填写位置名称和/或地址。

本节将使用 API 获取用户通过之前创建的 Place marker 按钮添加的位置详细信息（即名称）。

11.4.1　启用 Google Places API

类似于 Google Maps SDK，Places API 也需要在 Google Developer Console（https://console.developers.google.com/apis/library/places-backend.googleapis.com）上启用，如图 11.11 所示。

检查是否处于正确的项目中，随后单击 ENABLE 按钮，通过之前的同一 API 密钥，Places API 将处于可用状态。

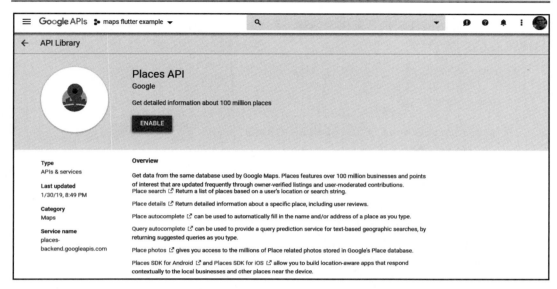

图 11.11

11.4.2　google_maps_webservice 插件

google_maps_webservice 插件是一个 Dart 社区插件，并向客户端提供了 Google Places API。据此，可生成 Google Web 服务，且无须亲自生成请求。

google_maps_webservice 插件将调用公开为其 GoogleMapsPlaces 类中的方法。GoogleMapsPlaces 类提供了诸如 getDetailsByPlaceId 等方法，进而调用 Web 服务的 details 端点，并封装了 PlacesDetailsResponse 类中的响应结果。

💡 提示：

关于 Web 服务的更多方法，读者可访问 https://pub.dartlang.org/packages/google_maps_ webservice。

11.4.3　利用 google_maps_webservice 插件获取地址

首先需要在项目的 pubspec.yaml 文件中作为依赖关系添加插件，并利用 flutter packages get 命令获取依赖关系，如下所示。

```
dependencies:
  google_maps_webservice: ^0.0.12
```

随后即可启用插件。接下来需要创建一个 GoogleMapsPlaces 类实例，以便访问所提供的相关方法。

```
@override
void initState() {
  super.initState();

  _googleMapsPlaces = GoogleMapsPlaces(
    apiKey: 'API_KEY',
  );
}
```

这可在 initState()方法中完成，并在向用户显示地图之后对其加以使用。_googleMapsPlaces 表示为 MapPage 文件状态中的一个字段。

接下来将定义一个方法，并根据 latitude/longitude 对查询一个地名，如下所示。

```
Future<PlacesSearchResponse> _queryLatLngNearbyPlaces(LatLng position)
async {
  return await _googleMapsPlaces.searchNearbyWithRadius(
    Location(position.latitude, position.longitude),
    1000,
  );
}
```

上述方法使用了 GoogleMapsPlaces 类的 searchNearbyWithRadious()方法，该方法在 Google Web 服务上查询当前地点附近的位置，并根据它们的重要性进行排序。也就是说，最近的位置排在前面。

其中，我们修改了_addMarkerOnCameraCenter()函数，并在将地址添加至地图之前对其进行查询，如下所示。

```
void _addMarkerOnCameraCenter() async {
  final places = await _queryLatLngNearbyPlaces(_cameraCenter);
  final firstMatchName =
    places.results.length > 0 ? places.results.first.name : "";

  setState(() {
    _markers.add(Marker(
      markerId: MarkerId("${_markers.length + 1}"),
      infoWindow: InfoWindow(
        title: "Added marker - $firstMatchName"
      ),
      icon: BitmapDescriptor.defaultMarker,
```

```
      position: _cameraCenter,
    ));
  });
}
```

不难发现，上述代码中包含以下几处变化。

❑　由于插件返回一个 Future 且需要等待，因而方法定义为 async。

❑　如果存在，获取查询的第一个匹配结果（仅地址）。

❑　在 InfoWindow title 属性中添加名称信息。

在向地图中添加了标记后，将会包含地址的名称，如图 11.12 所示。

图 11.12

除此之外，还存在多种其他方式将 Google Places API 集成至应用程序中，此处仅展示了一个简单的示例。至此，我们介绍了 Flutter 应用程序中的地图集成。读者应时刻关注插件的更新结果，此类特性仍与框架处于不断发展中。

11.5　本　章　小　结

本章通过 google_maps_flutter 插件介绍了 Flutter 中地图的应用方式，它依赖于平台视图特性，进而可在 Flutter 上下文环境中显示本地视图。此外，我们还学习了如何利用框架结构创建此类视图。

接下来，本章讨论了 GoogleMap 微件中的属性，以及如何对其进行管理进而显示标记；同时，我们还学习了如何利用 GoogleMapController 类移动相机。

最后，本章使用了 Google Places API 获取与位置相关的信息，并通过 InfoWindow 类将其显示在标记上。

第 12 章将针对高级应用程序开发考查 Flutter 中的可用工具。

第 4 部分

复杂应用程序的高级资源

开发人员需要理解复杂而独特的应用程序的具体实现过程，如编写特定于平台的代码，并根据需求定制框架资源。

本部分内容主要包括以下章节：

- ❏ 第 12 章　测试、调试和开发
- ❏ 第 13 章　改进用户体验
- ❏ 第 14 章　微件图形控制
- ❏ 第 15 章　插件的动画效果

第 12 章　测试、调试和开发

Flutter 提供了相关工具，可帮助开发人员实现其平台目标，包括测试 API、IDE 工具和插件。本章将学习如何添加测试行为以实现正确的应用程序；调试、发现和解决特殊问题；分析应用程序性能以发现瓶颈问题；考查 UI 微件。另外，还将学习如何针对 App Store 和 Google Play 开发准备应用程序。

本章主要涉及以下主题：

❑　测试 Flutter 微件。

❑　调试 Flutter 应用程序。

❑　Flutter 应用程序的性能分析。

❑　考查 Flutter 微件树。

❑　针对开发准备应用程序。

12.1　Flutter 测试——单元和微件测试

当不断向应用程序中添加新功能时，移动应用程序的测试将变得十分重要。对此，存在多种方式可对 Flutter 应用程序进行测试，且各优点，此类测试与测试其他软件应用程序没有太大的区别。

Flutter 支持单元测试和集成测试。除此之外，还可编写微件测试以单独测试微件。下面考查如何编写微件和集成测试，进而确保应用程序正常工作。

ℹ️ **注意：**

单元测试基本等同于 Dart 单元测试，读者可参考第 2 章以了解更多内容。

12.1.1　微件测试

微件测试以独立方式验证微件，它们看起来与单元测试相似，但重点关注于微件。

微件测试的主要目标是检查微件的交互行为，以及微件是否达到如期效果。微件位于 Flutter 上下文环境中的微件树中，微件测试将运行框架环境。因此，针对基于 flutter_test 包的文件测试，Flutter 提供了相关工具。

12.1.2　flutter_test 包

flutter_test 包包含于 Flutter SDK 中，且构建于测试包之上，同时提供了一组工具，以帮助我们编写和运行微件测试。

如前所述，微件测试需要在 Flutter 环境中进行。相应地，Flutter 通过 WidgetTester 类帮助我们完成这一项任务。该类封装了相关逻辑内容，进而与测试微件和 Flutter 环境进行交互。

这里并不需要实例化该类，因而框架提供了 testWidgets()函数。testWidgets()函数类似于第 2 章中介绍的 Dart test()函数，二者的差别在于 Flutter 上下文环境。另外，该函数设置一个 WidgetTester 实例，并与当前环境进行交互。

12.1.3　testWidgets()函数

testWidgets()函数定义为 Flutter 中微件的入口点，如下所示。

```
void testWidgets(String description, WidgetTesterCallback callback, { bool
skip: false, Timeout timeout })
```

下面首先检查 testWidgets()函数签名。
- ❑　description：这将帮助实现文档测试，即描述了所测试的微件特性。
- ❑　callback：表示为 WidgetTesterCallback。该回调接收一个 WidgetTester 实例，以便与微件交互并执行验证工作。此外，还可于其中编写测试逻辑，即测试体。
- ❑　skip：当设置该标记且运行多项测试时，可忽略当前测试。
- ❑　timeout：表示测试回调可运行的最大时间。

12.1.4　微件测试示例

当生成一个 Flutter 项目时，即自动添加了 flutter_test 包依赖关系，同时在 test/目录中生成了一个示例测试，下面将对此进行考查。

首先，pubspec.yaml 文件中添加了一个 flutter_test 包依赖关系，如下所示。

```
dev_dependencies:
  flutter_test:
    sdk: flutter
```

🛈 注意：
此处并未指定包版本，且初始配置为 Flutter SDK。

接下来查看 test/widget_test.dart 文件中的基本微件测试，如下所示。

```
void main() {
  testWidgets('Counter increments smoke test', (WidgetTester tester) async
{
    await tester.pumpWidget(MyApp());
    expect(find.text('0'), findsOneWidget);
    expect(find.text('1'), findsNothing);

    await tester.tap(find.byIcon(Icons.add));
    await tester.pump();

    expect(find.text('0'), findsNothing);
    expect(find.text('1'), findsOneWidget);
  });
}
```

上述示例微件测试验证了 Flutter 计数器应用程序的行为，测试过程如下所示。

❑　测试通过一项描述和之前的 WidgetTesterCallback 属性加以定义。另外，回调包含了一个 async 修饰符，这与返回 Future 类型的 WidgetTester()方法类似。

❑　一切始于微件 await tester.pumpWidget(MyApp())，并从给定的微件中渲染 UI，在当前示例中为 MyApp。

❑　如果需要在某一时刻重新构建微件，则可使用 tester.pump()方法。

❑　在微件测试中，需要注意 find 和 expect()方法，如下所示。

➢　Finder 类可在树结构中搜索特定的微件。find 常量提供了相关工具（Finder），以针对特定的微件搜索和查找微件树。

💡 提示：

读者可访问 https://api.flutter.dev/flutter/flutter_driver/CommonFinders-class.htmlbig 查看 find 提供的可用 Finder 类。

➢　expect()方法与 Matcher 结合使用，并借助 Finder 对微件进行确认（断言）。Matcher 则通过期望值验证微件特征。

下列各步骤显示了前述微件测试的断言。

（1）在开始阶段，存在一个微件断言，该微件包含 0 个文本，且不存在包含 1 个文本的微件。

```
expect(find.text('0'), findsOneWidget);
expect(find.text('1'), findsNothing);
```

（2）执行 tap()方法，随后是 pump()请求。其间，tap()方法发生于包含 Icons.add 图标的微件上。

```
await tester.tap(find.byIcon(Icons.add));
await tester.pump()
```

（3）最后一步是验证再次显示的文本是否正确。但这一次，findsOneWidget 常量用于验证仅文本 1 可见。

```
expect(find.text('0'), findsNothing);
expect(find.text('1'), findsOneWidget);
```

类似于 find 常量，还存在多个可用的 Matcher，而 findsNothing 和 findsOneWidget 仅是其中的一部分内容。

🔵 提示：

读者可访问 flutter_test 库文档以查看全部可用的 Matcher，对应网址为 https://api.flutter.dev/flutter/flutter_test/flutter_test-library.html。

12.2　调试 Flutter 应用程序

调试是软件开发中的重要组成部分，借助于调试机制，可处理错误、某些奇怪的行为以及复杂的 bug，并可执行以下各项操作。

- ❑　生成逻辑断言。
- ❑　确定所需的改进方案。
- ❑　查找内存泄漏。
- ❑　工作流分析。

同样，Flutter 提供了多种工具可帮助我们完成上述各项任务。在第 1 章中，Dart 包含了一组工具可帮助开发人员处理此类问题。

我们并未对 Flutter 开发所需的特定 IDE 进行评估，但如果缺少相应的 IDE，调试工作将无法进行。对此，Dart 工具已为我们提供了相应的内容。

12.2.1　Observatory 工具

Flutter 调试机制基于 Dart Observatory 工具，该工具位于 Dart SDK，可帮助我们分析和调试 Dart 应用程序，如 Flutter 应用程序。

当应用程序处于调试模式（参见第 1 章中的 JIT 编译）时，该工具将自动编译，并在应用程序上启用调试和分析机制。通过 flutter run 命令，将在 Hot Reload 消息后得到输出结果的 address:port 部分，该地址表示为 Observatory UI 地址，并可通过多种 Web 浏览器进行访问，如图 12.1 所示。

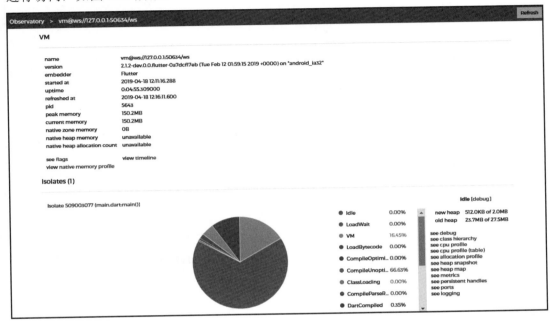

图 12.1

ℹ️ 注意：
当显示 Observatory 时，某些浏览器将对此有所限制。读者可访问 https://github.com/dart-lang/sdk/issues/34107 查看与此相关的已有问题。

这将输出与应用程序运行状态相关的不同信息，如 Flutter 版本、内存使用状况、类层次结构和日志信息。除此之外，还可使用如图 12.2 所示的重要调试工具。

在图 12.2 所示页面中，我们访问了全部调试功能，如下所示。
❏　添加和移除断点。
❏　逐步、逐行运行应用程序。
❏　切换和管理 Isolate。

ℹ️ 注意：
读者可访问 https://dart-lang.github.io/observatory/get-started.html 查看所有可用的 Observatory UI 功能以及应用教程。

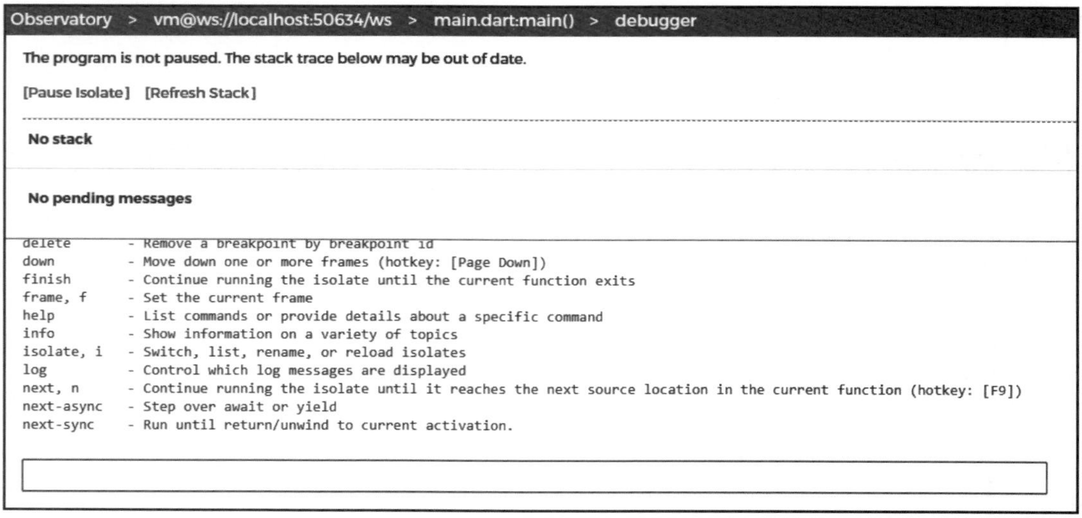

```
Observatory  >  vm@ws://localhost:50634/ws  >  main.dart:main()  >  debugger

The program is not paused. The stack trace below may be out of date.

[Pause Isolate]   [Refresh Stack]

No stack


No pending messages

delete        - Remove a breakpoint by breakpoint id
down          - Move down one or more frames (hotkey: [Page Down])
finish        - Continue running the isolate until the current function exits
frame, f      - Set the current frame
help          - List commands or provide details about a specific command
info          - Show information on a variety of topics
isolate, i    - Switch, list, rename, or reload isolates
log           - Control which log messages are displayed
next, n       - Continue running the isolate until it reaches the next source location in the current function (hotkey: [F9])
next-async    - Step over await or yield
next-sync     - Run until return/unwind to current activation.


```

图 12.2

当使用 Visual Studio Code 或 Android Studio/IntelliJ 这一类 IDE 时，一般不会直接使用 Observatory UI 这一类工具。IDE 在底层使用 Dart Observatory，并通过 IDE 界面公开其功能。

12.2.2　附加的调试特性

Dart 还提供了附加特性，并通过常见工具的各种变化版本实现高级的调试工作，以使调试处理过程更加有效，其中包括以下方面。

❏　debugger()：也称作程序断点，仅在预期条件为 true 时才能添加断点。

```
void login(String username, String password) {
 debugger(when: password == null);
 ...
}
```

在上述示例中，仅当 when 参数中的条件为 true 时，才会出现断点。也就是说，密码参数为 null。假设这是一个意外值，此时，暂停执行过程将有助于了解问题的原因和应对方式，这对于跟踪意外状态和逻辑问题非常有用。

❏　debugPrint()和 print()：print()方法用于将信息记录至 Flutter 日志控制台中。当运行 flutter run 命令时，其日志输出结果将重定向至控制台，从而可看到 print()和 debugPrint()调用中的全部结果。print()和 debugPrint()方法的唯一差别在于，

debugPrint()避免了 Android 内核的日志丢失问题（Flutter 日志仅是 adb logcat 的一个封装器）。

💡 提示：

关于 Flutter 日志，读者可访问 https://flutter.dev/docs/testing/debugging#print-and-debugprint-with-flutter-logs 以了解更多信息。

❑ asserts：如果未满足某项条件，assert()方法将中断应用程序的执行。该方法类似于 debugger()，但不会暂停执行程序，而是抛出 AssertionError 中断执行过程。

12.2.3　DevTools

关于 Dart DevTools 定义，下列内容引自官方文档：

"DevTools 是一个 Dart 和 Flutter 的性能工具套件。"

上述内容表明，DevTools 将是 Observatory 工具的下一个版本。相应地，IDE 一般在内部集成了这一套件，其功能与 Observatory 类似，如图 12.3 所示。

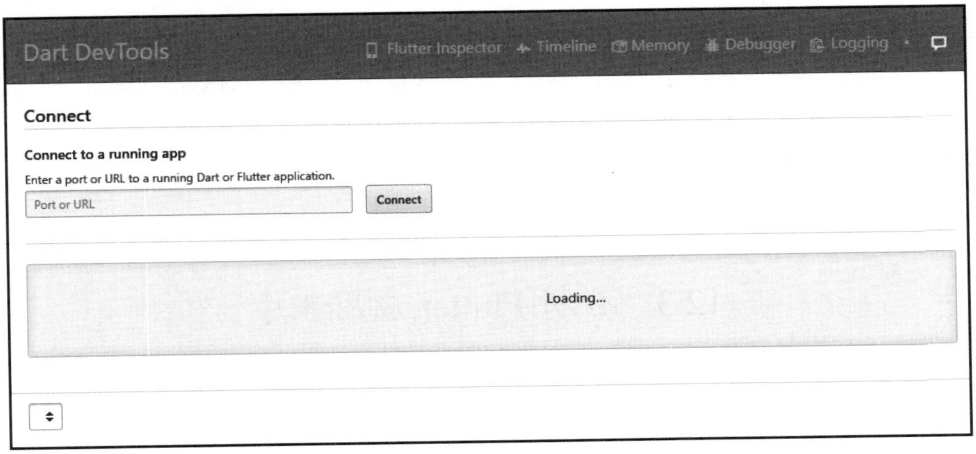

图 12.3

不难发现，其中包含了某些工具可帮助执行 Flutter 应用程序性能分析，且与 Observatory 类似。通过在 Terminal 中运行下列命令，即可启用/禁用 DevTools：

```
pub global activate devtools
```

或者，也可运行下列命令：

```
flutter packages pub global activate devtools
```

随后，即可按照下列方式运行工具：

```
pub global run devtools
```

或者，也可采用下列命令：

```
flutter packages pub global run devtools
```

在 Web 浏览器中访问显示的页面后，将会看到如图 12.4 所示的结果。

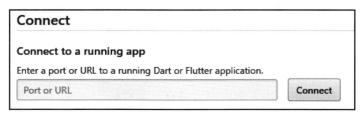

图 12.4

其中提供了 DevTools 运行应用程序的端口（如前所述，即 Observatory 端口），进而可查看应用程序的各项测量数据。

💡 提示：

关于不同操作系统和 IDE 的 DevTools 安装步骤，读者可访问 https://flutter.github.io/devtools/查看详细信息。

另外，需要注意的一点是，在本书编写时，DevTools 仍处于 release preview（发布预览）中，相信这一状况很快会有所变化。

12.3　分析 Flutter 应用程序

Flutter 旨在通过高帧率和平滑性提供高性能的应用程序。类似于调试机制可查找 bug，分析机制是另一个有用的工具，且有助于开发人员发现瓶颈问题，防止内存泄漏并改进应用程序性能。

再次强调，Observatory 是一种可查看 Flutter 应用程序性能的桥接方式。类似于调试器，该工具也封装至 IDE 中以供使用。

12.3.1　Observatory 分析器

如前所述，Observatory 向开发人员公开了多种工具，以考查应用程序性能问题，并防止出现与此相关的各类问题。其中涵盖了多项指标，如图 12.5 所示。

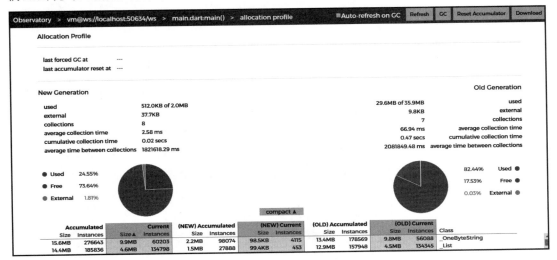

图 12.5

内存、CPU 应用和其他信息均可通过该监控器获得，以便评估应用程序各方面的状态。

12.3.2　profile 模式

当运行 flutter run 命令并在默认的 debug 模式下执行 Flutter 应用程序时，将无法得到与 release 模式相同的性能。之前曾有所提及，当应用程序运行时，Flutter 利用 JIT Dart 编译器以 debug 模式执行，这与 release 和 profile 模式有所不同，其间应用程序代码将使用 AOT Dart 进行预编译。

当进行性能评估时，应确保应用程序以最大能力运行。因此，Flutter 提供了不同的执行方法，即 debug、profile 和 release。

在 profile 模式下，应用程序的编译方式与 release 模式相似——我们需要了解应用程序在真实场景中的执行方式。其间，唯一的开销是启用分析机制（也就是说，Observatory 将连接至应用程序处理过程中）。

分析机制中另一个需要注意的问题是物理设备。注意，模拟器并不能真实地反映实际设备的性能。考虑到硬件间的多样性，应用程序指标可能会受到影响。

当在 profile 模式下运行应用程序时，需添加--profile 标记并运行下列命令（这仅在真实设备上有效）：

```
flutter run --profile
```

当在 profile 模式下运行应用程序时，可整体查看应用程序信息和状态。另外，profile 模式下一个有用的工具是性能覆盖（performance overlay）。

🛈 注意：

IDE 通过其特定界面提供了 profile 模式，读者可在所选的 IDE 中查看这一模式。

性能覆盖是显示于应用程序中的可视化反馈结果，并提供了多项有用的静态性能信息，如图 12.6 所示。特别地，其中还显示了与渲染相关的信息。

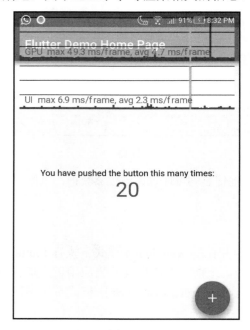

图 12.6

其中显示了两幅图形，分别表示 UI 和 GPU 两个线程渲染帧的时间。这里，较长的垂直条状图案表示当前帧。此外，还可以查看到最后的 300 帧，其中涵盖了与重要渲染阶段相关的信息。

Flutter 通过多个线程完成这项工作。UI 和 GPU 涉及框架的显示操作，因而二者均出现于性能覆盖中。UI 线程负责执行下列任务：运行 Dart 代码；构建逻辑和微件描述；框架针对 GPU 线程创建工作层树；生成图形；运行 Skia 图形库。

另外，Flutter 还设置了 Platform 线程（运行插件代码）和 I/O 线程（运行代价高昂的 I/O 任务）。注意，这两个线程均未出现于平台覆盖中。

提示：

读者可访问 https://flutter.dev/docs/testing/uiperformance#the-performance-overlay 查看与性能覆盖相关的改进措施。

12.4　Flutter 微件树

根据调试机制和分析机制，可在产品发布前发现并解决许多性能问题和其他问题。除此之外，还可在开发期间逐步测量应用程序的执行开销。

这里需要思考的是，此时如何看待布局问题？当然，可根据微件树的渲染时间逐帧地考查性能，就像在性能覆盖的帮助下看到的那样。但是，如何检查树结构是否超出了所需的空间？也就是说，是否包含了更多的微件？或者微件是否在正确的时间/级别被创建？

Flutter 查看器可帮助我们解决这一问题。通过 DevTools，即可访问该项功能。

微件查看器是另一个工具套件，进而帮助开发人员优化任务。该工具提供了微件树的可视化结果。

在所支持的 IDE 中，通过底层 Flutter 微件查看器工具，插件提供了多种微件查看器的访问方式。此外，还可在 DevTools 套件中进行访问，如图 12.7 所示。

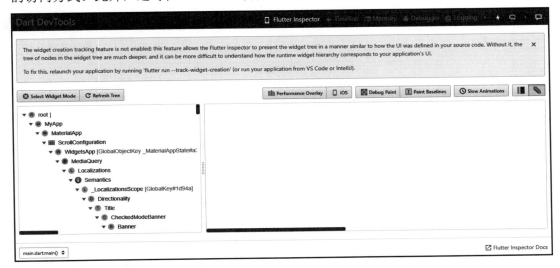

图 12.7

图 12.7 中显示了相应的微件树，并可访问与微件相关的全部信息。对于 Web 开发人员来说，这与 Web 开发工具中的元素浏览器非常相似，如 Chrome 中的元素浏览器。

　　类似于分析器和调试器，查看微件树将有助于查找布局问题，如果缺少树结构可视化的帮助，这一任务将很难完成。

　　另外，图 12.7 还设置了一个提示，并可开启跟踪微件的创建过程。当忽略这一标记时，该工具将显示更深的树结构。因此，除了在应用程序中定义的微件之外，此处还将公开中间微件。当对其加以启用时，树结构看起来将更加简单，如图 12.8 所示。

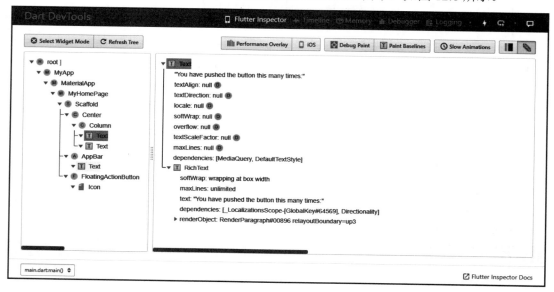

图 12.8

　　据此，可得到一个树形结构且与代码中定义的结构类似，进而简化问题的跟踪过程。此外，我们还得到了微件属性的详细信息，并可辅助查找布局问题。

12.5　应用程序开发的准备阶段

　　Flutter 旨在向开发人员提供最佳资源，如不同的开发构造过程、分析机制和发布机制。

　　当针对发布过程准备应用程序时，较好的方法是持有一个 Dart AOT 提供的小型优化后的高性能应用程序，而非 Dart JIT 提供的即时编译。

　　在 Google Play Store 和 App Store 上发布应用程序需要注册有效的账户，因此，读者可参考两种平台的相关文档，以了解在生成应用程序的发布版本后如何发布至应用程序商店中。

　　用户需要向谷歌一次性支付 25 美元的注册费用，支付后才可上传应用程序。对此，可访问 https://play.google.com/apps/publish/signup/进行注册。

　　App Store 则需要用户支付 99 美元的年费，用户可访问 https://developer.apple.com/support/compare-memberships/查看详细信息并进行注册。

12.5.1　release 模式

　　在 release 模式中，调试信息将从应用程序中剥离出来，编译过程的实现过程同时也考虑到了性能问题。在 release 模式下，应用程序仅运行于真实的物理设备上，这与 proflie 模式类似且出于相同的原因。

　　当在 release 模式下进行编译时，需要向 flutter run 命令添加--release 标记，并连接真实的物理设备。虽然这具有可操作性，但一般的做法是在 flutter build 命令中使用--release 标记，并以目标 Android/iOS 格式设置一个应用程序构造文件。

12.5.2　发布 Android 应用程序

　　在 Android 平台中，.apk 是 Google Play Store 的期望发布格式。当运行 flutter build apk 或 flutter build appbundle 命令时，即会生成用于发布的文件。

🛈 **注意：**

在本书编写时，仅支持部分 Android 应用程序包格式。

　　在生成开发文件及发布之前，需确保信息全部正确（即名称和包），同时提供了所有的数据资源并对特定的平台进行调整。

　　接下来将准备 Favors 应用程序并用于 Google Play 发布，进而查看发布 Flutter 应用程序的相关步骤。

1. AndroidManifest 和 build.gradle

　　在 Android 中，AndroidManifest.xml 和 build.gradle 文件提供了与应用程序相关的元信息，这里将对这两个文件进行适当的调整。

　　除此之外，还需要在 Firebase 控制台中对项目进行适当的配置，并向其中添加 google-services.json 文件（参见第 8 章）。

2. AndroidManifest——权限

　　查看 AndroidManifest.xml 文件中的所需权限是一项十分重要的步骤。查看所需权限是一种予以推荐的做法，如果请求超出了所需权限，应用程序将被分析并撤销发布过程。

在 Favors 应用程序中，清单权限如下所示。

```
<manifest xmlns:android="http://schemas.android.com/apk/res/android"
    package="com.example.handson">

    <uses-permission android:name="android.permission.INTERNET"/>
    <uses-permission android:name="android.permission.READ_CONTACTS" />
    <uses-permission android:name="android.permission.WRITE_CONTACTS"/>
    <uses-permission android:name="android.permission.CAMERA" />
    <uses-feature
        android:name="android.hardware.camera"
        android:required="false" />
    ...
</manifest>
```

除了权限之外，还存在一个 uses-feature 标记（参见第 10 章），这将利用特定的现有特性限制设备上的安装过程（当前示例中并未涉及这一类内容），因而应引起足够的重视。

Flutter 框架通过 Observatory 使用了 android.permission.INTERNET 权限。因此，如果应用程序以离线方式工作，则可在发布构建过程中移除该权限（当前示例并未涉及这一类内容，而是采用了 Firebase 技术）。

3．AndroidManifest——元标签

另一个较为重要的步骤是查看添加至应用程序中的元标签，进而与 AdMob 或 Google Map 这一类服务协同工作。在 Favors 应用程序中，AdMob 是唯一添加的密钥，因而应查看该值以确保相关服务与正确的密钥协同工作。

```
<manifest xmlns:android="http://schemas.android.com/apk/res/android"
    package="com.example.handson">
    ...
    <application>
        ...
        <meta-data
            android:name="com.google.android.gms.ads.APPLICATION_ID"
            android:value="ADMOB-KEY"/>
    </application>
</manifest>
```

在 AdMob 中，可在开发期间使用测试密钥，以避免测试视为 API 误用。

4．AndroidManifest——应用程序名称和图标

目前，在当前测试中，在启动应用程序后将会看到一个基于 Flutter Logo 的应用程序

图标。对于发布行为，可将其替换为自己的图标，进而可方便地识别应用程序。

相应地，图标和名称定义于清单中的 application 标签中。默认状态下，对应图标引用了 Flutter 图标，如下所示。

```
<manifest ...>
    ...
    <application
        android:name="io.flutter.app.FlutterApplication"
        android:label="Hands On: Favors app"
        android:icon="@mipmap/ic_launcher">
    ....
</manifest>
```

该标签涵盖了以下两项变化内容。

❏　将 label 值修改为最终的应用程序名称，用户可以此识别当前应用程序。

❏　可通过 icon 值切换应用程序图标（替换默认的 Flutter 图标）。

➢　注意，在 Android 平台中，诸如图标这一类图像资源位于 android/app/src/main/res/目录中，其中的子文件夹中还包含了不同的资源，如特定区域、屏幕尺寸、系统版本等。

ℹ️ 注意：

Favors 图标利用 Android Asset Studio 工具生成，并有助于我们遵循 Android 规范，进而生成图标的不同变化版本。对此，读者可访问 https://romannurik.github.io/AndroidAssetStudio/index.html 了解更多信息。

➢　需要替换每个 mipmap-xxxdpi 文件夹中的 ic_launcher.png，进而整体替换应用程序图标。

💡 提示：

读者可访问 https://material.io/design/iconography/查看 Material Design 图标准则，以确保生成优质的应用程序图标。

在修改了名称并替换了图标之后，接下来将查看 build.gradle 文件，并执行开发阶段的最后调整。

5．build.gradle——应用程序 ID 和版本

应用程序 ID 值是 Play Store 和 Android 系统中的唯一值。一种较好的做法是，将机构的域名作为包，随后是应用程序名称。当前实例将 com.example.handson 用作应用程序

ID。在将应用程序传递至 Play Store 后，该值可能会产生变化，因而应引起足够的重视。
对应代码位于 defaultConfig 部分中的 android/app/build.gradle 文件内，如下所示。

```
defaultConfig {
        applicationId "com.example.handson"
        minSdkVersion 16
        targetSdkVersion 28
        multiDexEnabled true
        versionCode flutterVersionCode.toInteger()
        versionName flutterVersionName
        testInstrumentationRunner "androidx.test.runner.AndroidJUnitRunner"
    }
```

可以看到，与仅修改 applicationId 相比，这里调整了更多的设置项。在 Flutter 中，
SDK 版本变化一般包含以下两种情形。

❑ 框架需求条件发生变化。
❑ 库需要使用更高的 SDK 版本（最小版本）。

ℹ️ 注意：

必要时，可将版本号更改为所需值，但应确保遵循框架的需求条件。

6. build.gradle——应用程序签名

在公开发布应用程序之前，签名是最后一项重要步骤，即使未发布至 Google Play
Store 中。签名机制确认了应用程序的所有者。简而言之，签名者拥有该应用程序，并可
以向应用程序发布更新内容。

下列代码显示了 build.gradle 文件的 buildTypes 部分。

```
buildTypes {
    release {
        signingConfig signingConfigs.debug
    }
}
```

其中包含了 signingConfig 属性，并指向默认的签名配置。如前所述，这里需要将其
调整为当前签名配置，如下所示。

（1）利用下列命令生成 keystore 文件（可针对多个应用程序使用相同的 keystore）。

```
keytool -genkey -v -keystore DESTINATION_FILEPATH -keyalg RSA -
keysize 2048 -validity 10000 -alias key
```

按照提示信息将在 DESTINATION_FILEPATH 路径中生成 keystore，如<your users

dir/myrelease-key.keystore>。当前，应在 build.gradle 文件中引用该文件。

（2）生成 android/key.properties 文件，如下所示。

```
storePassword=<password used for generating key>
keyPassword=<password used for generating key>
keyAlias=key
storeFile=key store file path(i.e. </your users dir/my-releasekey.
keystore>)
```

（3）在 build.gradle 中，将载入这一新的 key.properties 文件，并对此定义一个新的 signingConfig 类，如下所示。

```
def keystoreProperties = new Properties()
def keystorePropertiesFile = rootProject.file('key.properties')
if (keystorePropertiesFile.exists()) {
    keystoreProperties.load(new
FileInputStream(keystorePropertiesFile))

}

android{
  ...

  signingConfigs {
    release {
        keyAlias keystoreProperties['keyAlias']
        keyPassword keystoreProperties['keyPassword']
        storeFile file(keystoreProperties['storeFile'])
        storePassword keystoreProperties['storePassword']

    }
  }
}
```

（4）在 signingConfigs 中声明签名配置。最后，替换 buildTypes 中 release 选项中的 signingConfig 属性，如下所示。

```
android {
  ...
  buildTypes {
    release {
        signingConfig signingConfigs.release
    }
  }
}
```

当使用 flutter build apk 或 flutter run --release 命令时，应用程序将利用自己的密钥进行签名。

在经过上述调整后，即可构建和发布应用程序。最后还需检查应用程序的 versionCode 和 versionName 值，此类值将从 pubspec.yaml 文件中自动填充，因而有必要对该文件进行检查。

在通过 flutter build apk 命令构建.apk 文件后，可利用 flutter install 命令在连接的物理设备上安装该文件。相应地，发布至 Play Store 中的.apk 文件具体表示为 build/app/outputs/apk/app.apk。

🛈 注意：

可通过代码缩减或混淆技术改善应用程序的大小，以防止逆向工程对代码进行篡改。对此，读者可访问 https://github.com/flutter/flutter/wiki/Obfuscating-Dart-Code 查看更多内容。

12.5.3　发布 iOS 应用程序

与 Android 相比，iOS 的发布过程稍显复杂。虽然开发阶段可在自己的设备上进行测试，但在发布阶段，必须持有一个有效的 Apple Developer 账户，并且能够在 App Store 上进行发布，这是唯一受支持的应用程序发布渠道。

首先，需要在 Xcode 项目设置中查看与应用程序相关的信息，类似于我们在 AndroidManifest.xml 中所做的那样。随后，需创建一个应用程序存档文件，并准备在 App Store 上发布。

另外，还需要查看 ios/Runner 目录中的 GoogleService-Info.plist 文件（关于如何将其导入 Xcode 中，可参考第 8 章）。

1．App Store 连接

在 Android 中，无须在发布 apk 之前配置 Play Store Console 中的任何内容，即可在 Play Console 中进行注册；填写描述信息、详细信息和营销设置内容；上传 apk 文件并发布。

🛈 注意：

用户需要注册一个开发者项目才可在 App Store 上发布内容（同样适用于在 App Store Connect 上注册一个应用程序）。此外，读者还可查看官方文档以了解更多信息，对应网址为 https://help.apple.com/app-store-connect/#/dev2cd126805。

在 iOS 中，具体过程也有所不同。例如，上传和发布行为将在 Xcode 内进行管理。

具体来说，当上传一个应用程序时，首先需要在 App Store Connect 上生成一条记录，随后在 Xcode 中，即可构建和上传 iOS 应用程序。当注册应用程序时，可执行下面各项步骤。

（1）每个 iOS 应用程序均与一个 Bundle ID 关联，即 Apple 的唯一注册标识符。对此，首先应在 App ID 中生成一条记录（参见 ttps://idmsa.apple.com/IDMSWebAuth/signin?appIdKey=h891bd3417a7776362562d2197f89480a8547b108fd934911bcbea0110d07f757&path=%2Faccount%2Fresources%2F&rv=1），并于随后填写 Bundle ID。在 iOS 中，这等价于 Android 中的 applicationId。

（2）在 App Store Connect 门户中创建应用程序，同时选取步骤（1）中注册的 Bundle ID（对于 Favors 应用程序，这几乎等同于 Android 的 applicationId）。

在 App Store Connect 中实现了上述步骤后，即结束了 Xcode 中的处理过程。

2．Xcode

在 Xcode 中，需稍作调整以使应用程序在开发阶段处于就绪状态。也就是说，应调整应用程序图标、公共名称和 Bundle ID，这与 Android 中的行为类似。

3．Xode——应用程序详细内容和 Bundle ID

在 Runner 项目中的 General 选项卡中，可编辑应用程序的 Display Name，即应用程序的名称。类似地，还可将 Android 名称设置为 Hands On: Favors app，并将 Bundle ID 设置为 com.biessek.handson.favorsapp。

此处还需要注意 Version 和 Build 值，类似于 Android 中的版本名称和版本代码。对于 App Store 的每次上传行为，无论是 Store 或 TestFlight，都需要增加 pubspec.yaml 文件中的 version 值。

在 Deployment Target 中，还可设置 iOS 所需的最低版本，默认状态下为 8.0，即 Flutter 支持的最低版本。

4．Xcode——AdMob

与 AndroidManifest.xml 文件中的配置不同，这里无须上传 iOS 中的 AdMob ID，该 ID 值将从 Dart 自身中传递至 FirebaseAdMob SDK 初始化的值中获取，如下所示。

```
FirebaseAdMob.instance.initialize(
  appId: 'YOUR_ADMOB_APP_ID'
);
```

5．Xcode——应用程序签名

类似于 Android，此处也需要一种方法确定应用程序的持有者，Xcode 对此进行管理，我们无须直接对任何文件进行操作。当注册了 Apple Developer 和 Apple Developer Program 后，即可获得与此相关的全部内容。

在设置完毕后，即可像 Android 那样并通过 flutter build ios 命令构建应用程序的 iOS 版本。最后一步是在 Xcode 中发布应用程序，如下所示。

（1）在 Xcode 中选择 Product | Archive 生成构建归档文件。

（2）利用 flutter build ios 命令选取刚刚生成的构建归档文件。

（3）单击 Validate... 按钮。如果该过程出现任何问题，可尝试对此予以解决并生成另一个构建归档文件。

（4）验证成功结束后，单击 Upload to App Store... 按钮。

此时将持有一个处于发布就绪状态的 iOS 应用程序。我们可将其发布至 TestFlight（基于受信用户的私有测试应用程序）或 App Store 上。

ℹ️ 注意：

关于发布的目标，读者可参考官方文档，对应网址为 https://help.apple.com/Xcode/mac/current/#/dev442d7f2ca。

12.6　本 章 小 结

本章讨论了 Flutter 微件测试机制、如何使用测试微件，以及 testWidgets 函数中基于 WidgetTester 类的测试构建方式。

另外，本章还考查了如何通过 Flutter 工具查看应用程序性能方面的细节内容，以及查看内存和 CPU 应用的现有工具，如 Observatory UI 和性能覆盖。接下来，我们还学习了最新的 DevTools 套件。

最后，本章介绍了发布应用程序的各项准备步骤，即检查信息和细节内容、修改用户可见的应用程序图标、执行与平台相关的操作步骤以构建所发布的应用程序。

第 13 章将再次回顾一些与本地代码相关的重要主题，并探讨应用程序的国际化问题。

第 13 章 改进用户体验

如果希望应用程序达到一个较高的层次，则需要使其与用户上下文环境保持持续的交互。同时，还应实现一类国际化和完全可访问的应用程序，并逐步完善其各项功能。本章将学习如何创建后台运行的进程、将应用程序转换为目标语言，并添加可访问的特性以改善应用程序的可用性。

本章主要涉及以下主题：

- ❏ Flutter 中的可访问性。
- ❏ 向应用程序中添加翻译功能。
- ❏ 基于平台通道的本地和 Flutter 间的通信。
- ❏ 创建后台进程。
- ❏ 添加特定于 Android 的代码，并在后台运行 Dart 代码。
- ❏ 添加特定于 iOS 的代码，并在后台运行 Dart 代码。

13.1 Flutter 中的可访问性以及翻译功能

移动应用程序中的国际化有助于市场的增长，从而可向更多的用户展示应用程序。同样，应用程序的可访问性也是提升用户体验的重要环节。对此，Flutter 提供了一些有用的方法。

13.1.1 Flutter 的访问支持

在移动应用程序中实现正确的访问可提升用户的体验以及增加安装用户的数量。Flutter 中涵盖了相关组件以对此予以支持。

- ❏ 对比度：Flutter 公开了一些工具，使得开发人员可选取具有足够对比度的微件色彩方案。

ℹ️ **注意：**

读者可查看 W3C 所建议的对比度规范，对应网址为 https://www.w3.org/TR/UNDERSTANDING-WCAG20/visual-audio-contrast-contrast.html。

　　❑　较大的字体：在 Flutter 中，文本微件在确定字体大小时遵循操作系统设置。如
　　　　果用户需要，字体将按比例放大。

ⓘ 注意：

　　在 Android 和 iOS 中，可访问操作系统配置中的设置项启用较大的字体。

　　❑　屏幕阅读器：Android 中的 TalkBack 和 iOS 中的 VoiceOver 可让视障用户获取
　　　　与屏幕内容相关的语音反馈。

ⓘ 注意：

　　Flutter 针对开发人员提供了 Semantics 微件，并支持微件的含义描述，以使屏幕阅读
器可正常地工作。对此，读者可参考该微件的文档，对应网址为 https://api.flutter.dev/flutter/
widgets/Semantics-class.html。

13.1.2　Flutter 国际化

　　Flutter 提供了相关微件和类，以帮助实现国际化功能。另外，Flutter 库自身即实现了
国际化特性。这可借助于 3 个包加以实现，即 intl、intl_translation 和 flutter_localizations。
接下来将对此加以讨论，并查看国际化操作的实现方式。

1．intl 包

　　Dart intl 包表示为 Dart 中与翻译相关的基本内容。下列内容引自相关文档：

　　"intl 包提供了国际化和本地化工作，包括消息翻译、复数和性别、日期/数字格式
和解析以及双向文本。"

　　当使用 intl 包时，即可从.arb 文件中载入翻译内容。另外，Google Translators Toolkit
也支持这一个格式。每个.arb 文件中均包含了一个 JSON 表，进而实现资源 ID 和本地值
之间的映射。

2．intl_translation 包

　　intl_translation 包基于 intl 包且仅用于开发阶段，并包含了一个工具，进而生成和解
析.arb 文件中的翻译内容。据此，可翻译.arb 格式的消息，并于随后将其导入 Dart 中，以
供 intl 包使用。

3．flutter_localizations 包

　　flutter_localizations 包提供了 52 种语言（在本书编写时），并可与 Flutter 微件结合

使用。默认状态下，Flutter 微件仅包含 English US 本地化内容；当支持其他语言时，则可使用 flutter_localizations 包。

13.1.3　向 Flutter 应用程序中添加本地化功能

Flutter 中的本地化功能也是一个插件，本节将使用 flutter_localizations 包实现简单应用程序的翻译，并显示一条 Hello Flutter 消息，同时支持英语、西班牙语和意大利语。

1. 依赖关系

首先向 pubspec.yaml 文件中添加本地化依赖关系，并通过 flutter packages get 获取这一依赖关系，如下所示。

```
dependencies:
  ...
  flutter_localizations:
    sdk: flutter
dev_dependencies:
  intl_translation: ^0.17.3
...
```

如前所述，首先需要添加 Flutter 本地化包并使用其内建的微件；其次是通过相关工具，并利用.arb 文件中的消息生成 Dart 代码。

2. AppLocalization 类

接下来将定义一个类，并封装应用程序的本地化值。例如，AppLocalization 类期望接收相应的字符串资源，如下所示。

```
// part of app_localization.dart
import 'l10n/messages_all.dart';

class AppLocalizations {
  static Future<AppLocalizations> load(Locale locale) {
    final String name =
        locale.countryCode == null ? locale.languageCode :
locale.toString();
    final String localeName = Intl.canonicalizedLocale(name);

    return initializeMessages(localeName).then((bool _) {
      Intl.defaultLocale = localeName;
      return new AppLocalizations();
    });
```

```
  }

  static AppLocalizations of(BuildContext context) {
    return Localizations.of<AppLocalizations>(context, AppLocalizations);
  }

  String get title {
    return Intl.message(
        'Hello Flutter',
        name: 'title',
        desc: 'The application title'
    );
  }

  String get hello {
    return Intl.message('Hello', name: 'hello');
  }
}
```

AppLocalizations 用于封装当前资源，并可划分为 4 个主要部分。

（1）load()函数：从期望的 Locale 中加载字符串资源（位于参数中）。

（2）of()函数：这是一个辅助函数，类似于其他的 InheritedWidget，以方便从应用程序代码的任何部分访问字符串。

（3）get()函数：列出翻译至当前应用程序中的可用资源。此处应留意返回语句中的 Intl.message 封装器，这将使 intl 工具查找当前类，并使用翻译内容填充 initializeMessages。

（4）initializeMessages：该方法通过 intl 工具生成。注意，在后续步骤中生成的 "l10n/messages_all.dart"文件将包含有效加载翻译消息的方法。

除了 AppLocalization 类之外，还需定义另一个类并负责向应用程序提供 AppLocalizations 资源，如下所示。

```
class AppLocalizationsDelegate extends
LocalizationsDelegate<AppLocalizations> {
  const AppLocalizationsDelegate();

  @override
  bool isSupported(Locale locale) {
    return ['en', 'es', 'it'].contains(locale.languageCode);
  }

  @override
```

```
Future<AppLocalizations> load(Locale locale) {
    return AppLocalizations.load(locale);
}

@override
bool shouldReload(LocalizationsDelegate<AppLocalizations> old) {
    return false;
}
}
```

该类被划分为 3 个主要部分。

（1）load()函数：下列内容引自相关文档：

"该函数需返回一个包含相关资源集合的对象（每个资源包含一个方法定义）。"

相应地，这将返回 AppLocalizations.load 类。

（2）isSupported()函数：顾名思义，如果应用程序支持 receivedlocale，该函数将返回 true。

（3）shouldReload()：基本上讲，如果该函数返回 true，那么全部应用程序创建将在资源加载后被重新构建。如果应用程序以动态方式修改 Locale，那么通常情况下该函数需返回 true。

3．利用 intl_translation 生成.arb 文件

在定义了相关类之后，需要创建消息翻译内容。在 AppLocalizations 类中可以看到，其中仅包含了需翻译的两个字符串资源，即标题和 hello。如前所述，翻译处理过程通过.arb 文件完成，因此需针对每种所支持的语言（在当前示例中为英语、西班牙语和意大利语）定义.arb 文件。相应地，这一类文件需包含翻译至目标语言的字符串资源。

.arb 文件的创建过程较为枯燥，因而可使用 intl_translation 工具生成此类文件。对此，首先生成一个目录存储新文件，在当前示例中为 lib/l10n；随后利用下列命令创建.arb 文件。

```
flutter pub pub run intl_translation:extract_to_arb --output-dir=lib/l10n
lib/app_localization.dart
```

ℹ️ 注意：

最后一个参数引用包含了应用程序本地化类的文件，即 lib/app_localization.dart 文件。

上述命令将生成 lib/l10n 中的 intl_messages.arb 文件，并用作翻译模板，如下所示。

```
{
    "@@last_modified": "2019-04-22T21:32:20.153408",
    "title": "Hello world App",
```

```
    "@title": {
      "description": "The application title",
      "type": "text",
      "placeholders": {}
    },
    "hello": "Hello",
    "@hello": {
      "type": "text",
      "placeholders": {}
    }
}
```

通过复制、重命名上述文件并翻译所需资源，即可生成期望的翻译结果，如图 13.1
所示。

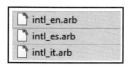

图 13.1

ℹ 注意：

读者可访问 GitHub 查看全部文件的示例源代码。

待全部内容翻译完毕后，即可用于当前应用程序中，这可视为生成.arb 文件的反向过
程，如下所示。

```
flutter pub pub run intl_translation:generate_from_arb --outputdir=
lib/l10n lib/app_localization.dart lib/l10n/intl_en.arb
lib/l10n/intl_es.arb lib/l10n/intl_it.arb
```

至此，我们得到了包含翻译资源的 Dart 代码。当需要添加资源时，一般并不会直接
操作此类代码，而是将其置于 app_localization.dart 和.arb 文件中。

注意，AppLocalization 类使用了 messages_all.dart 文件中的 initializeMessages。当前，
我们可向应用程序中提供相应的本地化资源。

4. 使用翻译后的资源

对于生成的文件和翻译后的资源，需在应用程序中给予正确使用。对此，需要设置
MaterialApp 类中的多个属性，如下所示。

```
class MyApp extends StatelessWidget {
  // This widget is the root of your application.
```

```
  @override
  Widget build(BuildContext context) {
    return new MaterialApp(
      localizationsDelegates: [
        AppLocalizationsDelegate(),
        GlobalMaterialLocalizations.delegate,
        GlobalWidgetsLocalizations.delegate
      ],
      supportedLocales: [Locale("en"), Locale("es"), Locale("it")],
      onGenerateTitle: (BuildContext context) =>
          AppLocalizations.of(context).title,
      theme: new ThemeData(
        primarySwatch: Colors.blue,
      ),
      home: new MyHomePage(),
    );
  }
}
```

其中，需设置 localizationsDelegates 和 supportedLocales 属性。此处重复使用了委托的 supportedLocales，并使用 AppLocalizationsDelegate 和来自 flutter_localizations 包的 globaldelegate 设置 localizationdelegate 数组。

下列内容引自相关文档：

"localizationsDelegates 列表元素表示为生成本地值的集合。GlobalMaterialLocalizations.delegate 针对 Material Components 库提供了本地字符串和其他值。GlobalWidgetsLocalizations.delegate 定义了微件库的默认文本方向，自左向右或自右至左。"

因此，如果希望使应用程序完全本地化，那么 GlobalWidgetsLocalizations 和 GlobalMaterialLocalizations 很可能是强制性的。

这一步骤将向应用程序中加载资源。为了有效地利用资源，可使用 AppLocalizations 类中的 of()方法，如下所示。

```
class MyHomePage extends StatelessWidget {
  MyHomePage({Key key}) : super(key: key);
  @override
  Widget build(BuildContext context) {
    return Scaffold(
      appBar: AppBar(
        title: Text(AppLocalizations.of(context).title),
      ),
      body: Center(
```

```
      child: Text(
        AppLocalizations.of(context).hello,
        style: Theme.of(context).textTheme.display1,
      ),
    ),
  );
 }
}
```

当采用 of()方法时，即可访问实例和之前定义的全部资源的 get()方法。图 13.2 显示了不同设备地区间的消息结果。

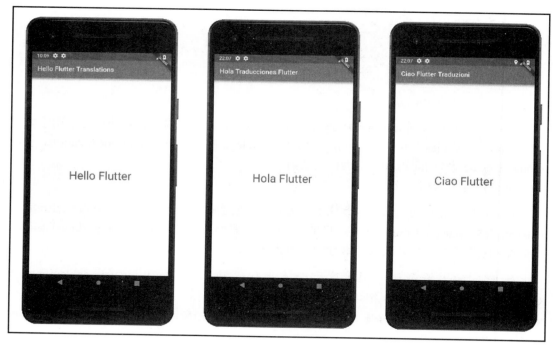

图 13.2

在介绍了与 Flutter 国际化相关的内容后，接下来将介绍本地代码和 Flutter 间的通信。

13.2　基于平台通道的本地和 Flutter 间的通信

2018 年以来，随着第一个稳定版本的发布，Flutter 获得了越来越多的支持者。其中的一个原因便是 Flutter 提供了相关工具，可开发美观、动态和平滑的 UI。但移动应用程序所涉及的内容远不止于此，还需处理不同主机平台的 API 问题，因为许多功能均依赖于此，其中包括以下方面。

- ❑　蓝牙、相机、传感器和位置。
- ❑　用户权限。
- ❑　通知。
- ❑　存储文件和偏好设置。
- ❑　应用程序间共享信息。

Flutter 和平台间的交互行为应不易被察觉，否则将很难令开发人员感到满意。前述内容通过一些插件实现了依赖于底层平台的特性。其间，插件甚至应用程序自身需要与平台代码进行某种方式的通信，以使全部工作正常进行。相应地，这一类内容均由 Flutter 引擎加以管理。当实现 Flutter 应用程序与本地 Swift/Objective-C 和 Kotlin/Java 间的通信时，将会涉及平台通道这一问题。

在第 9 章中，当讨论如何开发自己的 Flutter 插件时，曾对方法通道有所讨论。根据定义，方法通道是 Flutter 平台通道的特例。下面将讨论其工作方式，并再次回顾方法通道的基础知识。

13.2.1　平台通道

Flutter 应用程序一般驻留于本地应用程序中，也就是说，当运行 Flutter 应用程序时，将存在一个本地 iOS 或 Android 应用程序，并与 Flutter 的 UI 委托协同运行。之前曾有所介绍，Flutter 负责渲染全部 UI。对此，Flutter 本地层涵盖了全部所需代码，并设置了 Android View 或 iOS UIViewController，以使 Flutter 可于其中正常工作。

某些移动框架依赖于代码生成，并将通用顶级语言转换为本机语言。在这种情况下，一般使用特定于框架的语言编写代码。随后，这一类语言将转换为本机语言（如 Kotlin/Java 和 Swift/Objective-C 语言）。因此，框架很难将其 API 与主机平台同时保持为最新状态。另外，鉴于 Flutter 在多个平台间的广泛应用，同步发展将变得更加困难。

针对这一问题，Flutter 借助于一种灵活的消息传递机制，即平台通道，其结构如图 13.3 所示。

这也可视为 Flutter 平台通道的体系结构视图。另外，读者还可访问 https://flutter.dev/docs/development/platform-integration/platform-channels 以了解更多内容。

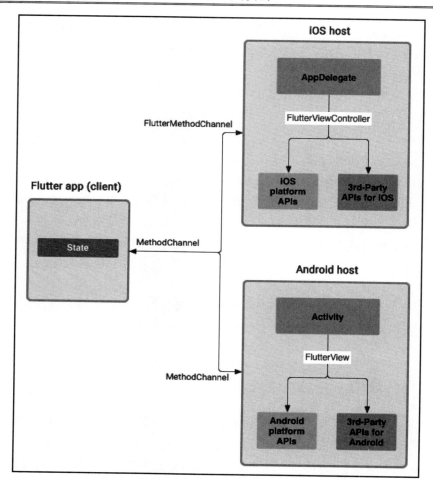

图 13.3

其中，MethodChannel 用于发送/接收消息。除此之外，图 13.3 还展示了平台通道的整体工作方式，具体内容如下所示。

❑　Flutter 应用程序通过平台通道向应用程序的主机/本地（iOS 或 Android）发送消息。

❑　应用程序的主机/本地监听平台、接收消息，并利用系统提供的 API 及其自身实现处理消息，最后将结果返回至应用程序的 Flutter 调用部分。

ⓘ 注意：

类似于插件，PlatformViews（参见第 9 章）也依赖于平台通道机制交换信息。

13.2.2　消息编码解码

截至目前，MethodChannel 是主要的示例和最常用的平台通道，并抽象了将数据从 Dart 转换为本地编程语言的许多复杂内容，反之亦然。

ℹ 注意：

本地和 Flutter 间的通信还包括其他方式，如 BasicMessageChannel。读者可参考平台通道的官方教程以了解更多信息，对应网址为 https://flutter.dev/docs/development/platform-integration/platform-channels。

对此，可通过 Flutter 标准消息编码解码实现消息通信。消息编码解码负责语言之间的数据转换任务。对此，存在多种可用的编码解码器，必要时，还可创建自己的编码解码器。

- ❑ BinaryCodec：使用 ByteData 表示的未编码二进制消息。在 Android 平台中，消息通过 NSData 予以体现。
- ❑ JSONMessageCodec：表示为 UTF-8 编码的 JSON 消息。在 Android 平台上，消息通过 org.json 库进行解码；在 iOS 平台上，消息则利用 NSJSONSerialization 库进行解码。
- ❑ StringCodec：表示为 UTF-8 编码的字符串消息。在 Android 平台上，消息通过 java.util.String 表示；在 iOS 平台上，消息则通过 NSString 表示。
- ❑ StandardMessageCodec：使用 Flutter 标准库编码机制。无论内容如何，解码后的值将使用 List<dynamic>和 Map<dynamic,dynamic>。消息值从 Dart 类型转换为 Android/iOS 类型。

💡 提示：

读者可参考 StandardMessageCodec 类的官方文档，以了解 Dart 和本地间的映射方式（反之亦然），对应网址为 https://api.flutter.dev/flutter/services/StandardMessageCodec-class.html。

默认状态下，当发送/接收消息时，MethodChannel 在底层使用了 StandardMessageCodec 并执行数据的序列化/反序列化机制。

13.3　创建后台进程

第 2 章曾讨论了并发编程机制，即 Isolate。据此，可创建与线程类似的 worker，但并不会共享内存，且仅通过消息实现彼此间的通信。

在移动上下文环境中，同样需要关注并发问题。鉴于较为耗时的操作可能会导致渲染延迟等问题，因而 Flutter 提供了一种简单的方法生成一个 Isolate，即 compute()函数。

13.3.1　Flutter 中的 compute()函数

借助于 compute()函数，可生成新的 Isolate、向其发送消息并获得响应结果。该函数的签名如下所示。

```
Future<R> compute <Q, R>( ComputeCallback<Q, R> callback, Q message,
{String debugLabel })
```

下列内容描述了请求新 Isolate 时所需的参数。

❑　callback：表示为新 Isolate 中执行的顶级函数。此处应留意 ComputeCallback，其中存在多种泛型注解<Q, R>。这里，Q 表示该回调的输入类型；R 则表示计算结果的对应类型。

下列内容引自相关文档：

"回调参数需为一个顶级函数，而不是闭包、某个类的实例或静态方法。"

❑　message：表示为 Q 类型的参数值并发送至 callback 中。

下列内容引自相关文档：

"向 Isolate 发送和接收的值存在一定的限制。也就是说，限制了 Q 和 R 的可能值。"

❑　debugLabel：可用于开发阶段。在分析阶段，将为 Isolate 提供一个名称，以便在 Observatory UI 上进行区分。

compute()函数非常适合完成耗时超过几毫秒的计算，但可能会导致一些帧丢失。另外，对于短期计算，还存在其他选择方案，如第 2 章所讨论的 Future。

1. SendPort 和 ReceivePort

如前所述，传递至 compute()函数中的消息以及该函数的返回值需遵循一些限制条件，这一类限制条件源自 Isolate 通信层。之前曾有所提及，Isolate 通过消息实现彼此间的通信，此类消息通过 SendPort 和 ReceivePort 发送和接收。

当向 Isolate 端口发送一条消息时，首先需要获取与其对应的 ReceivePort 实例。ReceivePort 类公开了绑定于 Isolate 上的 sendPort getter，因而可向其发送消息，当 Isolate 从另一个 Isolate 中获取 ReceivePort 时，将通过 IsolateNameServer 类完成这一任务。

2. IsolateNameServer 类

IsolateNameServer 类是一个全局 Dart Isolate 注册器，并以此注册和查找 SendPorts 和 ReceivePorts。简而言之，一个 Isolate 可通过 IsolateNameServer.registerPortWithName() 方法注册其 ReceivePort，其他 Isolate 则可利用 IsolateNameServer.lookupPortByName()方法获取对应的 SendPort。

13.3.2　compute()函数示例

如前所述，当创建一个 Isolate 并执行较为耗时的进程时，可使用 compute()函数。在 Isolate 回调中，可包含任意类型的实现，并于随后传递至 compute()函数中。其间，唯一的需求条件是顶级函数。考查下列代码：

```
import 'dart:io';

void backgroundCompute(args) {
  print('background compute callback');
  print('calculating fibonacci from a background process');

  int first = 0;
  int second = 1;
  for (var i = 2; i <= 50; i++) {
    var temp = second;
    second = first + second;
    first = temp;
    sleep(Duration(milliseconds: 200));
    print("first: $first, second: $second.");
  }

  print('finished calculating fibo');
}
```

该函数计算前 50 项斐波那契数，并输出至设备日志中。可以看到，其中包含了一个 sleep 阻塞调用，这意味着在 Isolate 被阻塞时，将无法在 Isolate 中处理任何异步操作。

通过运行下列代码，可执行一个 Isolate，并在 Flutter 应用程序中的任意位置处执行当前回调。

```
compute(backgroundCompute, null);
```

compute()函数非常有用，并抽象了运行和新 Isolate 通信所需的全部设置内容。随后可分发该函数，并检索一个可选的响应结果。

需要注意的是，虽然新的 Isolate 表示为主应用程序 Isolate 的子元素，但如果应用程序终止（即用户在应用程序托盘行将其清除），那么子 Isolate 也将被终止。

13.3.3　后台进程

虽然 compute()函数十分有用，但并非所有场合都需要使用该函数。如前所述，当父 Isolate 终止时，compute()函数创建的子 Isolate 也将终止。

在某些场合下，可能希望执行与主应用程序完全无关的代码，如下所示。

❑　在接收 push 通知和更新信息时可能会这样做，且不需要运行应用程序来接收和处理 push 通知。

❑　监听用户位置变化或进入特定地理区域。

❑　从摘要中获取服务器信息。

❑　将文件上传至服务器。取决于文件的大小，相关操作可能较为耗时，其间可能还会涉及其他因素。

针对独立于应用程序 UI 运行的代码用例，可创建一个无头（headless）Isolate。也就是说，对应的 Isolate 未绑定至主应用程序 Isolate 上，如果主 Isolate 终止，则不会影响该 Isolate 的执行。

在本书编写时，尚不存在默认的 API 可处理此类用例。因此，若插件作者和开发人员需要在应用程序中使用这种特性，需处理 Flutter 引擎的底层内容，创建一个后台 Isolate 并在层间建立通信。

当创建后台进程时，可在语言和应用程序层中划分相关职责。针对于此，还需检查框架和底层平台的各项功能。

（1）首先需要定义 Flutter 后台 Isolate 入口点，这与应用程序中的 main()函数类似。后台 Isolate 需包含与 main()相似的函数。

（2）根据已定义的入口点，即可执行后台 Isolate。从应用程序角度来看，将执行下列各项操作。

❑　通过方法调用将请求分发至应用程序本地一侧，并通知初始化新的 Isolate。

❑　在本地一侧，创建所需结构并运行新的 Isolate，且独立于发出请求的应用程序。

❑　当后台 Isolate 就绪并处于运行状态时，可通知本地一侧，以使其知晓可与对应的 Isolate 进行通信。

（3）在应用程序中，可向本地发出请求，随后处理与 Flutter 结构相关的事务并委托至后台 Isolate 中。

上述处理过程看上去较为复杂，但 Flutter 社区正在尝试改变这一状况，以使 Dart 的后台处理任务变得更加简单。

ⓘ 注意：

关于后台处理替代方案的更新内容，读者可访问 https://github.com/flutter/flutter/issues 查看更多信息。

图 13.4 显示了简化后的通信机制。

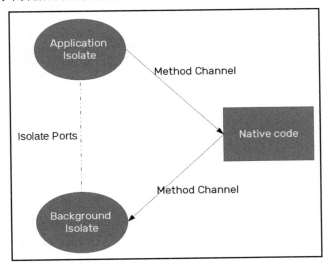

图 13.4

主 Isolate 和后台 Isolate 间的通信难于维护，且需要处理运行方面的问题，因而是一类可选方案。

下面回顾一下之前讨论的斐波那契算法示例，并再次从应用程序中启用 Isolate。此时，若终止应用程序（也就是说，从应用程序托盘中清除该程序），日志内容仍会输出至设备日志中，其原因在于，当前进程在后台仍处于运行状态。

13.3.4 初始化计算

在应用程序中，当单击计算按钮时，将初始化前述相关进程。其间，首先将通过方法通道调用一个方法。之前在插件结构中曾创建了相关示例，此处可对其进行修改或直接将其应用于程序中。该插件负责抽象 Isolate 的创建过程，对于应用程序来说，它将处于透明状态，其唯一方法是 calculateInBackgroundProcess()，并从当前应用程序中加以调用，如下所示。

```
HandsOnBackgroundProcess.calculateInBackgroundProcess();
```

🛈 **注意:**

读者可参考 GitHub 中的 hands_on_background_process 示例,以查看完整的源代码。

上述代码调用插件方法,并负责初始化进程,如下所示。

```
const pluginChannel = MethodChannel('com.example.handson/plugin_channel');

class HandsOnBackgroundProcess {
  static void calculateInBackgroundProcess() async {
    final callbackHandle = PluginUtilities.getCallbackHandle(
        backgroundIsolateMain
    );

    await pluginChannel.invokeMethod(
        "initBackgroundProcess",
        [callbackHandle.toRawHandle()]
    );
  }
}
```

可以看到,代码中首先针对插件定义了一个名为 com.example.handson/plugin_channel 的方法通道,一般这是插件中的第一步操作。随后在 calculateInBackgroundProcess()方法中将执行下列各项操作。

❑   获取新的后台 Isolate 入口点的句柄,此处使用了框架提供的 PluginUtilities. getCallbackHandle 工具获取回调的标识符,并传递至应用程序的本地一侧。通过这种方式,在本地一侧,即可检索该回调,并以此作为入口点运行后台 Isolate。

❑   在得到句柄后,可调用"initBackgroundProcess"方法并将该句柄传递至该方法中。该方法将执行之前描述的 Isolate 任务。

接下来将查看 Isolate 的入口点,并于随后检查所需代码以使其正常工作。

通过之前讨论的句柄,向下传递至插件本地部分的 Dart 回调负责计算斐波那契数,但具体实现过程则完全不同,如下所示。

```
void backgroundIsolateMain() {
  print('background isolate entry point running');
  const backgroundchannel = MethodChannel(
    'com.example.handson/background_channel'
  );
  WidgetsFlutterBinding.ensureInitialized();

  backgroundchannel.setMethodCallHandler((MethodCall call) async {
    if (call.method == 'calculate') {
```

```
    print('calculating fibonacci from a background process');

    int first = 0;
    int second = 1;
    for (var i = 2; i <= 50; i++) {
      var temp = second;
      second = first + second;
      first = temp;
      sleep(Duration(milliseconds: 500));
      print("first: $first, second: $second.");
    }

    print('finished calculating fibo');
    backgroundchannel.invokeMethod("calculationFinished");
  }
});
backgroundchannel.invokeMethod("backgroundIsolateInitialized");
}
```

不难发现，其中涵盖了以下变化。

（1）后台 Isolate 通过设置方法通道而被启用，并用于构建运行于后台上的本地代码间的通信（即 Android 上的服务，以及 iOS 上的后台执行）。

（2）设置 calculate()方法的句柄，以便本地代码对其进行调用并启用计算过程。虽然这在当前应用程序中并非必需（可以在入口点启用计算过程），但却可视为一个较好的例证。

（3）在方法通道设置完毕后，可通过 backgroundIsolateInitialized 调用通知本地一侧。此后，全部内容在 Dart 一侧均处于就绪状态。

对于后台执行的 Dart 一侧，我们仅需实现一次。随后，对于每个平台（Android/iOS），应设置 Isolate 的运行环境。

13.4 添加 Android 代码并在后台运行 Dart 代码

在 Android 中，服务这一概念是后台运行应用程序代码的理想方式，且独立于主应用程序运行。基本上讲，我们需要创建一个 Service 绑定新的后台 Isolate 并运行。

💡 提示：

关于 Android 服务，读者可参考官方文档以了解更多内容，对应网址为 https://developer.android.com/reference/android/app/Service。

13.4.1　HandsOnBackgroundProcessPlugin 类

首先需要设置插件（参见第 9 章），这将实现一个 registerWith 静态方法，并利用已有的插件实例通知 Flutter 引擎，如下所示。

```
class HandsOnBackgroundProcessPlugin(
        private val context: Context
) : MethodChannel.MethodCallHandler{
    companion object {
        ...
        @JvmStatic
        fun registerWith(registrar: PluginRegistry.Registrar) {
            val channel = MethodChannel(
                registrar.messenger(),
                "com.example.handson/plugin_channel"
            )
            val plugin = HandsOnBackgroundProcessPlugin(
                registrar.context()
            )
            channel.setMethodCallHandler(plugin)
        }
    }
    ...
}
```

上述代码配置了名为 com.example.handson/plugin_channel 的方法通道，据此，可通过 initBackgroundProcess()方法初始化计算过程，如下所示。

```
override fun onMethodCall(call: MethodCall, result: MethodChannel.Result?)
{
    val args = call.arguments() as? ArrayList<*>
    if (call.method == "initBackgroundProcess") {
        val callbackHandle = args?.get(0) as? Long ?: return
        executeBackgroundIsolate(context, callbackHandle)
    }
}
```

当处理 initBackgroundProcess()方法时，将获取源自 Dart 的回调句柄。为了正确地获取回调句柄，该句柄将根据 StandardMessageCodec 类解析为 Long 类型（在 Dart 中表示为 int 类型），如下所示。

```
...
private fun executeBackgroundIsolate(context: Context, callbackHandle:
Long) {
    val preferences = context.getSharedPreferences(
        SHARED_PREFERENCES_KEY,
        IntentService.MODE_PRIVATE
    )
    preferences.edit().putLong(ARG_CALLBACK_KEY, callbackHandle).apply()

    startBackgroundService(context)
}
...
```

　　首先,该方法将句柄值存储于 SharedPreferences 文件中,随后通过 startBackgroundService()
方法请求后台服务执行。

❑　SharedPreference 在 Android 中以一种简单、私有的方式存储键值数据，采用这
　　种方式的原因在于，此处无法将参数传递至 Service 构造方法中。

ℹ️ **注意:**

　　关于 SharedPreference 的更多内容,读者可参考官方文档,对应网址为 https://developer.
android.com/training/datastorage/shared-preferences。

❑　startBackgroundService()简单地请求 Android 系统，并初始化后台服务，如下所示。

```
...
private fun startBackgroundService(context: Context) {
    val intent = Intent(
        context,
        BackgroundProcessService::class.java
    )
    context.startService(intent)
}
...
```

　　其余工作则在 BackgroundProcessService 类中完成。

13.4.2　BackgroundProcessService 类

　　BackgroundProcessService 类表示为 Android 服务，并在执行 Isolate 时执行，鉴于
该服务运行于后台，因而应用程序可能会处于关闭状态，对应的 Isolate 则处于正常运行
状态。

🛈 **注意**：

在理解生命周期的工作方式之前，建议读者首先查看 Android Service 的官方文档。

Service 的执行由 Android 系统加以整体控制，我们无法对其实施完全的控制。因此，需要响应系统提供的事件，并根据 Service 状态执行 Isolate。

在 onCreate()方法中，当系统创建 Service()方法时，即可创建运行该方法所需的全部资源。另外，这也是启用后台 Isolate 之处，如下所示。

```
class BackgroundProcessService : Service(), MethodChannel.MethodCallHandler
{
    override fun onCreate() {
        super.onCreate()
        createNotification()
        FlutterMain.ensureInitializationComplete(applicationContext, null)
        startBackgroundIsolate()
    }
    ...
}
```

可以看到，该方法不仅初始化 Isolate，还涵盖了其他操作步骤，如下所示。

（1）首先通过 createNotification()方法设置通知。该通知置于 Android 状态栏中，并使当前服务运行于前台模式。基本上讲，当缺失资源时，运行于后台的 Service 很可能被清除。相比之下，前台服务在系统中包含了较高的优先级，且一般不会被终止。

（2）随后是 FlutterMain.ensureInitializationComplete(applicationContext,null)调用，以表明 Flutter 引擎已设置完毕，进而可使用诸如平台通道这一类事务。

（3）最后，利用 startBackgroundIsolate()启用 Isolate。

startBackgroundIsolate()方法定义为类中的主方法且相对复杂，负责设置运行后台 Isolate 所需的结构，如下所示。

```
private fun startBackgroundIsolate() {
    val preferences = applicationContext.getSharedPreferences(
        SHARED_PREFERENCES_KEY,
        MODE_PRIVATE
    )
    val callbackHandle = preferences.getLong(ARG_CALLBACK_KEY, 0L)
    if (callbackHandle == 0L) return
    val callback =
    FlutterCallbackInformation.lookupCallbackInformation(
        callbackHandle
    ) ?: return
```

```
sBackgroundFlutterView = FlutterNativeView(this, true)
val path = FlutterMain.findAppBundlePath(applicationContext)
val args = FlutterRunArguments()
args.bundlePath = path
args.entrypoint = callback.callbackName
args.libraryPath = callback.callbackLibraryPath

sBackgroundFlutterView?.runFromBundle(args)

backgroundChannel = MethodChannel(
    sBackgroundFlutterView,
    "com.example.handson/background_channel"
)
backgroundChannel?.setMethodCallHandler(this)

sPluginRegistrantCallback?.registerWith(
    sBackgroundFlutterView?.pluginRegistry
)
}
```

类似于应用程序中的常规操作，该方法初始化并注册 Flutter 引擎中的新的后台插件实例，具体过程稍具技巧性，如下所示。

（1）首先获取 Dart 回调，即新的后台 Isolate 的入口点。对此，可获取存储后的 SharedPreference，并使用 FlutterCallbackInformation.lookupCallbackInformation()方法检索运行时所需的回调信息。

（2）接下来实例化新的 FlutterNativeView()方法。该视图针对运行的新 Isolate 设置相应的环境。在 Android 中，这也是 Flutter 引擎的工作方式。注意，为了保证应用程序正常工作，View 将传递至 Dart 一侧。另外，传递至 FlutterNativeView 构造方法中的第二个参数定义为 true 意味着，该视图将于后台运行，且不需要相应的绘制表面。

（3）当执行 Isolate 时，需使用前述 FlutterNativeView 实例中的 runFromBundle()方法。该方法需要一个 FlutterRunArguments 实例识别运行内容。这里，args 变量加载从 callback 中获取的信息，如 callbackName 和 callbackLibraryPath，进而查找 Isolate 入口点。

（4）在运行了后台 Isolate 之后，我们针对名为 com.example.handson/background_ channel 的后台方法通道创建了一个实例，类似于之前在 Dart 一侧所做的那样。

（5）借助于 sPluginRegistrantCallback 属性，最后一步将在 Flutter 注册表中注册插件实例。该属性需通过手动方式传递至 Service 类，其原因在于，Flutter 在其使用过程中自动将插件注册于主线程中（需要使用静态 registerWith()方法实现插件）；而

PluginRegistrantCallback 则表示为该实现的手动处理方式。据此，可于任意处注册一个插件，如 registerWith 未被查询的地方（在当前示例中为 Service）。

 提示：

关于 Android 中的线程，读者可访问 https://flutter.dev/docs/get-started/flutter-for/androiddevs#how-do-you-move-work-to-a-background-thread 查看其文档。

在当前示例项目中，我们向 Service 服务传递了一个 PluginRegistrantCallback 实例，并定义了一个 FlutterApplication 类的子类，以作为当前服务的注册回调，如下所示。

```kotlin
class Application: FlutterApplication(),
PluginRegistry.PluginRegistrantCallback {
    override fun onCreate() {
        super.onCreate()
        Log.w("BACKGROUND", "application")
        BackgroundProcessService.setPluginRegistrant(this)
    }

    override fun registerWith(registry: PluginRegistry?) {
        GeneratedPluginRegistrant.registerWith(registry)
    }
}
```

可以看到，代码中向 Service 实例传递了应用程序实例，进而在 Flutter 引擎中进行注册。除此之外，为了确保正常工作，还需要在 AndroidManifest.xml 文件中设置应用程序类，如下所示。

```xml
<manifest xmlns:android="http://schemas.android.com/apk/res/android"
    package="com.example.hands_on_background_process_example">
    <application
        android:name=".Application"
        android:label="hands_on_background_process_example"
    >
    ...
</manifest>
```

在设置了插件和后台 Isolate 之后，需要与其进行通信以启用计算过程。对此，还需处理之前定义的后台方法通道中的方法调用，如下所示。

```kotlin
override fun onMethodCall(call: MethodCall, result: MethodChannel.Result?)
{
    if (call.method == "backgroundIsolateInitialized") {
        backgroundChannel?.invokeMethod("calculate", null)
```

```
    } else if (call.method == "calculationFinished") {
        sBackgroundFlutterView?.destroy()
        sBackgroundFlutterView = null
        shutdownService()
    } else {
    } // 'calculate' method from this channel, handled on the Dart isolate.
}
```

这里，BackgroundProcessService 实例定义为后台方法通道调用的方法句柄。

❑ 当 backgroundIsolateInitialized()方法处于就绪状态时，将从后台 Isolate 中被调用；作为响应，将在同一通道中启用计算调用 calculate()。

❑ 另外，当计算结束且 Dart 后台 Isolate 调用 calculationFinished()方法时，加载当前 Isolate 的 FlutterNativeView 实例将被销毁，并调用 shutdownService()终止当前服务。该过程简单地移除之前定义的通知并消除当前服务。

上述过程展示了 Android 中的全部实现。据此，即使从应用程序托盘中移除当前应用程序（即终止当前应用程序），后台 Isolate 程序也将一直运行到结束。

13.5 添加 iOS 代码并于后台运行 Dart 代码

在 iOS 平台中，情况则有所不同。与 Android 相比，其后台执行方式将更加严格。其间并不存在 Service 这一概念，但仍可在某些时刻运行后台代码。

本节的大多数用例源自 UIBackgroundModes。其中，应用程序可定义所支持的后台模式，并于随后运行特定类型的后台执行。例如，我们可执行下列操作。

❑ Audio 和 AirPlay 后台模式，并将应用程序设置为后台播放音频或录制音频。

❑ 当位置更新处于后台模式时，接收位置更新内容。

❑ Newsstand 是一种下载模式，应用程序可以在后台下载并处理杂志或报纸内容。

🔵 提示：

读者可访问 https://developer.apple.com/library/archive/documentation/iPhone/Conceptual/iPhoneOSProgrammingGuide/BackgroundExecution/BackgroundExecution.html 查看 iOS 官方文档。

除了 Service 之外，iOS 中的大部分工作与 Android 相同。接下来考查插件的定义。SwiftHandsOnBackgroundProcessPlugin 插件的注册和设置与 HandsOnBackgroundProcessPlugin 类似。此时，register()静态方法中的相关内容如下所示。

```swift
public static func register(with registrar: FlutterPluginRegistrar) {
    let channel = FlutterMethodChannel(
        name: "com.example.handson/plugin_channel",
        binaryMessenger: registrar.messenger()
    )
    let instance = SwiftHandsOnBackgroundProcessPlugin(
        registrar: registrar
    )
    registrar.addMethodCallDelegate(instance, channel: channel)
}
```

与 Android 版本类似，该方法配置了名为 com.example.handson/plugin_channel 的方法通道，并通过 initBackgroundProcess()方法初始化计算过程，如下所示。

```swift
public func handle(
    _ call: FlutterMethodCall,
    result: @escaping FlutterResult
) {
    if (call.method == "initBackgroundProcess") {
        guard let args = call.arguments as? NSArray else {
            return
        }
        guard let handle = args[0] as? Int64 else {
            return
        }
        executeBackgroundIsolate(handle: handle)
    }
}
```

当前示例并未将分离机制作为服务，因而可直接从调用中启用后台 Isolate 执行。在 executeBackgroundIsolate()方法中，后台 Isolate 的执行过程如下所示。

```swift
private func executeBackgroundIsolate(handle: Int64) {
    _backgroundRunner = FlutterEngine.init(
        name: "BackgroundProcess",
        project: nil,
        allowHeadlessExecution: true
    )
    guard let info = FlutterCallbackCache.lookupCallbackInformation(
        handle
    ) else {
        return
    }
    let entrypoint = info.callbackName
```

```
    let uri = info.callbackLibraryPath
    _backgroundRunner!.run(
        withEntrypoint: entrypoint,
        libraryURI: uri
    )

    _backgroundChannel = FlutterMethodChannel(
        name: "com.example.handson/background_channel",
        binaryMessenger: _backgroundRunner!
    )
    _registrar.addMethodCallDelegate(
        self,
        channel: _backgroundChannel!
    )
    SwiftHandsOnBackgroundProcessPlugin._registerPlugins?(
        _backgroundRunner!
    )
}
```

相应地，可再次将当前执行过程划分为下列步骤。

（1）将 FlutterEngine 类实例存储至_backgroundRunner 属性中，该实例表示为桥接方式的 Flutter 插件，且与 Android 中的 FlutterNativeView 类似。

（2）通过 FlutterCallbackCache.lookupCallbackInformation()工具方法从回调句柄中获取入口点。此处使用了 entrypoint 和 uri，并通过_backgroundRunner!.run(withEntrypoint: entrypoint, libraryURI: uri)调用运行后台 Isolate。

（3）在运行了 Isolate 之后，剩余部分与 Android 类似。此处针对通信创建了名为 com.example.handson/background_channel 的通道，并将其句柄设置为插件实例自身。

（4）通过 _registerPlugins 回调在后台注册插件，这与 Android 中的 PluginRegistrantCallback 较为相似。

🛈 注意：

步骤（4）在 iOS 中并非必需。除了当前应用程序之外，并不存在另一个后台线程。对应的创建过程被移至一个后台状态中，但仍可正常注册。如果应用程序在 UIBackgroundMode 键中执行，那么这一注册行为仍然是十分重要的。

在启动了后台 Isolate 之后，可再次从后台通道中处理调用，如下所示。

```
public func handle(_ call: FlutterMethodCall, result: @escaping
FlutterResult) {
```

```
    if (call.method == "initBackgroundProcess") {
      // ... seen previously
    } else if (call.method == "backgroundIsolateInitialized") {
        self.taskID = UIApplication.shared.beginBackgroundTask {
            self.taskID = .invalid
        }
        _backgroundChannel?.invokeMethod("calculate", arguments: nil)
    } else if (call.method == "calculationFinished") {
        if(self.taskID != nil && self.taskID != .invalid) {
            UIApplication.shared.endBackgroundTask(self.taskID!)
            self.taskID = .invalid
        }
        // end background task
    }
}
```

虽然具体实现有所不同，但方法的基本理念是相似的。

（1）当调用 backgroundIsolateInitialized()方法时，将调用对应的 calculate()方法，进而执行计算过程并输出至 Flutter 控制台中。在此之前，我们注册了一项 iOS 后台任务，这将通知系统需要多一点时间来完成我们的工作，并防止它在预期之前完成。注意，iOS 对于后台任务具有一定的限制性。

（2）当调用 calculationFinished 时，将利用 UIApplication.shared.endBackgroundTask (self.taskID!)通知系统当前任务已结束，并安全地将当前应用程序移至挂起状态。

ℹ️ 注意：

关于应用的原因和时机，读者可访问 https://developer.apple.com/documentation/uikit/ core_app/managing_your_app_s_life_cycle/preparing_your_app_to_run_in_the_background/ extending_your_app_s_background_execution_time 以了解更多内容。

类似于 Android，同样需要注册 iOS 插件。对此，可使用_registerPlugins 回调，并通过 setPluginRegistrantCallback()静态函数传递至插件中，该函数在应用程序的 AppDelegate 类中被调用。

```
@UIApplicationMain
@objc class AppDelegate: FlutterAppDelegate {
  override func application(
    _ application: UIApplication,
    didFinishLaunchingWithOptions launchOptions:
[UIApplicationLaunchOptionsKey: Any]?
  ) -> Bool {
```

```
    GeneratedPluginRegistrant.register(with: self)
    SwiftHandsOnBackgroundProcessPlugin.
        setPluginRegistrantCallbac k(registerPlugins: registerPlugins
    )
    return super.application(
        application,
        didFinishLaunchingWithOptions: launchOptions
    )
  }
}
```

与 Android 稍有不同，registerPlugins()函数定义为顶级函数，如下所示。

```
func registerPlugins(registry: FlutterPluginRegistry) {
    GeneratedPluginRegistrant.register(with: registry)
}
```

不难发现，这与之前在 Android 应用程序中定义的方法类似，并通过 GeneratedPluginRegistrant.register 工具注册插件。

ⓘ 注意：

关于 iOS 线程的更多内容，读者可访问 https://flutter.dev/docs/getstarted/flutter-for/ios-devs#threading--asynchronicity。

接下来，应用程序的行为方式与 Android 相似，即使在后台状态中也可输出全部记录结果，如图 13.5 所示。

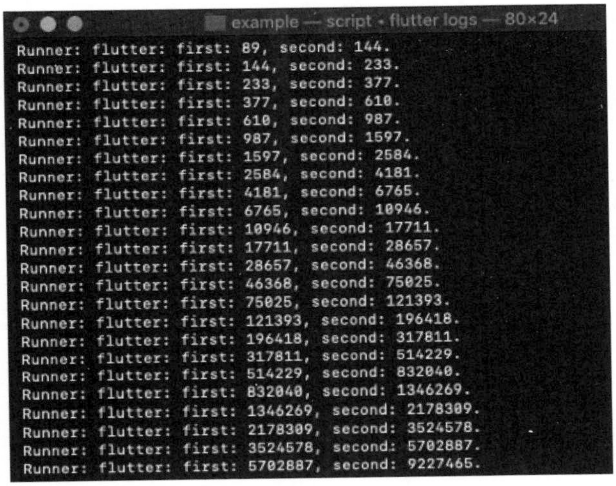

图 13.5

13.6　本　章　小　结

　　本章讨论了与改善应用程序用户友好性和交互性相关的一些方法，并介绍了 Flutter 框架提供的一些工具。

　　随后，本章还考查了如何向 Flutter 应用程序中添加翻译内容，包括生成.arb 文件、创建多种翻译内容并将其导入 Dart 中，然后将翻译结果应用至 MaterialApp 类中。

　　最后，我们还学习了基于 Flutter 的后台处理机制，如 compute()函数、Android 中的后台服务以及 iOS 中的后台模式。此外，我们还就此讨论了每种平台上的特征和限制条件。

　　第 14 章将探讨微件的图形控制，以及如何在画布上转换微件和绘制自定义形状。

第 14 章 微件图形控制

默认状态下，使用微件足以创建一个漂亮的 Flutter 应用程序，但通过改变布局（如透明度、旋转和装饰），还可进一步改善用户体验。本章将学习如何向微件中添加转换操作。除此之外，本章还将介绍如何调整微件，即利用 Transform 类向微件中添加图形控制，并使用画布绘制自定义微件。

本章主要涉及以下主题：
- ❑ 利用 Transform 类转换微件。
- ❑ 转换类型。
- ❑ 向微件中添加转换操作。
- ❑ 使用自定义画笔和 Canvas。

14.1 利用 Transform 类转换微件

某些时候，我们需要对微件的外观进行适当调整。当响应用户的输入内容或改进布局效果时，可能需要在屏幕中移动微件，修改其大小，甚至是稍做变形。

当在本地编程语言中对此进行尝试时，其过程相对困难。再次强调，Flutter 关注于 UI 设计，旨在简化开发流程。

14.1.1 Transform 微件

Transform 微件是体现 Flutter 功能和一致性的最佳示例。作为单功能微件，该微件简单地向其子元素应用图形转换，单功能微件对于做好布局结构来说非常重要，Flutter 在这一方面表现得十分出色。

顾名思义，Transform 微件仅执行单项任务：转换其底层子元素。尽管这一任务较为复杂，但 Transform 微件针对开发人员抽象了大部分内容，其构造方法如下所示。

```
const Transform({
    Key key,
    @required Matrix4 transform,
    Offset origin,
```

```
    AlignmentGeometry alignment,
    bool transformHitTests: true,
    Widget child
})
```

其中，除了典型的 key 属性之外，该微件并不需要太多的参数实现转换任务。对应参数描述如下。

❑ transform：这是唯一的强制性属性（@required 注解），用于描述应用于 child 微件上的转换行为。Matrix4 对象则是一个 4D 矩阵，并以数学方式描述转换操作，稍后将对此加以详细讨论。

❑ origin：表示应用 transform 矩阵的坐标系原点，并通过 Offset 类型加以指定。在当前示例中，表示为笛卡儿坐标系的(x,y)点（相对于渲染微件的左上角）。

❑ alignment：与 origin 类似，用于控制所用 transform 矩阵的位置。由于 origin 需使用真实的位置值，因而将以更加灵活的方式指定 origin。另外，还可同时使用 origin 和 alignment。

❑ transformHitTests：指定是否在微件转换后的版本中评估单击测试（即单击操作）。

❑ child：表示转换的子微件。

14.1.2 Matrix4 类

几何转换中常会涉及一些数学知识。在 Flutter 中，转换表示为一个 4D 矩阵。除了矩阵加法或乘法之外，Matrix4 类中还定义了一些方法可构造和控制几何转换，如下所示。

❑ rotation：rotateX()、rotateY()和 rotateZ()表示为基于特定轴向的矩阵旋转的方法示例。

❑ scale：scale()方法（及其某些变化版本）用于矩阵的缩放操作，其间将使用对应轴向的双精度值（x、y 和 z），或者使用基于 Vector3 和 Vector4 类的向量表达方式。

❑ translation：如前所述，可使用包含特定 x、y、z 值或 Vector3 和 Vector4 实例的 translate()方法平移矩阵。

❑ skew：利用 skewX()围绕 x 轴倾斜矩阵；或者利用 skewY()围绕 y 轴倾斜矩阵。

💡 提示：

关于 Matrix4 类，读者可参考官方文档查看详细信息，对应网址为 https://api.flutter.dev/flutter/vector_math/Matrix4-class.html。同时，这也是 Transform 微件转换的基础知识。

14.2　转　换　类　型

虽然 Matrix4 和 Transform 微件可视为一种简单方式，但 Transform 类通过其工厂构造方法向开发人员提供了更加灵活的方式。对于每种可能的转换，都存在这一类方法，从而简化了微件的转换操作，开发人员无须深入了解几何计算知识，具体如下所示。

❑　Transform.rotate()：构造一个 Transform 微件，并围绕其中心位置旋转其子元素。
❑　Transform.scale()：构造一个 Transform 微件，并均匀地缩放其子元素。
❑　Transform.translate()：构造一个 Transform 微件，并通过 x、y 偏移量平移其子元素。

14.2.1　旋转转换

当旋转微件时，即可使用旋转转换。通过 Transform.rotate()构造方法，可得到如图 14.1所示的效果。

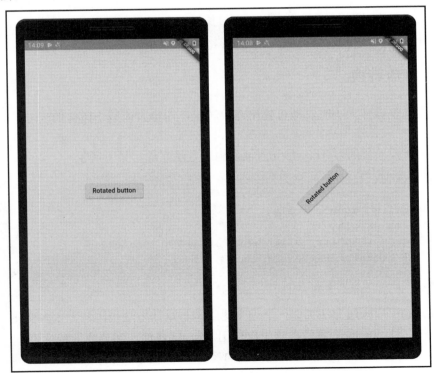

图 14.1

对此，可使用 Transform.rotate()构造方法的变化版本，如下所示。

```
Transform.rotate({
    Key key,
    @required double angle,
    Offset origin,
    AlignmentGeometry alignment: Alignment.center,
    bool transformHitTests: true,
    Widget child
})
```

不难发现，这与默认的 Transform 构造方法相比并无太多变化。下列内容列出了其中的不同之处。

- ❑　未使用 transform 属性：此处仅执行旋转操作，因而无须对其指定全部矩阵，而是使用了 angle 属性。
- ❑　angle：指定了所需的顺时针旋转弧度。
- ❑　origin：默认状态下，旋转相对于子元素中心位置进行。然而，我们可通过 origin 属性控制旋转的原点。例如，通过原点偏移量平移微件的中心位置，以使旋转相对于另一个点进行。

14.2.2　缩放转换

当需要调整微件大小时，即可使用缩放转换，即增大或减小微件的尺寸，如图 14.2 所示。

这一类转换一般通过 Transform.scale()构造方法完成，如下所示。

```
Transform.scale({
    Key key,
    @required double scale,
    Offset origin,
    AlignmentGeometry alignment: Alignment.center,
    bool transformHitTests: true,
    Widget child
})
```

与 rotate()工厂构造方法类似，上述变化版本与默认方法相比并无太多变化。

- ❑　未使用 transform 属性：这里仅使用了 scale 属性，而非全部转换矩阵。
- ❑　scale：利用双精度格式指定期望的尺寸。其中，1.0 表示微件的原始大小。该属性表示为 x 轴和 y 轴上的缩放因子。

图 14.2

❑　alignment：默认状态下，缩放行为相对于子元素的中心位置进行。这里采用了 alignment 属性调整缩放的原点。再次说明，可组合使用 alignment 和 origin 以获得期望的结果。

14.2.3　平移转换

通过 Transform.translate()构造方法，微件将在屏幕中移动（参见第 15 章中的动画效果），如图 14.3 所示。

下列代码显示了 Transform.translate()工厂构造方法：

```
Transform.translate({
    Key key,
    @required Offset offset,
    bool transformHitTests: true,
    Widget child
})
```

与前述转换相比，属性数量相对较少，具体变化内容如下所示。

❑　未使用 transform 和 alignment 属性：转换通过偏移量值实现，因而无须使用转换矩阵。

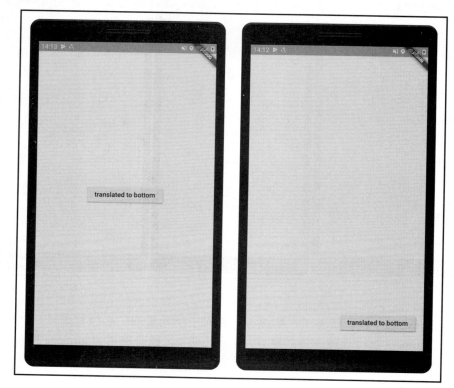

图 14.3

❑　offset：简单地指定了应用于子微件上的平移，这与之前的转换有所不同（仅影响转换的原点）。

14.2.4　组合转换

某些时候，可组合前述各项转换实现独特的效果，如同时旋转、移动和缩放微件，如图 14.4 所示。

组合转换可通过以下两种方式实现。

❑　使用默认的 Transform 微件构造方法，并采用 Matrix4 提供的组合方法生成所需的转换。

❑　通过 rotate()、scale()和 translate()工厂构造方法以嵌套方式使用多个 Transform 微件。这可实现相同的效果，但会增加微件树的大小。

图 14.4

14.3　转 换 微 件

如前所述，Transform 微件可调整微件的自然外观。微件的转换较为简单，只需添加一个 Transform 微件作为被调整微件的父微件即可。下面考查微件转换的替代方法。

14.3.1　旋转微件

如前所述，可使用 Transform.rotate()构造方法向旋转其子微件的微件树中添加一个 Transform 微件，如下所示。

```
Transform.rotate(
    angle: -45 * (math.pi / 180.0),
    child: RaisedButton(
    child: Text("Rotated button"),
    onPressed: () {},
  ),
);
```

　　其中添加了一个顺时针旋转 315° 的微件（-45° 表示逆时针旋转 45°）。通过 Transform 微件的默认构造方法和一个 Matrix4 转换可以实现完全相同的结果，如下所示。

```
Transform(
  transform: Matrix4.rotationZ(-45 * (math.pi / 180.0)),
  alignment: Alignment.center,
  child: RaisedButton(
    child: Text("Rotated button"),
    onPressed: () {},
  ),
);
```

　　针对同一结果，需要提供下列参数。

- ❑　基于 z 轴旋转的转换。
- ❑　转换的 alignment。

14.3.2　缩放微件

　　当缩放微件时，可使用典型的 Transform.scale() 构造方法。下列代码显示了放大过程的处理方式：

```
Transform.scale(
  scale: 2.0,
  child: RaisedButton(
    child: Text("scaled up"),
    onPressed: () {},
  ),
);
```

当采用默认的 Transform 构造方法时，可获得相同的结果，如下所示。

```
Transform(
  transform: Matrix4.identity()..scale(2.0, 2.0),
  alignment: Alignment.center,
  child: RaisedButton(
    child: Text("scaled up"),
    onPressed: () {},
  ),
);
```

　　类似于旋转操作，需利用 alignment 属性和描述缩放转换的 Matrix4 实例指定转换的原点。

14.3.3　平移微件

类似地，可使用 Transform.translate()构造方法，并添加一个 Transform 微件作为平移微件的父微件，如下所示。

```
Transform.translate(
  offset: Offset(100, 300),
  child: RaisedButton(
    child: Text("translated to bottom"),
    onPressed: () {},
  ),
);
```

默认的构造方法也可与指定转换的 Matrix4 一起使用，如下所示。

```
Transform(
  transform: Matrix4.translationValues(100, 300, 0),
  child: RaisedButton(
    child: Text("translated to bottom"),
    onPressed: () {},
  ),
);
```

此处仅需使用描述转换的 Matrix4 实例指定 transform 属性。

14.3.4　使用多重转换

前述内容曾有所介绍，存在两种方式可向微件中添加多项转换。首先是在期望的微件上添加多个 Transform 微件，如下所示。

```
Transform.translate(
  offset: Offset(70, 200),
  child: Transform.rotate(
    angle: -45 * (math.pi / 180.0),
    child: Transform.scale(
      scale: 2.0,
      child: RaisedButton(
        child: Text("multiple transformations"),
        onPressed: () {},
      ),
    ),
  ),
);
```

这里作为子微件向另一个 Transform 微件添加了 Transform 微件，并对转换操作进行组合。虽然可读性较好，但该方法具有一个缺陷：向微件树中添加了过多的微件。

ℹ️ 注意：

当向某个微件中同时添加多项转换时，需要注意转换的顺序。对此，读者可尝试交换 Transform 微件的位置，这将导致不同的结果。

作为一种替代方案，可使用基于组合转换和 Matrix4 对象的默认 Transform 构造方法，如下所示。

```
Transform(
  alignment: Alignment.center,
  transform: Matrix4.translationValues(70, 200, 0)
    ..rotateZ(-45 * (math.pi / 180.0))
    ..scale(2.0, 2.0),
  child: RaisedButton(
    child: Text("multiple transformations"),
    onPressed: () {},
  ),
);
```

类似地，这里指定了转换的 alignment 作为子微件的中心位置，并于随后生成了 Matrix4 实例对此予以描述。不难发现，这与多个 Transform 微件版本类似，但并未嵌套微件以生成较深的微件树。

14.4　使用自定义画笔和画布

Flutter 意在向开发人员提供优秀的工具，以自由地构建应用程序用户界面。相信读者已对此有所了解，Flutter 提供了大量的微件、微件扩展工具以及各种可能性。

对于 UI 组合来说，Flutter 提供的简单性并不仅限于微件。此外，还可以调整微件的外观。当然，这并不是指基于平移和旋转的 Transform 微件扩展。

14.4.1　Canvas 类

如果读者曾利用某种语言对 UI 进行编程，相信不会对 Canvas 感到陌生。顾名思义，Canvas 提供了多种绘制方式，当利用定义的样式绘制形状时，如直线、圆形和矩形，Canvas 可视为一类工作空间。

Flutter Canvas 的工作方式并不是字面含义上的画布。基本上讲，它是一个记录图形操作的界面，进而可在下一个渲染帧上进行绘制。

1. Canvas 转换

在 Canvas 上执行的所有操作（如绘制直线或矩形）都是在一个坐标系中定向的，就像任何其他的 UI 绘图系统一样。该坐标系包含一个原点，默认状态下，这通过包含 Canvas 的 CustomPaint 微件加以定义。需要注意的是，鉴于这一特性，Canvas 上的全部操作均会受到当前转换的影响。必要时，可转换画布进而影响后续操作。

ℹ️ **注意：**
初始状态下，Canvas 并不包含任何转换行为。也就是说，其转换矩阵表示为一个 Matrix4 单位矩阵实例。

2. Canvas 剪裁区域

与转换类似，Canvas 包含了一个当前剪裁区域，这意味着，可剪裁部分画布进行绘制。当仅绘制部分复杂形状且不涉及计算过程时，这将十分有用。

ℹ️ **注意：**
默认状态下，Canvas 的剪裁区域无限大，因而全部区域均为有效。

3. 操作方法

如前所述，Canvas 将绘制操作记录至下一个绘制帧中。对此，Canvas 公开了多种方法以绘制各种形状，较为常见的方法，如下所示。

❑ drawArc()：绘制封闭的弧形或圆形线段。
❑ drawCircle()：绘制包含既定半径的圆形。
❑ drawImage()：将图像绘制至 Canvas 中。
❑ drawLine()：将直线绘制至 Canvas 中。
❑ drawRect()：将矩形绘制至 Canvas 中。
❑ rotate()：向当前 Canvas 转换添加旋转转换。
❑ scale()：向当前 Canvas 转换添加缩放转换。
❑ translate()：向当前 Canvas 转换添加平移转换。

ℹ️ **注意：**
关于 Canvas 类的其他方法和细节内容，读者可参考官方文档，对应网址为 https://docs.flutter.io/flutter/dart-ui/Canvas-class.html。

4．Paint 对象

Paint 对象表示为在 Canvas 上进行绘制时所用的样式描述，并可定义颜色和笔画宽度。全部 Canvas 绘制方法将作为参数检索一个 Paint 对象。另外，还可在多个绘制调用上复用同一个 Paint 实例。

14.4.2　CustomPaint 微件

Canvas 对象并不是在 Flutter 中随处可用的，否则将导致混乱行为。当需要通过手动方式绘制相关内容时，可使用 CustomPaint 微件。该微件的主要功能是提供一个可操作的 Canvas 对象。

Canvas 和 CustomPaint 微件并不足以实现绘制功能。CustomPaint 的具体用途是提供 Canvas，并委托一个 CustomPainter 对象，该对象负责 Canvas 上的绘制工作。

CustomPaint 微件的工作方式可描述为，通过访问 Canvas，提供了微件树和底层绘制层之间的桥接方式。当创建 CustomPaint 微件时，需持有一个 CustomPainter 实例，因为缺少画笔对象的 CustomPaint 不具备任何实际意义。

创建 CustomPaint 时，首先需将其添加至微件树中，这与其他微件操作类似。下列代码显示了该微件的构造方法：

```
const CustomPaint({
    Key key,
    CustomPainter painter,
    CustomPainter foregroundPainter,
    Size size: Size.zero,
    bool isComplex: false,
    bool willChange: false,
    Widget child
})
```

当理解 CustomPaint 微件的工作方式时，应注意以下各项属性。

❑　painter：在画布上绘制内容的画笔实现。

❑　foregroundPainter：当子元素绘制完毕后，在当前画布上绘制内容的画笔实现。

❑　size：如果 child 属性不为 null，将使用子元素的尺寸且该值被忽略；否则，该属性将指定绘制所需的尺寸。

❑　isComplex 和 willChange：提示合成程序的栅格缓存，并帮助分析渲染过程中的开销。

❑　child：微件树的子微件。

图 14.5 显示了与画笔相关的属性。

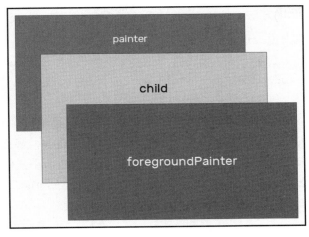

图 14.5

图 14.5 中显示了相应的绘制顺序。首先是 painter，随后是 child，最后则是 child 之前的 foregroundPainter 绘制（如果存在）。

14.4.3　CustomPainter 对象

前述内容已经讨论了 CustomPainter（或画笔）对象的重要性。其中，画笔负责在 Canvas 上绘制内容。当需要创建自己的绘制逻辑时，则需要扩展 CustomPainter，并重载 paint() 和 shouldRepaint() 方法。

1．paint() 方法

CustomPainter 微件在 paint() 方法中完成其工作，并在该微件被请求重绘时调用这一方法，如下所示。

```
void paint (
    Canvas canvas,
    Size size
)
```

paint() 方法接收两个参数，如下所示。

❑　canvas：利用其 draw*() 方法执行绘制操作。

❑　size：定义绘制边界。

绘制操作应在给定区域内进行。下列内容引自相关文档：

"边界外部的绘制操作可能会被忽略、剪裁（也有可能未被剪裁）。"

2. shouldRepaint()方法

对于 Flutter 引擎来说，这是一个较为重要的方法，如下所示。

```
bool shouldRepaint (
    covariant CustomPainter oldDelegate
)
```

该方法仅接收 oldDelegate 参数，对应于 CustomPaint 上绘制操作的最近一次委托（在当前示例中表示为 this CustomPainter 类）。若该方法返回 false，那么绘制调用可能会被优化掉（但并不意味着未被调用）。对此，应在原委托和当前委托间进行比较，以查看与绘制相关的数据是否有所不同。在当前示例中，该方法返回 true。

14.5　示　　例

本节考查如何利用Canvas和CustomPaint微件创建一个包含自身绘制的微件。在该示例中，我们将创建图表微件，即饼图和射线图（radial chart）。其中，饼图是一种十分有用的圆形统计图形，并被划分为多个切片以显示数值比例。

饼图微件检索切片值，并在圆形内按照比例对其进行绘制，如图 14.6 所示。

接下来将借助于 Canvas 和 CustomPaint 类定义新的 PieChart 微件。

14.5.1　定义微件

开始阶段一般需要定义一个微件，并维护最低级别的结构。这里将定义一个 PieChart 微件，该微件是StatelessWidget 的子类并抽象了绘制层，同时仅公开了其他微件所需的内容，如下所示。

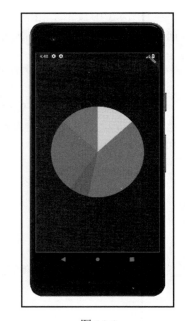

图 14.6

```
class PieChart extends StatelessWidget {
  final List<int> values;
```

```
  final List<Color> colors;
  ...
}
```

其中，描述微件的相关属性为 values 和 colors。

❑　values：表示为一个 List 以显示各部分值。出于简单考虑，此处使用了 int 值。此外，还可使用与任意逻辑协同工作的其他数据类型。

❑　colors：表示为一个 List，包含绘制图表中各部分内容的颜色。

下列代码显示了 PieChart 微件中的 build()方法：

```
@override
Widget build(BuildContext context) {
  return Row(
    children: <Widget>[
      Expanded(
        child: CustomPaint(
          painter: PieChartPainter(
            values,
            colors
          ),
        ),
      ),
    ],
  );
}
```

其中应注意以下事项。

❑　CustomPaint 微件需要设置一定的尺寸，因为所有的绘制逻辑需在有限的区域内完成。如前所述，CustomPaint 微件通过其 child 约束元素定义了其大小。当前示例并未设置 child，因而需要通过某种方式予以限定。例如，可通过 SizedBox 限制其尺寸，但这并不是一种理想的做法。对此，可将其置入 Row 微件中，并通过 Expanded 包围该微件，进而填充可用的水平空间。

❑　CustomPaint 微件通过 painter 属性接收自定义画笔 PieChartPainter。

至此，微件的定义暂告一段落，接下来将在 PieChartPainter 实现更为复杂的工作。

14.5.2　定义 CustomPainter

定义 CustomPainter 子类是一项较为重要的步骤。如前所述，在当前示例中，我们定义了一个接收 int 值列表的画笔，据此，可通过按比例的切片绘制圆形饼状图。

之前曾有所讨论，需重载 CustomPainter 中的两种方法以保持正常工作。下面考查这两个方法的定义方式。

1．定义 shouldRepaint()方法

当前，values 和 colors 描述了绘制内容。若这两个属性发生变化，则需要重绘微件。因此，需在 shouldRepaint()方法中针对这一情形有所反应，如下所示。

```
// part of pie_chart.dart file PieChartPainter class

@override
bool shouldRepaint(PieChartPainter oldDelegate) {
    return !ListEquality().equals(oldDelegate.values, values) ||
     !ListEquality().equals(oldDelegate.colors, colors);
}
```

2．重载 paint()方法

paint()方法负责绘制图表，其定义方式如下所示。

```
// part of pie_chart.dart file PieChartPainter class

  @override
  void paint(Canvas canvas, Size size) {
    var center = Offset(size.width / 2, size.height / 2);
    var radius = (size.width * 0.75) / 2;

    Rect chartRect = Rect.fromCircle(
      center: center,
      radius: radius,
    );

    int total = values.reduce((a, b) => a + b);

    _paintCircle(canvas, total, chartRect);
  }
```

具体各项操作步骤如下。

（1）定义饼图扩展。通过给定的 size 参数，可设置图表的 center 和半径，即可用空间 75%的一半（var radius = (size.width * 0.75) / 2），进而保留图表周边的一些空间区域。

（2）根据给定的 center 和 radius 属性创建 Rect 实例。当绘制每个切片的弧形时，这

将十分有用（参见稍后的_paintCircle()方法）。

（3）对全部给定切片的值求和得到 total 值。当绘制每个切片弧形时，该操作十分有用。

（4）在画布上绘制饼图。

_paintCircle()方法的初始定义如下所示。

```
void _paintCircle(Canvas canvas, int total, Rect chartRect) {
  Paint sectionPaint = Paint()..style = PaintingStyle.fill;

  double startAngle = -90;
  for (var i = 0; i < values.length; i++) {
    final value = values[i];
    final color = colors[i];

    double sweepAngle = ((value * 360.0) / total);
    sectionPaint.color = color;
    canvas.drawArc(
      chartRect,
      startAngle * _toRadians,
      sweepAngle * _toRadians,
      true,
      sectionPaint,
    );

    startAngle += sweepAngle;
  }
}
```

图表的各部分内容按顺序进行绘制。其间，需要知道切片的初始角度并逐步增加。Canvas 中的 drawArc()方法指定弧形的起始角度以及对应的掠角。基于之前计算的 total 值（参见上述步骤（1）～（3）），可得到每个切片的掠角。

🛈 注意：

上述步骤（1）～（3）是一项基本的数学运算法则，有助于解决正比和反比问题。

在此基础上，下面考查如何绘制每个切片，进而形成一整幅饼图。

（1）定义 startAngle。此处选择了从-90°开始绘制弧形。在表盘中，这等价于 12 点。如果选择从 0°开始，则等价于表盘中的 3 点。下列内容引自 drawArc()方法的相关文档：

"0 弧度是指椭圆右侧与横轴相交的点，该轴与矩形中心相交；围绕椭圆顺时针旋转则表示为正角。"

（2）通过各值来绘制每个弧形。

❑ 计算弧形的掠角，即给定圆形中弧形的角度。这里的问题是，如果 total 值等于 360°掠角，那么当前切片值的掠角是多少（即度数）？

❑ 将 Paint 对象的颜色设置为当前切片的颜色。之前定义的 Paint 对象包含了 PaintingStyle.fill 样式，这意味着，以此绘制的形状将通过给定颜色填充。在当前示例中，这也是我们期望的结果。

❑ 绘制起始于 startAngle 且角度为 sweepAngle（稍后将给出具体解释）的弧形。

接下来使用 Canvas 中的 drawArc()方法绘制切片，如下所示。

```
void drawArc (
    Rect rect,
    double startAngle,
    double sweepAngle,
    bool useCenter,
    Paint paint
)
```

传递至该方法中的各项值如下所示。

❑ rect 用于指示绘制过程。其间，弧形将在给定的矩形内进行绘制，并包含了相对于矩形中心的掠角。

❑ startAngle 定义了绘制弧形的开始位置。注意，0° 等价于表盘上的 3 点。

❑ sweepAngle 表示椭圆上占据的弧形，并根据 total 值和每个切片值计算该值。

❑ useCenter 负责控制弧形的绘制方式。下列内容引自相关文档：

"如果该参数为 true，则弧形封闭至其中心位置并形成扇形；否则，弧形将呈非闭合状态，并形成一个圆线段。"

❑ Paint 定义了弧形的绘制方式。这里，弧形采用 PaintingStyle.fill 样式进行填充，并利用给定的切片颜色设置其颜色。

🛈 注意：
在将角度发送至 drawArc()方法之前，需要将角度值转换为弧度值。

14.6　射线图的变化版本

为了进一步理解 CustomPaint 微件的潜在功能，本节将考查另一个插件，并绘制一幅射线图，如图 14.7 所示。

图 14.7

射线图与饼图类似，唯一的差别在于中心位置处包含了一个标记，以显示全部值。

14.6.1　定义微件

RadialChart 微件类似于之前定义的 PieChart，其中包含了相同的参数和目标。这里唯一需要考查的是 build()方法，如下所示。

```
// part of radial_chart.dart RadialChart widget

@override
Widget build(BuildContext context) {
  return Row(
    children: <Widget>[
      Expanded(
```

```
        child: CustomPaint(
          painter: RadialChartPainter(
            values,
            colors,
            Theme.of(context).textTheme.display1,
            Directionality.of(context),
          ),
        ),
      ),
    ],
  );
}
```

不难发现，差别之处在于传递至 CustomPaint 微件中的 painter 属性值。这里使用了新定义的 RadialChartPainter 类，其中包含了自身的 paint()实现。除了数值和颜色之外，此处还传递了两个附加参数，如下所示。

❑　TextStyle 用于绘制总值标记。
❑　TextDirection 实例用于绘制当前方向上的文本内容。

14.6.2　定义 CustomPainter

与 RadialChart 微件一样，RadialChartPainter 类与之前定义的 PieChartPainter 类存在较为明显的区别。初看之下，其 paint()方法几乎等同于饼图中的 paint()方法，如下所示。

```
// part of radial_chart.dart RadialChartPainter class

  @override
  void paint(Canvas canvas, Size size) {
    var center = Offset(size.width / 2, size.height / 2);
    var radius = size.width * 0.75 / 2;

    Rect chartRect = Rect.fromCircle(
      center: center,
      radius: radius,
    );

    int total = values.reduce((a, b) => a + b);

    _paintTotal(canvas, total, chartRect);
```

```
    _paintCircle(canvas, total, chartRect);
  }
```

可以看到，唯一的差别在于额外 _paintTotal(canvas,total, chartRect)调用。

在考查这一新方法之前，首先查看_paintCircle()方法中的变化内容，如下所示。

```
// part of radial_chart.dart RadialChartPainter class
  void _paintCircle(Canvas canvas, int total, Rect chartRect) {
    Paint sectionPaint = Paint()
      ..style = PaintingStyle.stroke
      ..strokeWidth = 30.0;

    double startAngle = -90;
    for (var i = 0; i < values.length; i++) {
      final value = values[i];
      final color = colors[i];

      double sweepAngle = ((value * 360.0) / total);

      sectionPaint.color = color;
      canvas.drawArc(
        chartRect,
        (startAngle + 2) * _toRadians,
        (sweepAngle - 2)* _toRadians,
        false,
        sectionPaint,
      );

      startAngle += sweepAngle;
    }
  }
```

其中，大部分内容保持一致，仅需注意以下几项内容。

❏　sectionPaint 样式被修改为 PaintingStyle.stroke。通过这一方式，所绘制的形状不会被填充，且仅绘制其轮廓。这也是设置 strokeWidth 属性的原因。

❏　读者可能已经注意到，在将角度值发送至 drawArc()函数之前，首先将 startAngle 增加了 2°，并将 sweepAngle 值减去了 2°，进而在切片间留有少量空间，以获得较好的视觉效果。

❏　将 false 传递至 useCenter 参数中，以形成非填充的圆形。

经上述修改后，最终的射线图如图 14.8 所示。

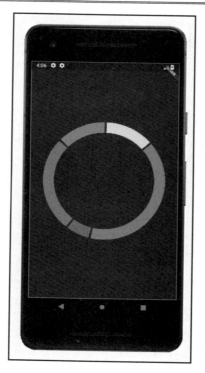

图 14.8

最后考查文本绘制方法_paintTotal()，如下所示。

```
void _paintTotal(Canvas canvas, int total, Rect chartRect) {
  final totalPainter = TextPainter(
    maxLines: 1,
    text: TextSpan(
      style: textStyle,
      text: "$total",
    ),
    textDirection: textDirection,
  );

  totalPainter.layout(maxWidth: chartRect.width);
  totalPainter.paint(
    canvas,
    chartRect.center.translate(
      -totalPainter.width / 2.0,
      -totalPainter.height / 2.0,
```

```
    ),
  );
}
```

当在画布中绘制文本时，需执行下列各项操作步骤。

（1）实例化 TextPainter 对象，并定义绘制时的文本外观，这与形状绘制时的 Paint 类较为相似。当前示例将其定义为单行，并从 RadialChart 微件中检索其 style 和 textDirection。

（2）从 TextPainter 实例中调用 layout()函数，并计算绘制文本的字形的显示位置。

（3）根据已知的文本尺寸，可实现正确的定位。当在图表中心位置设置文本时，可简单地将图表矩形的中心位置平移文本尺寸的 1/2。

上述内容介绍了 CustomPaint 微件，不难发现，图表彼此间具有一定的相似性，唯一的差别在于所定义的 Painter。相应地，可将此抽象为单一微件。其中，可以检索所需的图表类型，且仅需修改发送至 CustomPaint 微件的 Painter。

14.7　本 章 小 结

通过 Transform 类及其转换操作，本章讨论了如何修改微件的外观，如缩放、平移和旋转。此外，我们还学习了基于 Matrix4 类的组合转换。

接下来，本章考查了如何通过 Canvas 类控制所绘制的微件，以及如何使用 Canvas 类实现自己的绘制方法。

最后，我们学习了 CustomPaint 微件，并以此创建具有独特功能和外观的微件。

第 15 章将讨论如何利用转换操作实现具有动画效果的微件。

第15章 插件的动画效果

Flutter 中的内建动画可被组合和扩展，以满足开发人员在 UX 中的需要。本章将学习与动画相关的知识，并使用 Tween 类管理动画时间轴和曲线，同时采用 AnimatedBuilder 和 AnimatedWidget 添加或组合动画效果。

本章主要涉及以下主题：

❏ 了解动画的基础知识。
❏ 使用动画。
❏ 使用 AnimatedBuilder。
❏ 使用 AnimatedWidget。

15.1 动 画 简 介

Flutter 对动画提供了广泛的支持，并可通过多种方式实现动画效果。Flutter 中包含了内置动画，仅需将其插入微件中即可实现动画效果。尽管 Flutter 抽象了动画中所涉及的大量复杂内容，在深入理解动画机制之前，仍有必要了解一些重要的概念。

15.1.1 Animation<T>类

在 Flutter 中，动画由基于 T 类型的状态和值构成。其中，动画状态对应于运行状态或完成状态；而值则对应于当前值，并在动画执行期间有所变化。

除了加载与动画相关的信息之外，Animation<T>类还公开了一些回调方法，以使其他类了解动画的运行方式、当前状态和值。

Animation<T>类实例仅公开和加载当前值，但对视觉反馈信息、屏幕上的绘制行为和绘制方式（即 build()函数）一无所知。

Animation<double>是一种常见的动画类型——双精度值可方便地管理比例空间内的任何类型的数值。

Animation 类生成最小值和最大值间的数值序列（无须呈线性状态），该处理过程也称作插值。如前所述，插值过程不仅限于线性状态，还可定义为步进函数和曲线。对于动画操作来说，Flutter 提供了多种函数和工具。

- ❑ AnimationController：用于控制自身任务，而非控制动画对象。该类扩展了 Animation 且仍表示为一个动画。
- ❑ CurvedAnimation：表示为一个动画，并将 Curve 应用于另一个动画上。
- ❑ Tween：生成开始和结束值之间的线性插值。

Animation 公开了运行周期内的状态和数值的访问方式。通过状态监听器，可了解动画何时开始、结束或反向运动。当采用 addStatusListener()方法时，还可进一步控制微件以响应开始和结束事件。同样，还可利用 addListener()方法添加值监听器，以使动画值每次变化时获得通知，进而利用 setState() {}重建微件。

15.1.2　AnimationController 类

AnimationController 是最常使用的 Flutter 动画类，该类继承自 Animation<double>并添加了某些基本方法以管理动画。Animation 类涵盖了 Flutter 动画中的基本内容，如前所述，该类并不包含与动画控制相关的方法。相应地，AnimationController 向动画相关概念中添加了这一类控制，如下所示。

- ❑ 播放和终止动画控制：AnimationController 可前向、后向播放动画或终止动画操作。
- ❑ 时长：实际动画包含了有限的播放时间，也就是说，播放一段时间后即终止，或者重复播放。
- ❑ 可设置动画当前值：这将导致动画终止并通知状态和值监听器。
- ❑ 可定义动画的上限和下限：了解动画播放前后的既定值。

下面考查 AnimationController 构造方法并分析其中的主要属性。

```
AnimationController({
    double value,
    Duration duration,
    String debugLabel,
    double lowerBound: 0.0,
    double upperBound: 1.0,
    AnimationBehavior animationBehavior: AnimationBehavior.normal,
    @required TickerProvider vsync
})
```

不难发现，一些属性具有自解释性，如下所示。

- ❏ value：表示动画的初始值，如果未指定，则该属性默认为 lowerBound。
- ❏ duration：表示动画的时长。
- ❏ debugLabel：定义为一个字符串，进而在调试期间提供帮助。该属性在调试模式下标识控制器。
- ❏ lowerBound：该属性不可为 null，表示动画中被忽略的最小值，通常是运行时的起始值。
- ❏ upperBound：同样，该属性不可为 null，表示动画中完成后的最大值，通常是运行时的结束值。
- ❏ animationBehavior：配置了动画禁用时 AnimationController 的行为方式。如果指定为 AnimationBehavior.normal，动画时长将减少；如果指定为 AnimationBehavior.preserve，AnimationController 将保持其行为。
- ❏ vsync：表示控制器所用的 TickerProvider 实例，并在某一帧触发时获取信号。

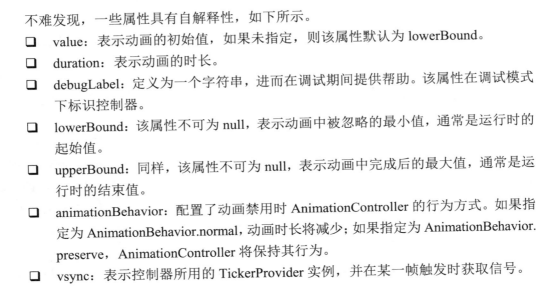 提示：

读者可访问 https://api.flutter.dev/flutter/animation/AnimationController-class.html 并查看 AnimationController 类中运行动画的所有方法。

15.1.3　TickerProvider 和 Ticker

TickerProvider 接口描述了提供 Ticker 对象的对象。

任何需要了解下一帧何时构建的类都可以使用 Ticker，一般通过 animationcontroller 并采用间接方式加以使用。在使用 State 类时，可通过 TickerProviderStateMixin 或 SingleTickerProviderStateMixin 扩展 TickerProvider，并将其与 AnimationController 对象结合使用。

15.1.4　CurvedAnimation 类

CurvedAnimation 类用于将 Animation 类的进程定义为非线性曲线，并通过调整其插值方法修改现有的动画。此外，如果希望在播放动画（以前向和反向模式）时使用不同的曲线——分别使用 curve 和 reverseCurve 属性，该类将十分有用。

Curves 类定义了多种动画中可用的曲线，而不仅是 Curves.linear。

🅣 提示：

关于 Curves 类以及每种曲线的行为方式，读者可参考其官方文档，对应网址为
https://api.flutter.dev/flutter/animation/Curves-class.html。

15.1.5　Tween 类

Tween 类可针对某一动画范围实现特定的任务。如前所述，默认状态下，动画的开
始值和结束值分别为 0.0 和 1.0。借助于 Tween 类，可在不修改 AnimationController 的情
况下调整其范围或类型。Tween 可以是任何类型，另外，还可在必要时创建自定义 Tween
类。关键是，Tween 返回开始和结束时间段之间的数值，并可传递至与动画相关的事物
中。因此，这一类值总是处于更新状态。例如，可通过特定的 Tween 调整每个微件的大
小、位置、透明度、颜色等。

除此之外，还存在 Tween 的子类，如 CurveTween 类，可调整动画曲线或 ColorTween
类，这将在颜色之间生成插值结果。

15.2　使 用 动 画

当与动画协同工作时，一般不会总是创建完全相同的动画对象。但是，我们可在多
个用例之间找到相似之处。当调整动画的类型和范围时，Tween 对象将十分有用。大多
数时候，我们将利用 AnimationController、CurvedAnimation 和 Tween 创建动画。

在使用自定义 Tween 实现之前，首先回顾一下第 14 章讨论的微件转换操作，也就是
说，以动画方式应用转换操作，进而实现平滑的动画效果。

15.2.1　旋转动画

本节将使用 AnimationController 类实现渐进式动画效果，而非直接调整按钮的旋转，
如图 15.1 所示。

🅘 注意：

读者可访问 GitHub 上的 hands_on_animations 示例以查看完整的源代码。

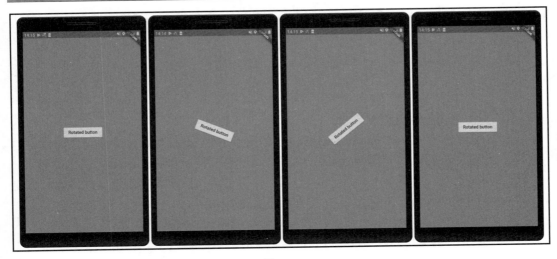

图 15.1

当前示例采用了与第 14 章类似的方式创建微件，如下所示。

```
_rotationAnimationButton() {
    return Transform.rotate(
        angle: _angle,
        child: RaisedButton(
            child: Text("Rotated button"),
            onPressed: () {
                if (_animation.status == AnimationStatus.completed) {
                    _animation.reset();
                    _animation.forward();
                }
            },
        ),
    );
}
```

此处需要注意以下两项内容。

❑　角度值通过_angle 属性定义，而非直接赋值。

❑　在 onPressed 属性中，检查_animation 是否已完成。如果完成，则从头开始重复这一过程。

下面考查动画部分的实现方式，因此需要了解如何创建 AnimationController 对象，并使其处于运行状态。考查下列_RotationAnimationsState 类：

```
class _RotationAnimationsState extends State<RotationAnimations> with
SingleTickerProviderStateMixin {
  double _angle = 0.0;
  AnimationController _animation;
  ...
}
```

在该类中，需要注意以下事项。

❑ 此处定义了名为 RotationAnimations 的 StatefulWidget 对象，并采用之前讨论的 SingleTickerProviderStateMixin 类提供运行控制器所需的 Ticker。

❑ 除此之外，还设置了一个_angle 属性，用于定义按钮的当前角度。另外，可使用 setState()方法并通过新的角度值对其进行构建。

❑ 最后定义了_animation 对象。该对象加载动画并可对其进行管理。

在 State 类中的 initState()函数中，可设置、启动当前动画，如下所示。

```
@override
void initState() {
  super.initState();

  _animation = createRotationAnimation();
  _animation.forward();
}
```

其中通过 createRotationAnimation()方法定义了当前动画，并调用 forward()函数使其处于运行状态。下面查看动画的定义方式，如下所示。

```
createRotationAnimation() {
    var animation = AnimationController(
      vsync: this,
      debugLabel: "animations demo",
      duration: Duration(seconds: 3),
    );

    animation.addListener(() {
      setState(() {
        _angle = (animation.value * 360.0) * _toRadians;
      });
    });

    return animation;
  }
```

动画的创建过程可划分为两个重要的组成部分。

❑　　在动画的自身定义中，针对调试目的设置了动画的 debugLabel 属性，以便包含一个 Ticker，进而知晓何时生成新的动画值。随后还设置了动画的 duration。

❑　　监听动画值的变化。当动画包含一个新值时，可将其乘以 360°，从而得到按比例的旋转值。

这里根据双精度动画值生成了期望的数值，因此，大多数时候，Animation<double> 能够满足动画的播放要求。

必要时，通过 CurveTween，还可向动画中进一步添加不同的曲线。考查下列 createBounceInRotationAnimation()方法：

```
createBounceInRotationAnimation() {
  var controller = AnimationController(
    vsync: this,
    debugLabel: "animations demo",
    duration: Duration(seconds: 3),
  );

  var animation = controller.drive(CurveTween(
    curve: Curves.bounceIn,
  ));

  animation.addListener(() {
    setState(() {
      _angle = (animation.value * 360.0) * _toRadians;
    });
  });

  return controller;
}
```

通过控制器的 drive()方法，并利用 CurveTween 对象传递所需的曲线，此处生成了另一个 Animation 实例。需要注意的是，由于需要获取与对应曲线相关的数值，因而我们向新的动画对象中添加了监听器，而非控制器。

另外，还需在 State 类生命周期结束时处理 AnimationController 类实例，以防止出现泄漏问题。

```
@override
void dispose() {
```

```
  _animation.dispose();
  super.dispose();
}
```

考虑到常与 AnimationController 协同工作，因而应针对每种动画实现这一操作。
接下来讨论如何对动画执行缩放操作。

15.2.2   缩放动画

如图 15.2 所示，当创建缩放动画并获得较好的效果时（相比于直接修改 scale 属性），
可再次使用 AnimationController 类。

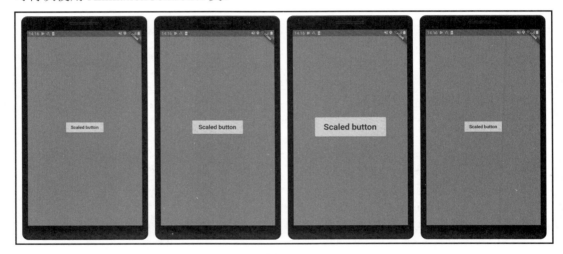

图 15.2

此时，当利用缩放构建 RaisedButton 微件时，我们通过 Transform.scale 构造方法定
义了一个 Transform 微件，如下所示。

```
_scaleAnimationButton() {
  return Transform.scale(
    scale: _scale,
    child: RaisedButton(
      child: Text("Scaled button"),
      onPressed: () {
        if (_animation.status == AnimationStatus.completed) {
          _animation.reverse();
        } else if (_animation.status == AnimationStatus.dismissed) {
```

```
            _animation.forward();
          }
        },
      ),
    );
  }
```

注意，这里使用了 _scale 属性并考查 onPressed()方法中的变化内容。同时，利用 AnimationController 的 reverse()方向播放动画（如果该动画播放完毕）；而在其初始阶段时（也就是说，在反向播放完毕后），则采用正向播放操作。

animation 对象的创建与动画旋转类似，仅对控制器的构建进行了少量的调整，如下所示。

```
createScaleAnimation() {
  var animation = AnimationController(
    vsync: this,
    lowerBound: 1.0,
    upperBound: 2.0,
    debugLabel: "animations demo",
    duration: Duration(seconds: 2),
  );

  animation.addListener(() {
    setState(() {
      _scale = animation.value;
    });
  });

  return animation;
}
```

由于按钮需增至两倍且不应小于其原始尺寸（scale = 1.0），因而此处修改了控制器的 lowerBound 和 upperBound 值。除此之外，我们仅调整了动画值监听器，以便在不执行任何计算的情况下从动画中获取相关值。

15.2.3　平移动画

与之前类似，通过 AnimationController，可在平移操作中实现较好的外观和平滑的显示效果，如图 15.3 所示。

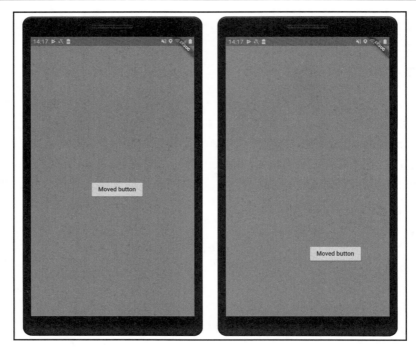

图 15.3

微件的构造过程也较为相似，唯一的变化在于 Transform.translate()，除 double 类型之外，其中还包含了不同的值类型。下列代码显示了 Offset 动画所需的调整内容：

```
createTranslateAnimation() {
  var controller = AnimationController(
    vsync: this,
    debugLabel: "animations demo",
    duration: Duration(seconds: 2),
  );

  var animation = controller.drive(Tween<Offset>(
    begin: Offset.zero,
    end: Offset(70, 200),
  ));

  animation.addListener(() {
    setState(() {
      _offset = animation.value;
    });
```

```
   });

   return controller;
}
```

此处采用了不同的方案修改微件偏移量。具体来说，使用了 Tween<Offset>，并通过 drive()方法传递至 AnimationController 对象中，这与之前 CurveTween 的做法十分相似。由于 Offset 类重载了加、减法这一类数学运算符，因而可保证一切工作正常。

```
// part of geometry.dart file from dart:ui package
class Offset extends OffsetBase {
...
    Offset operator -(Offset other) => new Offset(dx - other.dx, dy -
    other.dy);
    Offset operator +(Offset other) => new Offset(dx + other.dx, dy +
    other.dy);
...
}
```

据此，可计算中间偏移量（动画值），并于随后获得 Offset 值之间的插值结果。

ⓘ 注意：
读者可访问 https://github.com/flutter/engine/blob/master/lib/ui/geometry.dart 查看 Offset 类的源代码。另外还需要注意的一点是，当创建自定义插值时，通常需要编写自定义 Tween，稍后将对此加以讨论。

15.2.4 多重转换和自定义 Tween

回忆一下，通过 Matrix4 类，可组合使用多种转换操作。对于动画来说，情况也大致相同。也就是说，可组合动画并逐一运行和播放。当创建组合动画时，可根据单一 Animation 对象简单地生成多个转换值。

最终的动画效果如图 15.4 所示。

各项操作步骤如下。

（1）在所定义的类中简单地设置多个值。

```
class _ComposedAnimationsState extends State<ComposedAnimations>
    with SingleTickerProviderStateMixin {
  Offset _offset = Offset.zero;
  double _scale = 1.0;
  double _angle = 0.0;
```

```
    ...
}
```

图 15.4

（2）当动画值发生变化时，可以此计算当前值。

```
animation.addListener(() {
    setState(() {
        _offset = Offset(animation.value * 70, animation.value *
        200);
        _scale = 1.0 + animation.value;
        _angle = 360 * animation.value;
    });
});
}
```

（3）在 build()方法中的每一个动画执行步骤中，应用计算后的数值。

```
_composedAnimationButton() {
 return Transform.translate(
   offset: _offset,
   child: Transform.rotate(
     angle: _angle * _toRadians,
     child: Transform.scale(
       scale: _scale,
       child: RaisedButton(
         child: Text("multiple animation"),
```

```
     onPressed: () {
       if (_animation.status == AnimationStatus.completed) {
         _animation.reverse();
       } else if (_animation.status ==
       AnimationStatus.dismissed) {
         _animation.forward();
       }
     },
    ),
   ),
  ),
 );
}
```

对于简单情形，这已然足够且建议保持这一形式——此处仅关注少量对象以及一个播放动画。

为了保持更好的可维护性，较好的方法是将数值计算从动画自身中分离开来。这也是使用 Tween 的原因之一。回忆一下，在 Offset 示例中，我们只是简单地计算、获取该值，以供后续操作使用。

15.2.5　自定义 Tween 类

当创建自定义 Tween 类时，首先需要定义值对象。对此，这里选择对转换值进行分组，如下所示。

```
class ButtonTransformation {
  final double scale;
  final double angle;
  final Offset offset;

  // this none getter returns a initial state of transformation
  // with default scale, no rotation or translation
  static ButtonTransformation get none => ButtonTransformation(
        scale: 1.0,
        angle: 0.0,
        offset: Offset.zero,
      );
}
```

随后，可利用已定义的类型扩展 Tween 类，如下所示。

```
class CustomTween extends Tween<ButtonTransformation> {

  CustomTween({ButtonTransformation begin, ButtonTransformation end} ):
  super(begin: begin, end: end,);

  @override
  lerp(double t) {
    return super.lerp(t);
  }
}
```

此处需要自定义 Tween lerp()方法（其中，lerp 表示线性插值），该方法负责根据 t
值返回 begin 和 end 之间的中间 ButtonTransformation 值。

默认 Tween 类中的 lerp()方法较为简单，如下所示。

```
// part of tween.dart Tween class

@protected
T lerp(double t) {
  assert(begin != null);
  assert(end != null);
  return begin + (end - begin) * t;
}
```

上述代码利用 T 类型对象上的+ 、-、*运算符计算 lerp()值。这意味着，可在
ButtonTransformation 中简单地实现此类运算符。另外，Tween 还可通过其固有的方式与
其他类型协同工作。

```
class ButtonTransformation {
  ...
  ButtonTransformation operator -(ButtonTransformation other) =>
      ButtonTransformation(
        scale: scale - other.scale,
        angle: angle - other.angle,
        offset: offset - other.offset,
      );

  ButtonTransformation operator +(ButtonTransformation other) =>
      ButtonTransformation(
        scale: scale + other.scale,
        angle: angle + other.angle,
        offset: offset + other.offset,
      );
```

```
ButtonTransformation operator *(double t) => ButtonTransformation(
    scale: scale * t,
    angle: angle * t,
    offset: offset * t,
  );
}
```

此时，Tween 类也可生成中间 ButtonTransformation 值。随后，可按照下列方式使用生成后的动画值：

```
createCustomTweenAnimation() {
  var controller = AnimationController(
    vsync: this,
    debugLabel: "animations demo",
    duration: Duration(seconds: 3),
  );

  var animation = controller.drive(CustomTween(
      begin: ButtonTransformation.none, // initial state of the animation
      end: ButtonTransformation(
        angle: 360.0,
        offset: Offset(70, 200),
        scale: 2.0,
      )));

  animation.addListener(() {
    setState(() {
      _buttonTransformation = animation.value;
    });
  });

  return controller;
}
```

可以看到，CustomTween 的使用发生了较大的变化。需要注意的是，由于 Tween 基于对应插值结果所定义的某一范围，因而通常需要定义 begin 和 end 值。

根据上述示例，我们介绍了如何在 Flutter 中运用动画效果。后续内容还将讨论微件动画的替代方案。

ℹ️ **注意：**

可以使用单独的 Animation 对象构建多个同步动画，通常情况下是设置与父类相同的 AnimationController。鉴于将使用相同的 Ticker 对象，因而应确保二者处于同步状态。

15.3　使用 AnimatedBuilder

如前所述，按钮动画混在其他微件中。如果代码的规模、复杂性未发生任何变化，那么将不会产生任何问题，但这并非大多数情况下的处理方式。

AnimatedBuilder 类可帮助我们分离相关职责。微件（无论是 RaisedButton 或其他事物）无须了解它在动画中的渲染行为，并可将构建方法分解为多个微件。其中，每个微件均涵盖单一职责，这可视为 Flutter 框架中的基本原则。

15.3.1　AnimatedBuilder 类

AnimatedBuilder 微件旨在构造复杂的微件，并将动画行为纳入大型构造函数中的某一部分中。与其他微件类似，AnimatedBuilder 微件也包含于微件树中，同时包含了一个 child 属性，其构造方法如下所示。

```
const AnimatedBuilder({
    Key key,
    @required Listenable animation,
    @required TransitionBuilder builder,
    Widget child
})
```

可以看到，除了 key 属性之外，代码中还设置了以下一些重要的属性。

❏　animation：基于 Listenable 对象的动画。Listenable 类型加载监听器列表，并在对象发生变化时对其进行通知。读者可能已经意识到，AnimatedBuilder()将监听动画的更新状态，因而无须再通过 addListener()方法以手动方式实现。

❏　builder：根据动画值调整 child 微件。

❏　child：这是与动画无关的微件，因而可在缺少动画的情况下构建该微件。

15.3.2　再访动画

当划分代码、调整动画以使其更易于维护时，可根据相关职责划分所需内容。一般来说，需要考虑以下 3 项内容。

❏　animation 自身：无须修改任何内容，AnimationController 保持不变。

❏　向 build()方法中添加 AnimatedBuilder 微件：提取大量与按钮动画相关的代码以

使其更清晰。

❑　child 微件：在当前示例中，该微件仅为 RaisedButton，并根据动画进程发生
变化。

```
class _AnimationBuilderAnimationsState extends
State<AnimationBuilderAnimations>
    with SingleTickerProviderStateMixin {
  AnimationController _controller;
  Animation<ButtonTransformation> _animation;

  @override
  void initState() {
    super.initState();

    _animation = createAnimation();
    _controller.forward();
  }
  ...
}
```

以下内容列出了相关变化信息。

❑　不再使用 ButtonTransformation 字段，因为该字段将在新的微件中加以管理。

❑　将 AnimationController 从 Animation 中分离出来。与类型转换相比，这可视为一
种较好的做法，同时也是一种更加常见的处理方式。

❑　createAnimation()方法中仅包含了一些少量的细节信息，如下所示。

```
createAnimation() {
  _controller = AnimationController(
    vsync: this,
    debugLabel: "animations demo",
    duration: Duration(seconds: 3),
  );

  return _controller.drive(CustomTween(
      begin: ButtonTransformation.none,
      end: ButtonTransformation(
        angle: 360.0,
        offset: Offset(70, 200),
        scale: 2.0,
      )));
}
```

这里不再直接监听动画的更新状态（也就是说，不再进行 addListener()调用），而是直接通过 AnimatedBuilder 文件完成该操作。

接下来调整 build()方法并使用新微件，如下所示。

```
@override
Widget build(BuildContext context) {
  return Container(
    color: Colors.grey,
    child: Center(
      child: ButtonTransition(
        animation: _animation,
        child: RaisedButton(
          child: Text("AnimatedBuilder animation"),
          onPressed: () {
            if (_controller.status == AnimationStatus.completed) {
              _controller.reverse();
            } else if (_controller.status == AnimationStatus.dismissed) {
              _controller.forward();
            }
          },
        ),
      ),
    ),
  );
}
```

不难发现，动画部分已从 RaisedButton 构建过程中分离出来，经初始化后可协同_animation 对象将其传递至新的 ButtonTransition 微件中，如下所示。

```
class ButtonTransition extends StatelessWidget {
  final Animation<ButtonTransformation> _animation;
  final RaisedButton child;

  const ButtonTransition({
    Key key,
    @required Animation<ButtonTransformation> animation,
    this.child,
  }) : _animation = animation,
        super(key: key);

  @override
  Widget build(BuildContext context) {
    return AnimatedBuilder(
```

```
        animation: _animation,
        child: child,
        builder: (context, child) => Transform(
            transform: Matrix4.translationValues(
              _animation.value.offset.dx,
              _animation.value.offset.dy,
              0,
            )
              ..rotateZ(_animation.value.angle * _toRadians)
              ..scale(_animation.value.scale, _animation.value.scale),
            child: child,
        ),
    );
  }
}
```

基本上讲，ButtonTransition 在"无接触"方式下处理其子元素（RaisedButton）的调整行为。相应地，build()方法涉及以下重要步骤。

（1）向微件树添加 AnimatedBuilder 微件。

（2）所传递的 child 类在 builder 方法中经优化后传回。每次动画更新时，child 子树无须被重建。据此，将有助于框架仅重建 builder 方法中所需的微件。

💡 提示：

以下内容引自相关文档：

"使用预置子元素是一类可选方案，但可在某些场合下显著地改善性能问题，因而是一类最佳实践方案。"

（3）builder 方法利用动画变化内容构造树结构。需要注意的是，这里无须担心动画变化内容的监听问题——当动画被更新时，将调用 builder 方法。

尽管最终的视觉效果保持不变，但单一职责的任务划分则是一个重要的概念，旨在改进代码的可维护性和性能问题。

15.4　使用 AnimatedWidget

如前所述，借助于 AnimatedBuilder 微件将动画行为从微件中分离出来的过程较为简单，且涵盖了诸多优点。此外，Flutter 还提供了另一种可选方案，但却可通过更加简单的语法实现与 AnimatedBuilder 微件相同的任务。

当与结构良好的框架（如 Flutter）协同工作时，这是一种较为常见的做法，且通常存在多种处理方式，但不同方案间的差异一般并不明显，AnimatedWidget 和 AnimatedBuilder 即是较好的例子，并将动画部分从微件构造过程中分离出来。

虽然 AnimatedBuilder 微件将其创建过程委托至 builder 方法，但 AnimatedWidget 定义了与动画相关的所有内容，我们仅需重载其 build()方法并以此反映动画内容被更新。最后，AnimatedBuilder 自身表示为一个 AnimatedWidget 类。

15.4.1　AnimatedWidget 类

AnimatedWidget 定义为一个抽象类，如前所述，需要重载其 build()方法以反映动画发生变化。该类的构造方法如下所示。

```
const AnimatedWidget({
    Key key,
    @required Listenable listenable
})
```

其中，唯一需要的属性是 Listenable 对象，进而对动画更新进行监听。微件构造的全部逻辑由其子类负责实现。

15.4.2　利用 AnimatedWidget 重新实现动画

在当前示例中，使用 AnimatedWidget 仅需简单地调整微件即可。对此，需要扩展 AnimatedWidget 类，并将微件转换为 build()方法中的动画按钮。

下列代码定义了基于 AnimatedWidget 的新微件：

```
class AnimatedButton extends AnimatedWidget {
  final RaisedButton button;

  const AnimatedButton({
    Key key,
    @required Listenable animation,
    this.button,
  }) : super(
        key: key,
        listenable: animation,
      );

  @override
```

```
Widget build(BuildContext context) {
  Animation<ButtonTransformation> animation = listenable;
  return Transform(
    transform: Matrix4.translationValues(
      animation.value.offset.dx,
      animation.value.offset.dy,
      0,
    )
      ..rotateZ(animation.value.angle * _toRadians)
      ..scale(animation.value.scale, animation.value.scale),
    child: button,
  );
}
}
```

其中定义了继承自 AnimatedWidget 类的 AnimatedButton。这里，读者需要注意以下
两项内容。

❑　唯一需要传递至 AnimatedWidget 超类中的内容是动画对象，进而可对动画更新
进行监听，并在正确的时间对其进行重建。

❑　在 build()方法中，可从超类的 listenable 属性中访问动画，并像以前一样使用该
动画值。

初看之下，选择何时使用 AnimatedBuilder 和 AnimatedWidget 可能会让人感到困惑。
但是请记住，这两个微件能够带来同等的收益，并有助于我们制定相关决策。当考虑采
用单一职责划分微件时，那么，决策的制定过程将变得十分自然。

15.5　本　章　小　结

本章深入讨论了 Flutter 动画方面的内容，以及动画中的基本概念。相关概念主要通
过 Animation 类予以定义。

本章介绍了 Flutter 框架提供的一些较为重要的类，如 AnimationController、
CurvedAnimation 和 Tween。此外，我们还回顾了 Tranformation 示例，并通过本章中所涉
及的概念向其中添加了动画效果。随后，阐述了如何创建自定义 Tween 对象。

最后，本章考查了如何通过 AnimatedBuilder 和 AnimatedWidget 使动画代码更加清晰
且易于理解。

本书介绍了 Flutter 框架中一些重要的基本概念，希望读者享受这一学习过程，这也
是激励我们继续前行的主要动力。